The Code of Trust

An American Counterintelligence Expert's Five Rules to Lead and Succeed

如何讓人信任你

FBI 頂尖行為分析專家傳授最強交心術，
讓你在職場、人際及生活中擁有人人信服的深度領導力

羅賓・德瑞克 Robin Dreeke
卡麥隆・史陶斯 Cameron Stauth

周宜芳 譯

推薦序

信任，從信賴別人開始

前ＦＢＩ特別探員，《ＦＢＩ教你讀心術》、《三分鐘直達世界末日》作者
喬．納瓦羅

想像一個沒有信任的世界。我們的生活將有如地獄，因為沒有任何人、任何事物可以依靠，即使是父母、體制、組織，甚至連朋友，都不能相信。至此，生命會是一片暗淡荒蕪。

食物不再安全，汽車變得危險，消防人員和急救人員可能不再應援救難，想靠飛機機師載著我們安然抵達目的地，也只能碰運氣。

但凡人類所珍視的事物，「信任」這個概念幾乎是一切的基礎。沒有信任，我們只能苟延殘喘，侈談繁榮興盛。

幸好，信任是人人追求的普世價值，也是建立關係的橋樑。缺乏信任卻也是許多人際關係的殺手，在家庭如此，在工作亦然。

信任既然如此重要，我們要如何建立信任？如何維護信任？如何修補信任的問題？又要如何更

妥適地挹注信任？如何在短短數小時、數分鐘，甚至數秒鐘之間，得到別人的信任？還有，如何分辨別人是否值得信任？

或許你不曾思考過這件事。過去幾個世代，大部分人都住在小鎮和村莊，要建立信任很容易。那時候，每個人都知道誰可以信任。但是現在，我們多半都不是小鎮居民，父母的出身來歷不是人盡皆知，也不會有人對我們從出生至今的一切瞭若指掌。現代人的生活和工作地點，大多遠離出生地。你可能某天早上住在邁阿密，下週要到鳳凰城工作，而在那個沒半個人認識你的地方，你必須在短時間內建立信任。

我們生活在一個到處都需要信任的世界，儘管有時候可能看不出來。信任是一個社會的結締組織，用來連接人與人，讓我們得以有所建樹、提升合作效能，並拓展人際關係。

信任的建立不必花上一輩子，更常是在幾分鐘之間形成，若非在幾秒鐘之間的話——沒錯，就是短短幾秒間：我們這個步調快速、相互連結、瞬息萬變的網路實境世界，運作速度就是這麼快。

那麼，我們要怎麼做？如何獲取、建立信任？這就是羅賓・德瑞克寫作本書的目的。

羅賓和我有幾個共同點。我們都是飛行員，我們都曾在聯邦調查局（ＦＢＩ）擔任特別探員，我們都曾任職於ＦＢＩ全國安全處（National Security Branch）的行為分析專案（Behavioral Analysis Program）。更重要的是，我們都從事「人的事業」。

沒錯，人的事業。我總是聽到有人說：「我賣電器」，或是「我在不動產業工作」，或是「我的工作是景觀設計」，又或是「我是全職爸爸」。他們真正在說的是，「我做的是人的事業」。在人的事業裡，我賣冰箱，我賣房子，我用大眾的資金投資，我讓某人的院子看起來美侖美奐，或是我在養育全世界最珍貴的東西：小孩。

人總是把職業放在第一位，卻忘記最首要的一點是，他們從事的是人的事業。大部分人的工作都是人的事業，如果你不是，那麼你是罕見的例外。

在人的事業，人際互動根植於信任。

市面上不乏書籍談論信任的重要，但是當羅賓告訴我，他要寫一本關於如何創造與培養信任的書，我立刻向他致謝，因為這是一本人人都用得到的書。一本談論了解信任、練習信任、讓信任成為助力的指南，是如此重要又切合需求。

羅賓是觀察人類行為的大師，擅長讓理解別人這件事變得簡單明瞭。在ＦＢＩ，每天都要面對生死攸關的挑戰，所有事情的發生都是以「秒」計算，而不是以「日」為單位。羅賓運用在這樣一個地方開發出來的技巧，教我們洞察如何評估他人，如何判斷他人的需要、需求、欲望、意圖和恐懼。

人都想要得到他人的欣賞、關懷、愛、信任和尊敬。但人也都想要得到他人的理解，如果你能精通理解別人的技巧，就能真正出類拔萃。你會成為經常出現在新聞報導裡的那種人，備受尊崇、人見人愛，而且炙手可熱。這就是信任的力量。

有了信任，人際關係才可能真誠無偽，並成為安適、快樂的泉源。事實上，有了信任，幾乎沒有不可能的事。沒有信任，即使把別人的心思摸透，也是徒勞。

關於與他人共事、建立信任的工具、策略和祕密，羅賓瞭若指掌，因為在他還是海軍學院研究生、後來擔任美國海軍陸戰隊上尉、FBI特別探員以及FBI最負盛名的行為專案主管之時，這是他投入全副心力鑽研的領域。如果你的工作是指揮他人，或追捕罪犯和間諜，只要是任何有用的技能，你都需要精通它的藝術和科學，而沒有什麼比信任的效果更快。

擔任高風險職務的頂尖行家所採用且證實有效的技巧，當然也能為你所用，並在你的日常生活中發揮效益。

本書的寫作路線強調實用，全書穿插案例和見聞，獻給所有想要了解自己——更重要的是，想要了解他人的讀者。

目次

第三部 信任的力量

第一部

「信任」領導學

第1章
操控無法獲得信任力

我要告訴你如何開啟信任之門，以及如何晉升到極少數唯有憑藉信任才能躋身其中的領導層級。這門課雖然簡單明瞭，卻不容易做到。

聽好了，以下就是它的完整說明，再簡單扼要不過了。第一：做個讓人極度值得信任的人。第二：證明你是個極度值得信任的人。

有什麼事比這更困難嗎？

第一步就已經夠難了，第二步還更難。

在你的生命中、甚至在歷史上，你認為值得完全信任的人有幾個？

你願意把自己的生命交託給誰？還有家人的生命、你畢生的積蓄、你最深的秘密、你的職涯，以及你的名譽呢？

你信任你的死黨嗎？你完全信任現任總統、某位前任總統，或是任何在位者嗎？你的醫生或律師呢？你的老闆？你的事業夥伴？你的兄弟姊妹？你的配偶？

你會死心塌地追隨他們的腳步，盡你所能為他們赴湯蹈火，而且毫不提出質疑嗎？對於上述的某些人，或許你會願意這樣做。這是人之常情，也是健康的態度，尤其是對家人。那份信任，部分可能源自於普世的社會約定：「妳是我的母親，所以我相信妳。」不過，更常見的是，信任可能部分源自契約的協議，而其中多少隱含一定程度的不確定性，不管是商業合約、保密協定、婚前協議、規範如何對待心愛之人的生前遺囑，或是對不值得信任的人免除其權力的公民權。

契約隱含不確定性，這點無可厚非。信任別人並不容易，尤其事關你禁不起損失的事物時，如婚姻、子女的健康、工作、資產、專業聲譽，或是個人榮辱。

愛一個人很難，但信任一個人通常更難。也就是說，要讓別人信任你也一樣難。我就是要告訴你，如何讓別人更容易信任你。

當然，即使是你不信任的人，有時候你還是會暫時屈服於他們的權力之下。他們可能是惡霸，可能是賭徒、騙子，或是靠著玩弄手腕得到權力的人。但那種權力不會長久，他們的影響力也會迅速煙消雲散。惡霸被推翻，騙子被拆穿，賭徒滿盤輸，弄權者會犯錯，他們一定會被值得信任的人所取代。世界並不完美，但是它一定會把獎賞和權能賜給贏得信任冠冕的人。

有些人是天生的領導者，不費吹灰之力就能博得信任。但多數人需要經由教導，才能獲得信任，而且經常是從痛苦、失敗和卑微中學到教訓。不過，如果你是聰明人，又是幸運兒，或許你可以受教於良師。

我是教導你如何打開信任之門的適合人選，因為我自己就是靠著學習而成。我不是天生的領導者。雖然我曾經一直以為我是，直到後來才終於以無法閃躲的誠實眼光檢視自己。大部分渴望成為卓越領導者的人，都非得學習信任這門藝術不可；就像他們一樣，我也為這些課題付出高昂的代價。

我今日能夠成為別人信任的人，唯一的方法就是分析我從身邊那些優秀領導者學到的每個困難課題，辨識它們的特質，加以分類、排序、測試、調整，並整合為一套系統。

我會教你這套系統，讓你比我當初更容易學會各項課題。

把他人的需求放在首位

這門信任課並不容易，但我要假設你的聰明才智足以應付艱難的課題，否則本書這麼嚴肅，你根本連看都不會看一眼。你可能真心渴望博得真誠、穩妥的信任，否則你應該會去找秘技花招充斥的速成書，像是《門外漢也讀得懂的信任一本通》（*Trust for Dummies*）之類的。談到如何操縱別人以得到信任，市面上絕對不乏這類書籍，但本書不在其列。操縱關乎催逼他人，信任則關乎領導他人。

如何達成那個崇高的目標？我還是可以再給你一個困難的簡單答案：要激發信任，得先把他人放在首位。

如果你把他人的目標當成自己的目標，他們怎會不追隨你？如果你沒有把他人的目標當一回事，他們又為什麼要聽你的？

在某個程度上，這個哲理有違時下商業和社會文化的精神：在這個時代，信任的建立通常被化約為各種操縱形式，經常被指為是「贏得」信任，把這個神聖的目標講得像是一場競賽。

許多書教的是不可靠的操縱技倆，但沒有一本書教過本書的課題。請相信我，因為我在開始寫作本書之前就已經做過調查。

世人普遍相信，成功的捷徑就是全神貫注於自己的目標，但那種圖省事的近路只會拖慢速度。若能鼓舞他人，把他們的目標與你的目標相結合，並與你同心協心，穩步前進，成功會快得多。

因此，對許多人來說，本書能夠打開一方新視野，提出一套新課題。

FBI教你破解信任密碼

你的課題展開的起點正是我當初的起點：在紐約街頭，在與間諜、反間諜周旋之間。

當時是一九九七年，正值外交事務的關鍵轉折時期。冷戰雖然已經結束，但一如所有醞釀中的衝突，永遠有死灰復燃的可能，或許不是邁向相互毀滅的軍事衝突，而是二十一世紀的實質權力之爭：經濟的主宰力量。而這股力量的後盾，是自有限且致命的交戰而生的暗黑恫嚇。

在那個時代，新世界秩序引發了混亂，也開創了無窮的機會，世界超級強權之間的信任，甚至比今日更加薄弱。沒有人知道，蘇聯集團解體後，那些新國家將何去何從，是民主或獨裁？是繁榮或頹傾？還是戰爭頻仍？對美國來說，這是歷史上一個微妙的引爆點，但需要拿捏得恰到好處。

當時的我，是翅膀剛長硬的ＦＢＩ探員，在國家安全領域擔任基層工作；當時，美國外交事務的方向若是由我掌舵，事情可能無法處理得當。當時，我要學的還很多。

那時我還不知道，但我後來會學到很多事情，都是我在出勤第一件重大任務的那一天學習的。

那天結束之時，我學到很多，一如你很快會看到的，多到我當下甚至無法數算。我花費多年拆解事發過程的基本面，並從中運用所知，發展出一套激發信任的完整系統。

我後來成為反情報部門的行為分析專案主管，對數千名FBI探員和其他執法人員講解這套系統。我也曾對數千個軍事團體、企業團體，律師事務所、金融機構和大學講授這套系統。此外，我也曾擔任一群頂尖的執行長、學術人員、公僕和智庫分析師的顧問。

我的系統立基於以下兩個清楚明瞭且緊密相扣的層面。

- 人際來往的五大信任原則：想要博得正當而恆久的信任，都必須遵守這套守則。
- 激發信任的四個步驟：這是落實信任守則的行動計畫，也能展現你在家人、朋友、同事和主管眼中值得信任的程度。它能昭告旁人，你是個值得別人交託命運以及領導責任的人。

當你解開完美領導力的秘密時，自然能累聚一群信任你的人，形成一個真正的「信任族群」，這些人都認識其他信任他們的人。到那時候，你的人際圈和影響力會呈指數擴張，領導力也隨之大幅提升。

激發信任確實是人際關係的藝術。但即使它如此複雜，這門藝術仍能透過我這套系統裡的技巧逐步養成。這些技巧衍生自社會心理學、演化心理學、神經生物學、古典道德規條、商業傳統、歷史事實，以及常識。

學習此系統的人，多數是把它應用於工作的專業人士，但是這套系統的課題，不只能運用於工作，即使是不以職涯為重的人，也都希望受到信任。我們都希望可以被他人信任到能與我們分享他們的秘密。我們都想要成為孩子自然而然就想親近的那種大人。我們都想取得配偶的信任，不只是婚姻關係，還有伙伴關係。我們都想以不充滿仇恨怨懟的方式引領家人，並讓孩子知道如何當個好的領導者。我們都想要成為主管、部屬、陌生人、店員和老友都會友善對待的那個人。

本章會直接切入五大信任守則和四大行動步驟。我會藉由我在ＦＢＩ擔任探員和專案總監時的職涯經歷，教導你信任的課題。關於信任的力量，有些例子來自我還是美國海軍學院的見習生和美國海軍陸戰隊軍官的時期，有的則是來自我的個人生活，以及我的商業顧問工作。至於ＦＢＩ的事例，場景則取自我從事約二十年的情資與反情資工作。在間諜與反間諜這一行，信任是珍稀的奢侈品，但也是走跳這個行業的本錢。

本書不是間諜小說，它講述的特質和技能，能讓你變得更優秀，成為受人信任的領導者。即使不是小說，本書仍然充滿趣味，因為不一定非得沉悶無聊才叫做上課。在這些課程裡，你可能會看到自己，部分原因是我們最喜歡的主題正是我們自己（這點毫不令人意外）。行為科學有個定理，那就是我們每天所說的話，大約有四十％是關於自己。這是自然而正常的現象，也絕對是個人透過內省而自知、成長的必要條件。所以，為了讓你閱讀本書能樂在其中，並獲得到最多的收穫，務必請你在字裡行間尋找自己的影子。

信任，是人際間最強大的力量

在我第一天出外勤任務的那個重要日子，傑西．索恩（Jesse Thorne）是我的指導員，他說：

「等我們要見的人到了這裡，我會向他保證，我們會盡快結束會談。」

「為什麼？」

「因為他的時間寶貴，我很感謝他撥空前來。他才是主角，不是我們。如果他認為我們會拖很久，他就會先閃人。直接切入重點是尊敬的表現，不但尊敬他的專業人士身分，也尊敬他這個人。沒有什麼比老生常談的尊敬更能敲開信任之門。所以，務必和他好好說話，建立關係。」

「可是我們又不認識他，我們沒有理由要尊敬他。尤其以我們目前的，呃……」我努力回想一些巧妙的間諜術語，但想不起來，只能擠出「狀況」一詞。

我們的狀況是，我們在執行揭發間諜活動的任務，希望這個人能針對一名我們已知的間諜提供深入的見解。

「我們會找到尊敬他的理由。要尊敬一個人，總是可以找到充分的理由，而批判一個人從來都沒有充分的理由。但是，『尊敬』並不表示必須和對方成為朋友。」

「然後呢？」

「然後我們會問他關於他自己的事，找出他的性格框架。」

「性格框架？」

「這是間諜的行話，意思是他是哪一種人，他從哪裡來，他喜歡什麼。我們要摸清他的性格框架，挖掘重要資訊，但不閒聊。」

「然後呢？」

「然後我們才開始閒聊，全部談話都繞著他打轉。」

「為什麼？」

「交朋友。」看到我困惑的表情，他微笑了。傑西喜歡扮演絕地大師，用他玄妙的禪語洞見，啟發愚頓又可憐的我。「朋友永遠不嫌多。」他說。

我們走進目標人員（他認識我們想要拆穿的間諜）約定見面的餐廳，傑西對幾個餐廳員工輕輕點頭，他們也微微頷首示意。他經常在這裡談事情，因為這是一個管控得宜的環境：餐廳主人是前FBI探員，員工都知道不要問東問西，或太常走動巡視。選擇適當的會面地點，也是一種偵察技巧，稱為「安排成功的會晤」。

這家餐廳有一股高檔愛爾蘭酒吧的氣氛：豪華的雅座，柔和的燈光，空氣中瀰漫著上油的皮革、磨亮的橡木、煎得滋滋作響的牛排和烤麵包的誘人香氣，洋溢著舒適感和安全感，是那種會讓你想要逗留的地方。它也不位於主要幹道上，我們的聯絡人不必擔心被看到與FBI的人在一起，因為有些人很在意這點。

開放式烤架區在有如保齡球道般光滑的吧台後方，烤架上是飽滿多汁的頂級沙朗牛排，汁液滴在木炭上，激起陣陣黃色火星，更添幾分滿足的氛圍。物質享受極為關鍵，因為在第一次會面，或任何想要激發信任感的場合，禮遇對方是很重要的。

這點對於接近目標人員（這是「祕密線民」的另一種說法）尤其適用。在祕密行動中，從個人直接得到的人力情資（human intelligence，HUMINT），通常比其他消息來源更有價值，如圖像情資（imagery intelligence，IMINT），或屬公開資訊的公開來源情資（open-source intelligence，OSINT）。做最後分析時，個人的觀點和經驗是判定資訊的黃金標準。這是信任為何如此重要的另一個原因。

這個人不是我們的偵查對象，只是接觸間諜的切入點，所以他不必怕我們。但他不知道這點。在我們找上他之前，他從來不曾聽聞過我們，因此他若認為我們會對他耍詐，也是合理的，他不欠我們什麼，當然也不必信任我們。他為什麼要信任我們？他知道我們想得到某些情資，但不知道是什麼情資，或者情資對誰有利或有害。他也無法指望我們會給他任何回報。

儘管如此，只要你給一個合作的好理由，大部分人都會合作，即使是素昧平生的陌生人也一樣。這點在ＦＢＩ的調查工作裡，尤其與國家安全領域有關的層面更是如此，而不是犯罪領域。在國家安全領域工作的好處之一，就是我們通常是和極度聰慧的人打交道，像是外交官、使館人員、外交政策專家和企業高階主管。

一般而言，這些聰明人都相當的理性，而理性向來有利於建立信任。理性有如磚塊和砂漿，用它打底，信任才有穩固的基礎。理性講求真實，反映誠實的真相，因此能幫助你判斷人真正的面貌、真正想要什麼。情緒則像流沙，以流沙堆成的基礎，會隨著心情不斷游移，因而刻蝕出困惑、懷疑和欺瞞的漏洞。

當時的我，連這些簡單的道理都不懂。我那時只是個初出茅蘆的年輕小伙子，也是個如此青澀、不成熟的領導者，甚至不知道領導力是我的終極目標。我當然也完全不知道，開啟領導力的金鑰如此簡單，那就是以別人為重。

（在此插播告知讀者，信任的五大原則和四大步驟至此已全部出現。接下來，請回歸正文，繼續往下讀。）

在紐約，在成為我人生轉捩點的這一天，我原本以為，我的終極目標是享受一頓午餐，獲取資訊，感覺自己做了一件在別人眼中不得了的大事，然後回家看妻子和新生的女兒。事實上，我的想法和終極目標比起來，還差得很遠，甚至連「好目標」都談不上。

我後來才明白，你根本不必為了讓別人對你刮目相看而裝腔作勢，因為只要你看重他人的需要勝於自己的需求，他們自然而然會信任你，也會喜歡你。因為先有信任，他們一看到你就覺得舒服、開心。

要贏得別人的好感，關鍵不在於別人對你的感受，而是你讓他們對自己有何感受。

按照傑西的計畫，我們早到了，離正午還有一段時間。他以銳利的目光掃射室內，似乎在觀察細節。他針對我們的座位、誰能看得到我們、我們的服務生是誰，以及我們的穿著打扮，稍微做了調整。他要我脫掉運動外套，把領帶收進口袋。他說，較為隨性的穿著打扮較能降低對方的防衛心態。不過，他要我把手錶露出來，因為那是一支黑武士錶（Darth Vader），是我女兒送我的父親節禮物。這再隨性不過了。傑西喜歡道具。他認為，只要用得巧妙而不露痕跡，一定會有某個機遇，讓某件道具凝聚共識。

「他到的時候，想辦法找一件我們可以幫他忙的事，任何可以讓他感激的事。如果你不認同他說的話，放在心裡就好。因為這是他的會議，讓他主導，不要試圖按表操課。我們會明白他的興趣和需要是什麼，然後找到我們共同的目標。我們不需要操控，想都別想。」

「呃，傑西，但那些全都是操縱，不是嗎？」

「安靜點！」他說（或是意思類似的話）。「這只是禮貌。我們不要批判別人，要接納別人，也要肯定別人，我們要肯定他們原來的樣子，而不是我們想要他們成為的樣子。每個人都想要別人像這樣對待自己。此外，這場會面重要到不能玩弄權謀。那向來都不管用。」

「為什麼？」

「因為沒有人會是笨蛋。你要是玩弄別人，別人也會玩弄你。」傑西是天生的領袖人物，不像我後來還需要把信任的藝術和科學加以系統化。

這段期間，他是我心目中的「燈塔人」，就是那種會發出安全訊號的人。「燈塔人」謙卑、寬厚，能激發別人的信任感，有如陽光昭告新的一天到來一樣自然。

讀完本書，你就會成為燈塔人。如果你已經是燈塔人，那麼你只需要學習如何盡其所能地發光發熱就好。

傑西．索恩與為本書撰寫精彩推薦序的喬．納瓦羅都出身於ＦＢＩ。喬是將行為科學應用於間諜活動的先驅，也是行為分析專案的共同創辦人。喬和傑西同屬於一個信任族群，這個信任族群對ＦＢＩ有不可磨滅的影響力；我不敢自以為是，誇口說自己終於有幸能躋身於他們的行列。

傑西是ＦＢＩ近代的頂尖探員，但也是最謙卑的。他曾獲頒局長獎，這是ＦＢＩ的最高榮譽，但他的辦公室裡唯一的裝飾品，是一只純品康納柳橙汁罐做成的筆筒。

傑西看出我一頭霧水。「認真觀察就對了，」他說，做了一個類似絕地武士迷心術的手勢，「還有，認真學。」

傑西變得安靜，但仍然環顧室內，我問他在想什麼。「我只是在嗅這個場地的氣味。」他說。

「你的意思是，就像探勘場地一樣？」

「不，就是聞聞氣味。我喜歡早上的牛排味。聞起來像……勝利的味道。」我一臉茫然，因為他通常謙虛到不輕易誇勝。

他看我一頭霧水，於是說道：「我是開玩笑的啦！這是一個戰爭電影裡的笑話。」傑西喜歡幽默。所有能夠凝聚人心的萬靈丹裡，幽默是其中一項。

傑西和我一樣，也是退役軍人。很多ＦＢＩ人員都是。對於在國家安全領域認真為國服務的人，這是很自然的進程，而ＦＢＩ是美國政府最卓越的教學和訓練機構。

理論上，像我這樣的人，在海軍陸戰隊應該已經接受過完整的領導力訓練。但是，這個「應該」很快就化為泡沫，純屬理論而已。

領導者光有頭銜和權利是不夠的

我們在等接近目標人員時，我回想起我的軍校生活和軍旅職涯早期，相當於我現在於ＦＢＩ的這個階段。

我在海軍學院的第一個學期，就已經非常擅於遵守指令，因而贏得全連第一名，成為新兵連的連長，也就是負責管教其他大頭兵的那個傢伙。我變得志得意滿。到了第二個學期，領導力成為排名的決定因素，我的排名暴跌至第三十名。這代表什麼？在我來看，它的意思是：優秀的追隨者不一定是優秀的領導者，雖然他們通常會被擢升到領導者的位置；還有，如果他們被領導者的位置沖昏頭，就絕對不會是優秀的領導者。

於是，我努力磨練領導力，學習如何貫徹我的意志以達成目標。畢業時，我以為我在軍校全部所學，就是為了精通領導。我的軍階讓我擁有領導作戰的資格，而我也以為，只要我有軍階，就代表我具有領導力。

身為年輕的海軍陸戰隊隊員，我所認知到的世界，是我終於成為一個出色又迷人的傢伙，一名中堅軍官，一個人見人愛的好朋友，一位根底扎實的專業人士。

但所有那些對於「世界」的認知，其實只是我對自己的想像，輕率地認為世界和我同為一體。我要學的還很多。

我當時在北卡羅萊納州的樂潔恩營（Camp Lejeune），擔任空中支援控制官，基本上就是戰鬥空中交通指揮員。那個營區是個潮濕的海岸訓練中心。在樂潔恩，空中的水氣和在海灣一樣濃重，蚊子的數量規模和靈活度，可比鷂式戰鬥機。這兩項惡劣的環境條件，造就了唯有苦難同當才可能培養的團體榮譽感。

某天晚上（那是我永遠不會忘懷的一晚），我們要為第二天清晨的轟炸任務做準備。我們在荒地裡駐紮（這樣才能在磨練轟炸技巧時不破壞任何珍貴物資）。空氣濃重到不只能供給我們需要的氧氣，連水份都夠了。

靠空氣保濕不是好事，尤其氣溫的範圍是從「過熱」到「熱死人」。

我們這個單位多半是年輕軍官，大約是十二名一等或二等上尉：每個人都是訓練有素的海軍陸戰隊員，身上還背著武器，全都擠進一頂大帳篷。我很幸運（老實說，也算我夠有心機），這次有自己的行軍床。於是，我很早就躺平就寢，把頭埋在睡袋裡，防止蚊子騷擾。睡袋之外，弟兄們一片安靜。

半睡半醒之間，我聽到雜沓的腳步聲，接著感覺到有好幾雙手在我全身上下動作，然後我意識到，我已經連人帶著睡袋被綁死在行軍床上。我沒有反抗，因為：一、我並沒有挨打；二、我也動不了。我被抬了起來，只聽得到海軍陸戰隊員的悶笑，和像是波灣戰爭時期舊式沙灘車的引擎聲。大約三十分鐘後，我又回到地球表面，只聽到大如飛機、飢餓如吸血鬼的嗡嗡蚊鳴。我感覺這裡應該離營地很遠。

我聽到頭頂上傳來轟然一聲響，有人大叫：「唉喲喂呀！濕氣！」至少有人玩得很開心。

然後周遭迅速落入一片沉寂。

幸運地，我那天晚上不知道為什麼，就寢時口袋裡放著軍用多用途工具刀。於是，我割破睡袋，探出頭來，立刻發現我身在灣區十號著彈區，這正是清晨要做轟炸練習的場地。

我恍然頓悟！我的陸戰隊弟兄賞了我一次友善的溝通課！簡單講：身為新科上尉，我搞砸了。他們有話要和我說。

但是，他們想要告訴我什麼？當時我完全沒有頭緒。

這是另一個自慚形穢的時刻：這是教導謙卑這項美德的無價時刻。謙卑這項美德最好是從書本裡學。要在真實的生活裡學這一課，得付上十足的代價。

回到營地，我很快明白，原來有個傢伙對我不滿，這表示他的朋友也會看我不爽。那個傢伙比我還早明白，朋友永遠不嫌多的道理。

整我的那個傢伙，軍階和我相同，私底下我們是朋友，在軍隊裡是同袍：在各方面與我平起平坐，而且和我一樣，也是新婚。他先下手為強，按自己的意思排了短暫的休假，去探望妻子幾個小時。相較之下，我為了維護部隊的戰力和忠貞，選擇恪守規範、逆來順受、堅守我應站的崗位；於是，我向長官打小報告，長官便斥責了這個好丈夫兼陸戰隊壞小子。

第二天，有人告訴我，軍官不能靠打小報告來建立團隊精神。我了解到，做為一名軍官，我沒有比他好到哪裡去。此外，我們的軍事布署任務名稱也不叫「羅賓漢傳奇：戰爭年代」[1]。

那個人告訴我，我沒有想過我新婚同袍的需要，而如果我以為我們訓練的終極目標是成為遊戲場的孩子王，我就不會是那種能讓海軍陸戰隊員跟著出生入死的軍官。

與祕密線民在紐約的初會面

白日夢結束。

傑西還在掃視室內，我清楚感覺到，我將學到關於領導力的全新一課，而且步調會快到我幾乎跟不上。

「他來了。」傑西說。

我的神經一陣緊繃。舞台就定位，布簾正要拉起，為我身為間諜召募員的新生涯揭幕！

我們的接近目標人史提夫（這不是他的真名，但比一堆拗口的名字更便於本書的敘述）朝著我們走來。

「我的角色是？」我問傑西——現在才問，可能有一點晚了。

「你的角色是他的聽眾。我的角色也是。我們要想辦法幫助他，我們要讓他知道我們需要什麼，但要很有技巧，不著痕跡，不提出任何要求。然後，我們只能希望他會幫我們。所以，自在做自己就好。只說真話，」傑西說。「不要裝腔作勢。不要愛現。」

傑西起身。「好戲上場！」他說。

—1　「羅賓」就是作者的名字，這是作者反省自己太過自我膨脹。

史提夫來到跟前，傑西伸出手，說道：「這麼臨時才通知你，感謝你跑一趟。真的很謝謝你幫忙。」

短短幾句話，也是一課。行為心理學有一條法則，那就是別人一旦幫了你一個忙，就會比較願意幫你另一個忙，甚至比欠你人情的人更樂意幫你忙。根據理論，如果對方幫你，他們就會認為自己必然是因為喜歡你，否則，大腦會因為矛盾而出現衝突（講得花俏一點，就是「認知失調」）。這個現象稱為「富蘭克林效應」（Ben Franklin effect），直接取名自發現它的美國名人，這倒是沒有什麼花俏的標籤。

史提夫站在雅座包廂旁，擺出一副「我來這裡是要幹嘛呢？」的神情。傑西就像納瓦羅一樣，也是非口語溝通專家，微微偏著頭，握手時臉上閃過一抹羞澀的微笑，就這樣化解了尷尬。

史提夫是紐約重要智庫的資深主管：那家智庫公司在軍事和其他議題，為政府部門、私人部門提供研究和建議。蘭德（RAND Corporation）和布魯金斯（Brookings Institution）是最知名的兩家智庫，但全世界大約有五千家這樣的機構。史提夫公司的專長在歐洲事務，因此在蘇聯解體後，亟需與之有關的服務。沒有人知道在東歐可以信任誰，至於誰在掌權，或誰能在台上站得久，更是難以知曉。

史提夫的關注焦點大多為軍事趨勢。美國國防產業和東歐國家軍隊之間的交集，是他特別擅長的專業領域。新興國家的政府和國防企業，任由蘇聯擺布多年，他們所需要的軍事裝備，不可能完全自製。因此，他們向美國採購許多武器，或竊取製造武器的機密。這類偷竊事件通常藉由典型的犯罪行為得逞，也就是透過內賊，最常見的是國防工業的高階主管，或政府員工，通常以金錢利誘。

例如，有個名叫克萊德・李・康拉德（Clyde Lee Conrad）的陸軍軍官，在遇到我的朋友納瓦羅後，以叛國罪定讞。在被判終身監禁之前，他利用洩露軍事機密給蘇聯集團，賺了超過一百萬美元。納瓦羅後來根據這個事件寫下《三分鐘直達世界末日》，這本書目前正籌拍成電影。

康拉德是美國家喻戶曉的大間諜，但是數百個小間諜對美國造成的破壞，卻是更嚴重的問題。這些人偷的不多，作惡時間也不長，但他們犯下的罪行，積沙成塔，十分可觀。他們即使有嫌疑，卻不是每一個都落網，而且有嫌疑的人也很多。

大部分竊取事件甚至並未涉及機密資料，被盜的只是價值連城的專有資訊，而這些資訊可能最後會被敵方利用。

相對而言，比較沒有價值的是公開來源情資（OSINT），只要有足夠專業的人就能取得。這類ＯＳＩＮＴ通常快就會變成無關緊要的資訊。

一般來說，許多小間諜的連結點是一個人，也就是為另一個國家工作的召募者。這些人最主要的召募技巧，就是與那些為他們竊取資訊的間諜建立信任。

行跡可疑之人確實也可以建立信任，但這是建立在謊言、操縱和勸誘上的信任，薄弱而虛假，可能在一夕之間崩毀。

大多時候，被召募為間諜的人能夠親近的，是只能取得ＯＳＩＮＴ的人，但是由於這些人對於ＯＳＩＮＴ實在太內行，所以他們的見解非常有價值。也因為這些內行人相當清白，沒有什麼好躲躲藏藏，所以通常是很好的接近目標人員。史提夫就是接近目標人員，這就是為什麼我們要請他吃午餐的原因。

史提夫認識一個我們懷疑是召募者和間諜的人。這個人是我們的調查對象。用間諜術語來說，他就是我們的「目標對象」（很好猜，對吧？）。史提夫大概蠻喜歡這個目標對象，對他有一定程度的信任。但是，當我說「一定程度」時，我指的是那種泛泛而淺薄的那種信任。

恕我在此無法描述任何屬於機密範圍的具體細節，但是在不違反ＦＢＩ規定的前提下，我可以告訴你，我們的目標對象是前蘇聯集團國家的大使，那個國家盡其所能地瘋狂搶購武器，就像大部分突然獨立的國家一樣。

在那天結束之前，我們想要借助史提夫與我們的目標對象之間的互信，更了解目標對象的目的是什麼，哪些是他優先要做的事情。然後，只要有足夠的耐心和運作，我們就可以十拿九穩地剷除他，讓他為自己的所做所為得到應有的報應。

傑西和史提夫握完手後，把我介紹給對方。「這是羅賓，」傑西說，他沒有提到頭銜、只呼名而不道姓，彷彿我只是個哥兒們。隨意到了極點。「羅賓大概再過一個小時要去接他女兒，所以可能你還沒吃完牛排，我們就已經把事情談完了。」

我們大約閒聊了九十秒，接著服務生神奇地出現了，很快地點了餐，又神奇地消失無踪。

「那個，」傑西對史提夫說，「我聽說你是東歐專家。我對東歐也很有興趣。我希望你能給我們一些指點，了解那裡最近的狀況如何。」

「樂意之至。」史提夫說。人喜歡談自己專業領域的東西，因為這能讓他們變成對話的焦點。史提夫在描述東歐的問題和主要的參與者時，傑西流露發自真心的佩服，並逐漸把對話轉向我們的目標對象為其效力的國家。

傑西對於那個國家的問題非常中性而且開放，相當於口語版的墨漬測驗[2]。他希望史提夫可以沒有顧忌，暢所欲言。

這不只是尋常的禮貌，而是發現別人真實想法的唯一方法。如果對方自己先過濾要說的話，你就有麻煩了。這麼做也可以防止你自己失言，避免說出冒犯別人的話。即使是閒聊，諸如「我喜歡柯比（Kobe Bryant），但討厭湖人隊」這樣的批評，也是大忌。尤其是在洛杉磯，即使你是在對柯比說話也一樣。

「你知道還有誰頗了解那個國家嗎？」傑西問道。

史提夫滔滔講了幾個名字，其中也包括我們的目標對象：泰倫斯．波尼。

「我聽過波尼，」傑西說。「他是他們的外交人員，對吧？」

史提夫說，沒錯，波尼是外交官，派駐到美國。但傑西卻在此打住，沒再繼續談目標對象的事。關鍵在於傑西表現得彷若波尼和史提夫提到的其他人沒有兩樣，都只是我們彙整名單上的一個

2　利用墨跡圖片測出一個人個性特質的心理測驗。

名字而已。

波尼是大使館的武官，意思是他雖然被派駐在使館工作，但不隸屬於使館的標準外交層級體系，因此擁有較多的彈性，可以從事我們懷疑他涉嫌的活動，即召募或吸收握有美國軍事產業、政府軍事行動、國務院政策或行政部門計畫等相關內部資訊的美國人。從間諜體系來看，這些美國人不只是消息來源，也是被成功吸收的線民。他們最有可能是民間部門產業的員工，大部分在軍事設備或武器的製造商，或這些公司的分支機構。不過，有些是政府官員，或是為智庫工作。

他們的內部資訊可能平淡無奇，像是某個專案預定的完成日期，或是某個國家剛採購了哪項產品。一個忙碌的國防產業主管，腦袋裡隨時有一百萬件事情在轉，其中多半是嚴禁洩露給國際的機密或專屬資訊；在這樣的人眼中，我們想知道的資訊，通常只是外行人信以為真的說法。或許是看似是雞毛蒜皮的小事，故意或無意間洩露給工作上的關係人知道，例如之前工作的同事在某次午餐向他請益，就像這次的午餐。

在當前的多國社會裡，企業的實力或許就能與國家匹敵，智慧財產權通常是企業和政府用以展現宰制力的主要武器，它就像個可以層層剝析的龐大謎團。

每個片段都唾手可得，但在一般的間諜世界（但那不是我的世界），沒有人會真正信任任何人。有時候，在這些情境裡，你甚至無法分辨誰是竊賊，誰又是受害者，因為通常有許多公司都在追求同樣的根本目標。不止如此，產業期刊和外交政策組織也會發佈大量資訊。好人和壞人之間也不可能有黑白分明的界線。如果你是微軟，我是蘋果，誰會是好人？通常，你為他效力或（多少）信任的那個人，就是好人。

超級間諜波尼的工作就是接近某些高階主管或百無聊賴的官員，請他吃頓午餐或幾杯飲料，談談工作，聊聊八卦，或許提到某家公司正在尋找具備像對方那些技能的人才，藉此自然而然地與之建立信任關係。

波尼先生把自己單純定位為在政府部門和民間部門工作的老實人，現在掙脫了蘇聯枷鎖，擔任使館武官，是為國家服務的愛國者。當然，他夢想在他有生之年，能讓他的國家強盛安全，足以成為美國有價值的盟友，因為他熱愛美國。

一切看起來都相當單純，直到波尼要求他幫忙，那是個特定而極為具體的忙，此外還會提供一筆顧問費。接著，這名主管所產生的感覺會是以下兩者的其中之一：一是反感，因為他無意與外國人士分享專有資訊；二是興奮，覺得自己的作為就像跳槽到另一家公司時，把自己那顆過勞、低薪的大腦裡所裝的事實和數據一起帶走，談不上什麼背叛。

事實上，波尼的政府多半只是想為本國企業減輕沉重的研發工作，並藉此節省本國的軍事預算。美國的研發領先全球，而研發被掠奪的嚴重程度也居全球之冠。

若從另一個現實面來看，事情更加醜陋。那家掠奪美國產業資訊的外國企業，可能會運用這些資訊，不只為自己打造軍事產品，還出售給其他國家。其中有些國家可能看美國不順眼，想要運用這些產品傷害美國、海外的美國人、支持美國的無辜者，又或只是剛好路過的人。對那些國家的認同感會隨著時代推移而有所變動，指名也沒有意義，只是火上加油。請你自己想像。

重點是：一家美國企業受害，為那家企業工作的人也會受害，把退休金押在那家企業的投資人也會受害。其他國家的無辜人民也會跟著受害。美國最終要面對更多不必要的威脅：軍事上如此，經濟上亦如是。

這就是為什麼我們要關注波尼的原因。我們希望史提夫提供我們關於波尼足夠的資訊，讓我們知道他在自己的國家裡在幫誰，他在美國想要吸收誰，他的美國朋友是誰，以及他的主要興趣是什麼。藉由得知他走訪的城市、他見的人、他的妻子是誰、他的工作地點（如果要寫間諜小說的話，還要包括他的情婦是誰、他妻子的情夫是誰），部分問題可以間接推測出答案。

但這不是一本間諜小說，原因是我一向對真實的世界比對偽裝的世界更有興趣。偽裝的世界向來建構於奇怪的新規則上，但在真實生活裡，規則從來不變，聰明的人最後都能全部學會。

真實生活的規則並不是唯一恆常而具普世性的事物。真實生活中的人也是。我多年來與世界各地的人密切共事，主要是中東、亞洲和東歐的人。不管來自何方，人都渴望得到感謝和尊重，都希望別人理解自己的動機和目標，即使不是全盤認同。

如果你認為這是合理的觀點，那很好！因為這些話不是每個人都聽得進去。有好幾百萬人都需要優越感，這通常是因為他們有自卑情節。

這些人很難不認為自己高人一等，或覺得自己與眾不同。遺憾的是，這種心態讓他們無法從他人身上得到自己需要的東西，包括愛、支持和歸屬感。俗話說得好，登高是孤獨的，但是在低處也一樣孤獨。唯一不孤單的地方，是和別人站在同一個平面上：在恆常久遠的人際網絡裡，人不管貧富、貴賤或美醜，都真正平等。

信任能扭轉一切，引導團隊努力為共同的目標合作，點燃所有人的創意。大家同心協力為同一個挑戰而努力時，任何事都可能達成，包括：創立公司、創造財富、提升家庭的凝聚力和幸福快樂，與朋友培養一生的友誼。最重要的是，在信任族群裡工作的人，可以讓他們重視的夢想成真，得到一種超越個人榮耀的感受。

當達到這個境地，一定會發生的一件事，就是有少數幾個（有時候只有一個）受到所有人信任的人將脫穎而出。那正是年輕的我立志想要成為的人：領導者。

我在ＦＢＩ的早期，在這方面並不算真正成功，恐怕還走錯了方向。但最後我終於了解，世界上只有一種事業，那就是：信任的事業。

在信任的事業裡，你會找到你見過最好的人，你們會一起創造不朽。當然，你也會看到機關算盡的人，他們模仿信任的言詞和行為，為的是踩著別人的頭往上爬。如果你想要的話，你當然也辦得到。可是，我可以很有把握地告訴你，如果你只挑選那些能達到一己之私和個人權謀的信任技巧，你最後會自食惡果。別人會感覺出你的虛偽，因而背離你，轉與別人打交道，找其他人滿足他們的需求。

那位波尼先生犯的就是這個錯誤，許多與他類似的人也都一樣。他不是在為國家服務。就我們所知，他的所作所為都是為了自己：從國家給他的間諜召募預算裡揩油，中飽私囊。

為國家做事，不能貪婪、貪污。國家就是會被這樣自私而醜惡的行為拖垮。

我試探了一下波尼想拉攏的對象是誰。

「波尼他，」我問史提夫，「曾經找你的部門諮詢任何事嗎？」

「就我所知是沒有，」史提夫說。傑西看了我一眼。「但我猜應該有可能。」

「自從他拿到美國的學位，對他的國家來說，他最近的身價應該是空前地高。」我說。

「大概是吧！」史提夫說。他似乎不太自在。傑西又看了我一眼，這次的目光更銳利了。他的眉頭揚起。在非口語訊息的解讀方面，我當時還是個初學者。

史提夫沉默不語。他可能不信任我們，對於話題突然繞著他的朋友波尼打轉感到可疑。不過，更有可能的是，他有其他心事。每個人都有自己的計畫。如果你沒有體認到這點，就不可能了解對方，如果你不了解對方，對方就絕對不可能信任你。

史提夫似乎想要換個話題。「你們是搭私人飛機來這裡的嗎？」他問，「像電影演的那樣？」

「是用噴射背包，」傑西說。「其實呢，是阿帕契直升機，從白宮的草坪起飛，在帝國大廈的屋頂降落，然後從那裡換成噴射背包，飛來這裡。」

史提夫浮現微笑。這個小笑話暗示傑西和我都只是普通人，可以讓他覺得自己和我們是同樣的人。

「羅賓，」傑西說，「現在幾點了？你來得及接女兒吧？」

我拉了拉襯衫袖口，露出我的黑武士錶，史提夫注意到我的錶。「這是父親節禮物，」我告訴他，「我太太會讓女兒選她想要送我的父親節禮物。我目前總共收過三個飛盤、一台雪橇和兩支蹦蹦樂彈簧高蹺。」

「你有小孩嗎？」傑西問史提夫。

「有啊。」他那心不在焉的表情再次浮現。「其實，我也不知道。現在的情況很怪。我正在談離婚。」

「噢，老兄，那真的不好受。」我說。我是真心的。

「二十年了。」史提夫說。

「天啊！」我說。「孩子們還好嗎？」那麼一瞬間，我想像自己如果是他，面對那樣的處境，孩子會是我最擔心的事。

「他們覺得茫然。我也是。我以為我們之間很好，只有一個為開支和儲蓄爭執的老問題。然後，一切突然就炸開了，變成核爆事件。」

「你是花錢的，還是存錢的那個？」傑西問。

「花錢的。」

「我想也是，」傑西說。「我的座右銘是，人死了，什麼都帶不走，年輕時比年老時更容易開心。」但我懷疑這是不是傑西真正的想法。

史提夫看起來好多了。傑西真正的想法並不重要。有人在痛苦中伸手求助，你就伸出援手。這是我們基本的待人之道，無論對朋友或陌生人都一樣。如果對方能為你效力，那很好；但如果不能，那也無妨。

「我同情你。」傑西簡潔而平靜地說道。我知道他是真心的。有時候，他會為了讓對方開心而說些無傷大雅的場面話，但即使是最微不足道的小事，他也絕對不會說一句假話。誠實和信任是密不可分的。

史提夫對傑西投以感謝的目光，深呼吸，那是他那天頭一次看起來聚精會神，沒有心不在焉。「謝謝。」史提夫說。他開始談他太太愛他一直沒有他愛她多。

傑西和我仔細地聽他說，我永遠不會忘記史提夫接下來說的話：「我不認為兩個人的愛有可能完全對等。但我知道，愛得比較多的人是贏家。」

「至理真言。」我說。我先舉拳和傑西對碰，傑西再接著舉拳和史提夫對碰。在那一刻，史提夫、傑西和我變成同一夥，可能是男人幫，或已婚男人幫，或爸爸幫。又或許是天涯傷心同路人幫。但什麼幫不重要，重要的是某種格局比眼前的正事更宏大的事物，把我們凝聚在一起。

「或許我真的變了，」史提夫說，「她說我變了。」

「變沒並有錯，」傑西說，「不變的人才讓我害怕。」

「我完全贊成！」史提夫說，「但或許塞翁失馬，焉知非福。我太太愛的是以前的我。我遇到的下一個女人，愛的就是現在的我。」

又一輪碰拳。史提夫終於找到一條路，走出陰霾。

我們聊了超過一個小時，聊女人、小孩、工作和家庭，兩次離題談到「大猩猩」派屈克・尤英

（Patrick Ewing）受傷時，尼克隊有多慘。

接近尾聲時，傑西說：「我只有一個建議。任何你不想在家事法庭被宣讀的事情，就不要寫在e-mail裡。如果你在喝了幾杯後會忍不住想寫信給她，電腦務必安裝體內酒精測定儀防開機鎖。」

史提夫笑了。他的心情好多了。

傑西通常會在關鍵時刻展現幽默。他說，幽默讓人人平等，同時讓所有人都變聰明、變柔軟。

史提夫起身要離開時說：「兩位，謝啦！很抱歉占用你們那麼多時間。保持聯絡。有什麼需要，讓我知道。我會盡量幫忙。」

他走了。這一次會晤，我自己不是很滿意，但傑西很滿意。

「你有些話說得很好，」傑西說著，喝完他的咖啡。「就好像是專門為我說的，所以我知道你說得很好。」

「我覺得我嚇到他了，」我說，「這次會晤沒有得到更好的成果，是我的錯。」

傑西感覺似乎有點不以為然了。「這一次非常有收穫。」

「收穫在哪？」

「信任。那就是我們的目標，不是嗎？還有下次會面的機會？第二次見面才重要。我看你今天學到了不少，我還以為你知道這點。」

「我是學到很多，只是我不知道那是什麼。」

絕地大師的迷心術又來了。「很好！那表示你會繼續推敲。」

「至少我在頓悟那天會覺得開心。」

「大概吧，到時候你就會知道了。」

「是，歐比王。」

＊＊＊

我到家後，我太太和我談了好久，討論我第一天出重要外勤任務的經歷。我就是覺得自己失敗了，但她知道其實我並沒有搞砸。她告訴我，她為我感到自豪。她的話就像一位摯愛丈夫的妻子會說的話，要是我當時聰明一點，我應該要開心。

但我沒有。我希望她跟我說的話，是更像龐德女郎會流露崇拜之情的：「哦！詹姆士，你的冒險故事真是精采刺激！」

正如我說的：我要學的還很多。

在很多方面，我太太的認知能力比我更強。別人說話時，她會傾聽。這是她絕佳的優點（其實對任何人來說，這都是絕佳優點），也是罕見的優點。大部分人在聽別人說話時，都會想著自己接下來要說什麼、如何才能說得妙語如珠。他們以為那就是對話的藝術。其實那不是。

那一晚，她非常仔細地聆聽我對自己職涯的憂慮，她的回應恰到好處：她跳過我在ＦＢＩ工作愈來愈痛苦這件事，把焦點放在我是怎麼樣的人，以及我如何待人接物上。多年後，我認為，當時她把焦點放在我「身為人的成長」，而非「對職涯目標的重視」，是很好的平衡。

我現在的想法和她當時一樣，認為人生的重點在於成長，而且這是真正重要的唯一重點。當你培養品格，職涯就會自己水到渠成。

那個傍晚將盡之時，關於我將要告訴你的所有事情，我只學會了一點皮毛。我花了將近二十年才把信任的守則和步驟整理如後。

讓你擁有深度領導力的五大信任原則

一、**放下自我**。

在本質上，每個人都是、也必須是自己人生的焦點。你必須讓別人能夠自然而理所當然地做自己的主角，別人才會給你「信任」這份禮物。別人人生的主角是他們自己，而不是你。如果你接受這點，他們就會為你打開信任之門。信任最吸引人的特質，就是謙卑。

二、**放棄批判**。

尊重所有人的意見、立場、觀念和觀點，不管這些對你而言有多陌生，或與你的想法背道而馳。沒有人會信任鄙視自己的人，也沒有人會信任不了解自己的人。

三、**肯定他人**。

即使意見各不相同，但每個人都有自己一套做人處事的基本通則，你必須理解他們的通則，也表達你自己的通則，並彼此尊重，如此你才值得別人信任。每個人都可以表達自己的想法，沒有人生來就想毀滅別人，或離群索居。這套做人處事的基本通則是人類共同的立足點。

四、理性至上。

務必克制所有個人化、情緒化、爭辯、誇大、操縱或脅迫的欲望。堅守事實，堅持誠實。只有講理、誠實反思的人，才能創造理性、共利的基礎，而這是所有可長可久的信任之所繫。以情緒激發的信任，會隨情緒流轉而消失。以恐懼為基礎的領導，本身不過就是恐懼。只要給別人信任你的好理由，他們就會信任你。

五、樂善好施。

除非你先信任別人，否則別想得到別人的信任。人們不會信任一個有來無往的人。自私是趨避劑；寬厚才有凝聚力。

你所能給予最慷慨的禮物，就是你的信任。你所能給予最恆遠的禮物，就是堅定不移的信任所包含的忠誠。

綜合上述，要激發他人的信任，應有的待人之道是：一、謙卑；二、不帶批判的接納；三、肯定；四、明理；五、慷慨。

讓信任化為行動的四大步驟

一、**整合彼此的目標**。

如果你成功做到以下三點，就能得到同心協力才能發揮的力量。

第一：慎選你的終極目標，並信實地追尋它。不要為較不重要的目標而分神，不管它們當下看起來如何重要。第二：了解別人的目標，找出正當且真實的理由，尊重那些目標。第三：找出方法，整合你和他人的目標。

二、**尊重對方的性格框架**。

想要成功整合自身與他人的目標，你必須先找出他人的欲望、信念、個人特質、行為和相對特徵，一個人的「性格框架」（context）都取決於這些重要特質。

只有知道對方的歷程脈絡，你才能看透他們。你會明白對方極力表現在外的性格背後（也可能是他們令你害怕的表象之下）所隱藏的真正面貌。你要了解別人，包括了解別人對你的觀感。如果他們對你有錯誤的印象，務必讓他們看清你真正的樣子。

按照對方的本相與其相處，不要想把對方變成不是他們的樣子。換句話說，就是：不要與對方爭辯性格框架。

三、**安排成功的會晤**。

遇到潛在的盟友時，要鉅細靡遺地籌畫你們的會晤。尤其是首次會面時。務必為會見創造完美的環境。在會晤之前，就要知道此次會面適合什麼氛圍、會面場合的特性、完美的時間和地點、你的開場白、你的目標，和你的禮物——也就是你有什麼可以給予對方。精心籌畫的會晤，就像一條河流，能助你航進信任的汪洋，讓每個人都在同一條船上。

四、**建立良好的關係**。

為了成功整合目標，你們必須說相同的語言（就字義與喻義上都是如此）。言語（以及言詞透露的品格特質）是建立信任的主要工具。要建立深厚、長久的關係，以利目標的達成，請用理性、尊重和體貼的語言。

信任的語言（包括口語和非口語）不含一絲自大、批評、不理性或自私。那是一種包含了理解、肯定和幫助的語言，同時也是一種生活風格。是以別人為重，而非自己。即使關係會變、目標會被遺忘，但言詞和它們所傳達的情感，會永遠停留在腦海裡。

達克出任務

「羅賓！」

「克里夫！我那從事全世界最棒的工作的朋友！」

我可沒有誇大其辭。邁阿密南灘是全美國最漂亮的景點之一，而克里夫就在那片晶瑩潔白的沙灘經營租借獨木舟生意。

（可想而知，在「信任語言」的辭典裡，誇大是大忌，因為追根究柢，誇大是另一種謊言。誇大通常逃不過別人的法眼，不只是讓你被貼上騙子的標籤，也會引起別人對你的誇張之辭窮追猛打，專挑主論述的弱點攻擊：「南灘不是最美的景點，只是其中之一，你分明在鬼扯！」）

我和克里夫是在我上一次的南灘之旅認識的。我們之間有種信任關係，即使是與無權無勢的人，彼此的信任關係也一樣重要。你永遠不知道你會需要哪個人幫忙，或是有哪個人可能會因為你不尊重他們而懲罰你。此外，尊重也是做人的基本道理。

我上次來南灘，想要租艘獨木舟和兒子一起玩，但克里夫的船已經一租而空。遇到這種情況，有的人會把氣出在租船店老闆身上，但這樣不可能解決任何問題。因此，我一如往常，保持和善，還幫他把一些出租的獨木舟搬到沙灘上。我們一起搬船時，我問了關於他的事，對他的人生目標和計畫表示肯定，並介紹他和我兒子認識。

第二天，我們再次光顧，但結果還是一樣：沒有空船可以租。不過，克里夫有個客人訂了船卻沒有出現，所以克里夫說（悄聲地說，顯示他稍微變通了一下規則），我們可以用那艘船，而且免費。我掏出一張二十美元鈔票給他，更重要的是，還有說句真心誠意的「謝謝」。他不肯收下小費，但我硬把那張鈔票塞進他的上衣口袋。

他和我握了握手，我有種「人生真美好」的感覺在身心湧流，那是只有在陌生人突然變成朋友時才會產生的感受。這時，你加入了一個新族群，族群的名稱是「熱愛海灘的好漢幫」。

這一次再訪南灘，克里夫和我敘舊。就像很多人一樣，他對我的工作覺得好奇，可能以為它比在南灘工作還光鮮體面（但這的確有待商榷）。

我告訴他，我此行要來見一個人。那個人要參加在度假飯店舉辦的一場會議，我知道所有的出席者都有些免費福利，包括租獨木舟。「你能看看他有沒有預約嗎？」我問道。

「沒問題。我查一下顧客服務網站。這是保密的內部資訊，不過……」他眨了眨眼，點了幾下滑鼠，然後說：「有了，他有預約，但沒有確認時間。」

「如果他出現，你可以打電話給我，讓我給他一個驚喜嗎？」

「沒問題！我的朋友！」

（我在這裡從克里夫學到另一課：如果你要說「好」，不如說「沒問題！」而說「我的朋友」也無傷。莎士比亞有句名言：「世事本無好壞，全看你怎麼想。」如果莎翁今天還在世，他一定會說：「世事本無好壞，全看你怎麼說。」）

第二天，我窩在泳池邊時，我的電話響了。「羅賓，這是海上基地。老鷹著陸了。」

「海上基地，收到。立刻出發。」現在，我們是「少年警探幫」。

我信步走向租船處，一邊走一邊構思如何布局會晤。我想要見的人在那裡，所以我運用了一些與陌生人攀談的技巧，本書稍後會談到這些技巧。我運用的第一項技巧，我稱之為「借題發揮」，你不必入侵別人的空間，只需評論共處環境裡的某些事物。在這一次，我選擇獨木舟。

我站在那個人旁邊，一臉懷疑地看著那些獨木舟。「那些安全嗎？」我微笑，把臉半轉向他，這是幫助他人覺得自在的肢體語言技巧。

「最好是。」他說。

我笑了。誰能抗拒被自己逗笑的人？

「他們給了我一堂免費課，」我說，「可是我改選手足美甲。」這樣聽起來是不是一點威脅感也沒有？

「你也參加那場會議？」他問。我點頭。

「真的？你做什麼工作？」

「我是個海灘迷。但為了賺錢供養嗜好，我也做包商。」我停頓了一下，彷彿我的職業無聊到沒什麼好談的。「航太生意。」

「我覺得那好極了，」他說。「那是現代國防的重心。這個主題，我怎麼樣都不會厭煩。我上完課，可以請你到泳池酒吧喝一杯嗎？」

「如果那裡有洋傘就好。」

「我是泰倫斯．波尼，」他邊說邊伸出手來。

「泰波！我是羅賓．達克。」

對泰倫斯．波尼來說，這是終結的開始：他的美國國防工業探索之旅，他的國安預算私人提款機，他白天的使館武官職位，他所有的這一切，都在這一刻開始走入終結。

第2章 真希望我當時就知道的事

當年，我是個年輕的海軍陸戰隊軍官，自匡堤科（Quantico）基礎學校（Basic School）休假回家，一副犀利又強悍的樣子，在地方的購物中心物色對象。

同時，我也是個苦惱的單身漢，不斷被女人三振出局，卻完全不知道原因。不過，我很快就會發現真相。

多問對方，少談自己

我在購物中心的任務很簡單，套用執行任務時強調「堅定的決心勝於深思熟慮」那句陸戰隊的口號：看到山頭，攻下山頭！

我的任務是：找到女人，贏得芳心！我的追求守則第一條就是：集中所有行動，展現赤裸裸的自我。當時，我稱此為「魅力」。

我現在知道，我不但對任務的觀念錯誤，也用錯了守則。我的任務應該是達成我的終極目標：找到一個女子，好好愛她。我唯一的追求守則應該是關注她的優點，而不是我自己。

即使如此，我當時對自己的任務信心滿滿，可能就像你對你的任務一樣。我猜，你的任務是獲得人生全方位的成功。但如果你對成功只有尋常的概念，以得到別人的尊敬和愛、以獲取權力和影響力、以致富為目標，你所追求的可能並不是你的終極目標。

所謂的終極目標，是永遠不可能落空的目標，它們幾乎必然屬於內在目標，例如無法動搖的樂觀態度、完整無缺的自信心、極致的心靈平靜、深厚的安全感、飽滿的自尊和真愛。

要完成這些壯闊的任務，需要那條最嚴苛、最獨一無二的守則：有方法、有系統地幫助他人達成目標，藉此以達成自己的目標。這是創造終極「賦權」[1]的最佳守則。

如果你仍然把焦點放在錯誤的目標和錯誤的守則上，你可能會在輝煌的成就和驚駭的失敗之間來回擺盪。事實上，大部分人的挫敗都是自找的，而且堅持屢敗屢戰，直到有一天才決定要改變自己。

那正是我在購物中心獵艷那個時期所犯的錯。當時，我是個精力旺盛的小伙子，女人是我的目標，看到目標就展開追求。友善的笑容？有！抬頭挺胸？有！自信滿滿？統統有！計畫一切就緒！缺乏一套方法論的我，把一切交給大腦前額葉全權處理：我堆滿笑容，一直等到抓住對方的目光，然後再笑得更燦爛一點。她迷上我了！

可是，等到我一開口，一切就變了調。這實在沒道理，因為我全神貫注於全世界最有趣的話

1　empowerment，即個人或群體藉由學習、參與、合作等過程或機制，對於與自身相關的事務，獲得掌控的力量，以提升個人和群體的生活品質和功能。

題，那就是：我真實的人生故事。

那個女人沒有反應！眉頭緊皺！嘴唇緊閉！手臂交抱胸前！她已經恍神，陷入無意識狀態。藍色警訊！她陣亡了。

我鄭重地護送她前往她的安息地——美食街，再回頭重新展開偵察。

十二點鐘方向！那是我的高中女同學！

我採取行動，發現她那晚將和一些同學辦場派對。而且，大部分都是女生！

那晚在派對上，我灌了一杯啤酒，展開監看行動。我找到另一個女生為目標，主動出擊，結果她仍然禁不起我的攻勢，再度陣亡。

於是，我返回到搜尋模式，我發現了小金！她超級正點，從五年級開始，由於一股超越人類的力量使然，我們經常狹路相逢：因為姓名字母排列順序的關係，我們經常鄰桌而坐。不過，我們從來沒有成為一對，主要是因為她比我聰明（我討厭承認這點）。我當時為了美式足球和撐竿跳而荒廢學業。然而，我的膝蓋在一場徑賽裡受了傷，輝煌歲月也就此告終。

我開始和小金敘舊，重提學校和撐竿跳的往事，我還是盡我所能緊扣住「我的真實人生故事」。但是這一次，有件事不一樣。她在聆聽。

別人通常會讓我說，但是等我一停下來，他們就接著說自己的故事，所以我知道他們沒有在聽。可是，和小金講話，當我停下來時，她會問我問題，而且問題和我剛剛說的內容有關。

我突然覺得自己不必那麼費勁去表現自己。身處在那個不尋常的場合，感覺卻自然極了，彷彿有一個我連問都還沒有問的問題，已經得到了解答。

我改變話題，換成談她。接著，她頭一歪，微笑了！

現在的我已經理解非口語線索的科學，也能辨識這種姿勢是代表不帶批判的接納，但即使在當時還不太明白肢體語言所要傳達的訊息，我也知道，好事近了。

那是我人生中最幸運的一天。那一天我領悟到，受歡迎的秘密不在於別人對你的感覺，而是你讓他們對自己產生什麼感覺。

三個月後，我們結婚了。

這段時期以來，我仰賴信任守則的引導，成就變得更精采，得來也更輕鬆簡單。每一天，它都帶領我朝著最重要的目標前進：教導別人如何成為值得信任的人，並將這個特質展現於外。

幾年前，我終於理解我要教給你的這一課的力量。那時，我光是理解到「世界不是繞著自己而轉」這件事，就清楚感受到一股喜悅，那是種如釋重負的感覺。我的眼界突然變得開闊，看到遵循「把別人放在首位」這條原則的人生，所蘊藏的喜樂和智慧，以及領導力的潛能。

這是我首次窺見的本書核心主題：要博得信任，必須先把別人放在第一位。這條守則就是信任守則的根基，而信任守則是建立信任四大步驟的根基。

這是絕不可違背的守則，是從肯定別人、放棄批判，再進階到其他守則的先決條件。把對方放在最重要的位置，就是最大的肯定，如果對方才是最重要的，你的批判根本無關緊要。

一直到最近，操縱權謀的主題也開始在商管書市流行，其中出現不少名作，有些作者還是美國最知名的管理大師。那些書，我也讀過。他們都認同信任的力量，但他們不是著眼點於訓練人們如何獲得信任。他們理所當然地認為，人多半天生就值得信任，他們需要的只是大膽秀出來，昭告全世界。

「不信任」的時代來臨了

如今世道變了，不是嗎？

機關算盡的權謀家失去大眾的尊崇，這股反噬的趨勢，在大衰退時達到高峰。

可想而知，潮流反轉之前，是一場操縱大海嘯。銀行承做數十億美元的黑心貸款；會計師事務所從事犯罪行為；企業掏空金庫，發給高階主管豐厚的紅利；貨機棧板上白花花的數十億美元現金，在伊拉克人間蒸發[2]；財富集中在排名前一％的富人手中，這個階層過去受到大眾仰慕，現在則通常是被鄙視。

根據社會諷刺作家湯姆．沃爾夫（Tom Wolfe）的描述，一九七〇年代是所謂的「唯我年代」（the Me Decade）。但是，那個年代的「唯我」意識似乎至今從未停歇，只是從七〇年代心理上的自我陶醉，轉變為八〇年代對金錢的執迷。還記得「貪婪是好事[3]」這句話嗎？接下來，到了一九九〇年代和二〇〇〇年代，經濟狂飆，對自私的歌頌成為堅不可摧的自戀，為追求地位而汲汲營營。新菁英階層把迷你莊園當成買房的首購目標，悍馬車變成務實的交通工具。

無數人盲目追隨潮流：去他的未來，大家一起來！有無數人抗拒這種荒謬的主張，但它的感染力強到大肆流行，幾乎癱瘓這個國家。肆無忌憚追求自我膨脹的商業法則，與由此衍生的個人哲理，在經濟戰爭裡一敗塗地。

我們站在一個新時代的開端，但因為戰爭疑雲徘徊不散，這個分水嶺深切的重要性經常被忽視。我們正進入一個潛能無窮但艱困痛苦的年代，人們不再相信市場、人民、國家和理想的力量。那份信心已被恐懼取代，不信任是當代的新主流價值。

真正的信任一直是美國強盛的憑藉，也是它引以自豪的特質，直到有一天，大難臨頭，信任在不知不覺間悄悄流逝。人們對信任的緬懷愈深，就代表警戒提防時代已經來臨，自幽晞微光轉而愈變愈清晰。

民意調查反映了人心的巨變：

- 自從大衰退以來，民眾對美國最基礎的機構（商業、政府和媒體），信任度總平均下降大約六十％。
- 現在只有二十％的美國人信任聯邦政府；在過去，信任度最高曾達八十％。
- 現在只有十九％的美國人信任大企業。
- 美國最知名的銀行只得到三十三％的信任度。

2　美國於二〇〇四年以貨機運載六十六億美元現金前往伊拉克，做為戰後重建基金，卻在巴格達不翼而飛。

3　「Greed is good.」出自電影〈華爾街〉的台詞。

- 只有五十七%的人目前有一位非常信任的朋友；大約二十年前，這個比例最高可達八十%。
- 對宗教的信任從二〇〇一年的六十%降至二〇一五年的四十%。
- 只有三十三%的人信任拿他們的信用卡去結帳的店員。
- 二〇一六年，有四十五%的美國家庭因為不信任網路，甚至停用最基本的網路服務，包括在社群網站發文，或網路購物。
- 還是中學生的千禧世代，只有十八%的比例相信大部分的人，這是美國有史以來信任感最低的年齡層。

我們不能讓信任崩壞的情況持續下去，否則過去的榮光將永遠流失，不只是國家、經濟，還有文化層面亦是如此。

人類要享有安樂的生活，信任是不可或缺的條件，因為信任深深根植於原始的人性。因為信任，我們才會感覺到，每座孤島永遠都會有一座對外連通的橋樑，從過去到永遠，都是如此。

我的 HUMINT

「羅賓，我加入！」電話那一頭的人這麼說，他願意幫我逮住間諜。「請詳細且具體地告訴我，我可以怎麼幫你。」

這句話聽在我耳裡，美妙有如天籟！地表上沒有任何 HUMINT 可以逃過我的手掌心！

HUMINT，你可能還記得，是間諜稱呼訊息來源人士的用語，指的是間諜、反間諜、專家，或目擊者提供的消息。你可能也還記得，在間諜這一行，這是最珍貴的訊息來源。部分是因為他們的觀察力非常敏銳，也因為人多半都不想與此有所牽扯，所以這樣的人很少。

這裡提到的這位HUMINT人士之所以引起我們的注意，是因為他認識波尼，也就是前一章提到的那名東歐間諜。

話說此時（在我於南灘發動攻擊之後），波尼已經被召回本國。據說，他挪用公款的行為曝了光，於是被發配到某個陰冷的偏僻地區工作。

在我職涯的這個時點，他的挫敗讓我多少覺得開心。但是，在我的職涯走得更遠之後，在我建立了信任守則之後，在信任守則成為我的新世界觀之後，任何人的苦難都不會讓我引以為樂，包括那些咎由自取、自食惡果的人。他們也值得同情，因為說白了，人都有自作孽的時候。

一如在國際情資的小圈子裡很常見的情況，有人注意到，認識波尼的這名消息人士，曾與某個前蘇聯集團國家的軍方特勤人員為伍。那個共和國想要脫離蘇聯，成為真正獨立的國家。我不能提及任何可能會干擾現行國際事務的細節，但我可以告訴你，這些事都發生在上個世紀末，因此你可以合理推測，那個國家可能是車臣、達吉斯坦、阿布哈茲或塔吉克。

你也可以稱它為「無名地」（Erehwon，Nowhere的反拼音字），對於不能指名道姓、明白說出來的國家，這是FBI最喜歡用的代稱。另一個受歡迎的代稱是「中土」（Centralia），聽起來有種家的美好感覺。任君挑選。

究竟是哪個國家，對本書在此的目的無關緊要，但對於當時的當事人而言，絕對事關重大。炸彈從空中落下，年幼的孩子在睡夢裡被炸死，士兵（要稱他們是「自由戰士」或「歹徒惡匪」，就看你的觀點而定）被虐待、謀殺，過程被敵方士兵拍攝成影片，現在上YouTube都可以看得到。

有人認為蘇俄總統葉爾欽（Boris Yeltsin）是自由鬥士，有人認為他是法西斯主義獨裁統治者。他正在混亂和暴行的刀鋒邊緣苦撐，柯林頓總統一如既往，跟著葉爾欽起舞。氣焰日盛的蘇俄黑手黨頭子普丁（Vladimir Putin）隨時待命。還有自以為義的蓋達組織（Al-Qaeda），他們多半名不見經傳，自詡為「自由鬥士」，是操縱早期蘇俄叛亂背後的那隻手。

我要調查的特勤人員所效力的對象（還是一樣，國名任君挑選），可能是那個共和國，如他自己所宣稱；可能是他在前蘇聯時期的KGB主管；可能是當時已經在蘇俄掌握實權的普丁；可能是某個犯罪集團；也可能是更黑暗的分裂勢力。

在冷戰結束時，這個表面看似如此接近烏托邦的世界，正瀕臨「惡托邦」（dystopia，反烏托邦）的險境。

簡單說，這不是犯錯的時候。因此，在與HUMINT的第一通電話中，聽到對方信誓旦旦，我不禁歡天喜地。

攻防諜對諜

場景：湯姆餐館，它是《歡樂單身派對》（Seinfeld）劇中的餐廳，在電視節目裡出現時，招牌只寫著「餐館」。它位於紐約哥倫比亞大學校園旁，我的消息人士就是就讀這所學校。我認為這個地點不只對他方便，也頗為有趣，有一點像是在戲裡。記住：以對方為重。每一次任務，你都必須關照你的人，在你開口要求對方幫忙之前，先試著施惠給對方。

秘密消息人士：二十多歲的數學博士候選人，專攻密碼學。根據我創造的一套溝通系統（我稱之為「溝通風格列表」〔Communication Style Inventory〕），這位消息人士屬於任務導向、以思考為主，以及講究流程和程序的類型。

我覺得我有希望能和他合得來，因為在海軍學院時，我的綜合科學學位是以工程核心課程為骨幹：熱力學、系統工程、船舶工程和電腦輔助系統動力學。

即使如此，他是專業的科技咖，高度專注於細節，而我可說是個只能掌握整體概觀和主題框架的傢伙。

還有，他比較偏千禧世代，而非X世代，因此他和我的頻率有一點不同。我們在個性上可能會有點格格不入，但我當時還不擅於迅速修正路線，雖然我深受海軍陸戰隊守則「永遠保持彈性」的薰陶；FBI的間諜部門也同樣支持這條守則，以在變化莫測的環境裡運作，即使面對軍事戰爭開打後的詭譎迷霧，也可以應付自如。

目標對象：這就是耐人尋味之處。天曉得！我們知道目標對象的名字，也能推測他的雇主身分（叛離的共和國），但是仍然疑雲重重。因為他的前雇主是KGB，他可能仍然在為他們工作，在共和國從事反間工作。

此外也極有可能的是，他是為普丁工作。當時還差幾個月，普丁就會成為全世界最有權力的人（以及，極鮮為人知的，全世界最有錢的人，因為他是蘇俄最大兩家企業幕後的多數持股者）。

或者，我們的目標對象是自由工作者，為民間部門產業、恐怖組織或其他方工作。天曉得！我希望我的秘密消息人士可以幫助我揭曉。

探員：就是我。我獨自工作，因為擅於讓別人開口，逐漸累積名氣，備受肯定。我後來終於了解到，所有事物的終極核心就是：以他人為重。我有一群扎實穩固的秘密消息人士，這都要拜我對信任五大守則從熟悉到內化成為直覺所賜，雖然當時我離把它們系統化還早得很。

任務：找出目標對象的雇主。若真如我所懷疑的，目標對象確實在為俄方效力，這不但有助於辨識俄國的方向，在某種程度上也等於找出歷史發展的走向。不管怎麼看，當時的蘇俄極有可能死灰復燃，重新升起控制世界的欲望。部分也是因為，柯林頓想要幫助那個共和國，而且基於他最近在南斯拉夫內戰的勝利，他認為他可以辦到。但是當他為了那個共和國向蘇俄施壓時，葉爾欽卻發出讓人不寒而慄的警告：「我們俄國的軍火庫滿滿都是核武。」

這只是咆哮恫嚇嗎？很難判斷真相如何。不知我們的目標對象是否有足夠的安全感，敢於背叛前上司，並為共和國工作。他比我們更了解那些人。

而根據我的猜測，我認為他太聰明了，不會背叛蘇俄。蘇俄仍然是危險的惡霸，而且看起來愈來愈危險。

「你好，我是羅賓，」我的消息人士走進來時，我打了招呼。他熱絡地和我握手，但他的眼光像一把利鑽般穿透了我。「我為我們訂了傑利、喬治和克拉瑪[4]常坐的那一桌。」

「好。」

他看起來是個不拘小節、不修邊幅的科技男。若是在浪漫愛情喜劇的情節裡，他永遠不會是男主角，而是男主角身邊那個愣頭愣腦的好麻吉。不過，這是個智商接近一六〇的「好麻吉」：矮胖身材、腹部鬆垮，穿著卡其褲，但是他的目光銳利，有如子彈飛射而出。

「好，你需要什麼？」他說。「我的課間空檔是七十五分鐘。」

那正是我想要知道的事，但這句話在這麼早的時候就冒出來，感覺有點突兀。

「我們應該先點餐。你知道這裡有什麼好吃的嗎？」

「這裡沒有什麼好吃的。」

我笑了。這個人有趣，我喜歡。

「像這種事，通常會從一般內容開始，」我說，「但我們可以照你的想法開始。基本上，我好奇的是，蘇聯共和國的軍事顧問能和你學到什麼。如果可以知道這點，我們或許會比較了解那裡發生了什麼事。」

「他可以和我學到很多。」我等他繼續講，他卻就此打住。我擔心他是不是覺得我對他輕慢了。

——

4　《歡樂單身派對》的劇中人物。

「沒錯，」我說，「我相信他一定可以和你學到相關的所有東西。」或許這麼說有點浮誇。也或許不會。「肯定」永遠不嫌多。「我的意思是，你覺得他最有興趣的是什麼？」

「傳送安全訊息。破解安全訊息。那是我的專長。」

「那聽起來很厲害。拜託解釋一下。」我希望盡快把重點移到他身上，讓他確知我尊敬他的智識能力。

「我的專長是RSA加密。熟嗎？」

「不熟，但我樂意洗耳恭聽。」

「RSA是發明這套加密法的人的名字縮寫，他們分別是Rivest、Shamir和Adleman。就像任何密碼，你需要解密的鑰匙，但在RSA，那是恐怖的數學，用的是二次剩餘，」他說（或是意思類似的話）。他的眼睛看起來仍然銳利得像是可以穿透盔甲，但他的目光現在是射向穿著迷你裙的女服務生。

我顯然看起來一臉茫然。他放慢了速度。「這就好像，你在一個範圍裡開平方根，會發現某些罕見、但一直都存在的數字類型。」他又開始滔滔不絕。很好！只要他樂於開口，我跟不跟得上都沒有關係。我的工作是讓他和我在一起時感覺良好，而不是了解二次剩餘。

「英國人幾年前曾提出RSA。」他說。

啊哈！終於有我可以回應的東西了！「英國，」我插嘴道，「是我們協助共和國脫離蘇聯的重要盟友。」

「沒錯，他們去年解密RSA，但大家仍然無法破解。」他點的餐到了，打斷了他的思緒。

「你對什麼感興趣？」他問。好現象。建立關係。

「每年的這個時候，洋基隊。你們很幸運，球場離校園這麼近。」

「我比較喜歡曲棍球。」

「遊騎兵迷？」他點點頭。關於紐約遊騎兵隊，我只知道一件事：韋恩・格雷茨基（Wayne Gretzky）是隊員。

「格雷茨基很厲害，」我說。「他一定會留名青史，像是曲棍球界的貝比・魯斯（Babe Ruth）。」

「我會想念他的，」他說。我沒有回答。他放下已經被他解體的三明治（好像是為了要挑揀可以吃的部分），抬起頭說，「他要退休了。」

糟糕！這步走壞了，我表現好像我很了解格雷茨基一樣。像他那樣聰明的傢伙，一定會開始懷疑，我還敷衍了哪些事。但他放過了我，話題回到密碼學，以及RSA做為解碼工具的重要性。

他說的很難懂，但在任何調查行動裡，如果沒有走到如陷五里霧的地步，就表示你挖得還不夠深入。然後，會有那麼一剎那，一切豁然開朗。

記住：國家安全的細則已經變成要保護無辜者（以及不要惹毛壞人），但我自己的解讀是：為蘇俄工作的間諜可能不需要了解RSA，因為蘇俄自己可能就有。

那個間諜也不太可能是為左翼派工作，如蓋達組織或犯罪集團，因為他們可能不知道RSA有什麼用。我開始思考，我們的目標對象可能是個老實人：一個對共和國忠誠、如假包換的愛國者，他想要破解的是蘇俄密碼。

不過，還是不能排除普丁。

這要花點時間。不過，我有的是時間。

目前，在我看來，我已經讓他成為這場會晤的主角。我沒有批判他，我肯定他，我恰如其分地把討論保持在合理的框架下。

在我那不斷演進的信任工作表所列出的事項，我全都做了，除了給他好處——一個誘因，或至少是激勵。我對這個人的解讀是，幫助需要的人或為美國效力這類情感面訴求可能沒有什麼效果。

我決定採用傳統的激勵方式。「我不希望你因為我而上課遲到，」我說，「所以，我們再等一下就結束。但我想提一下，我們對於秘密消息人士有一筆預算，以你提供的幫助，我可以申請。」

「太好了。」

我對他微笑，他也報以微笑。「太好了」，那是當然的。他只是個努力求畢業的孩子。

他看了看他的錶。「天啊，時間過得這麼快？」他說。

「你的午餐還可以吧？」我問道。

他說很好，不過聽起來有點虛。這時候，我知道身處情境喜劇的拍片場地，和實際在拍情境喜劇是兩回事。

「我會再和你聯絡。」我說。

「隨時歡迎！」他對我大大咧嘴一笑。「這很有意思！」

他走了。

我覺得不錯。不過還不到完美。我搞砸了兩件事，一是格雷茨基，另外一件可能是餐廳的選擇。但是，社會工程科學是人的科學，因此不可能完美。完美甚至並不可取。當你認為你對人做了完美的「處理」，對方會發覺這點，而這會導致不信任。沒錯，很反諷，但是在間諜之道裡，沒有事情可以只看表面。

那麼，你覺得我的表現如何？

＊＊＊

在我的研討課裡，有些人會質疑，像「信任」這麼難以捉摸、層次細膩的概念，把它化約為五條守則，是否太拘泥於形式。我提醒他們，身為飛行員的我，是根據一套經過護貝的程序檢查表執行飛行任務，包括：個人起飛前的總檢查；飛機起飛前的總檢查；暖機；發動；起飛；爬升；航行；降落。我的那份檢查表從不離身。我的指導教練很早就灌輸我這個觀念：這不是待辦事項清單，不能等你有空再做。

我可能是優秀的飛行員，也可能不是。有編程做我的靠山，但願我永遠不會知道答案[5]。我兒子經常和我一起飛行。光是這個原因，就重要到應該要遵照流程，不是嗎？家人、同事和朋友的信任，難道不是最重要的嗎？

—

5　因為要發生狀況時才能驗證自己究竟是否優秀，所以作者才會說希望能永遠都不知道答案。

第3章 信任守則解密

在你實際運用信任守則之前，我要把這套守則解析為任何人都可以理解的概念。這不是「降尊」，而是「尊重」。最重要的課題通常也最簡單，最聰明的人才知道這點，也只有最聰明的人才能理解那些課題。

能挽救生命、職涯、關係和自尊的，都是簡單的規則。它們簡單到不像是真的，那也是它們容易被遺忘的原因。

信任守則一：放下自我

本章第一條關鍵原則，是我從情境喜劇中學到的（你可以由此推知，它必定很重要）。它取材自《歡樂單身派對》的另一集。這齣電視劇是「無所事事之劇」的代表作。這是個相當傳神的描述。

我有個朋友認識該劇的一位製作人，在這齣戲劇播映前不久，那位製作人對我朋友說，這是「關於生活點點滴滴的一部戲」，戲如其名。這就是它能細水長流、愈老愈俏的原因。一時的幽默來來去去，但生活裡的點點滴滴才是恆常，只是因為獨立觀之，才看似微不足道。

行為模式在生活點滴裡成形，把我們塑造成領導者、追隨者，或只是丑角。這就是為什麼你需要知道信任守則。面對在當下看似芝麻綠豆小事的時刻，這是你預設的主導機制。

從「歡樂單身派對思想」給我們的第一課，你已經發現，身處情境喜劇的場景和演出情境喜劇是兩回事；然而，第二課甚至更重要。

抬手致歉，化解意氣之爭

根據《歡樂單身派對主義》所揭示的意義：放下自我，就能解救人生。

我學到這課，是傑利在某一集裡開車擋到別人的路，對方對他比中指。傑利的襯托角色喬治（本身就是「蠢蛋」的最佳寫照）煽動傑利還以顏色，但是克拉瑪（偽裝成宮廷弄臣的超我絕地大師魂）要傑利揮手致歉，把情況控制住，他說：「你就抬個手，低個頭，表示『對不起！很對不起！這輛車真的太複雜了！我不懂車！我還沒讀使用手冊。』」

傑利聽從了克拉瑪的建議，讓內在的自我保持冷靜。在劇中，傑利總是一再犯錯闖禍，但每次都能平安無事，活到下一集。

我初到FBI時，就在我遇到我的燈塔人導師傑西後不久，抬手致歉的智慧曾經挽救我自己的生命，或至少是我的職涯。我當時只有二十九歲，在紐約市的國安單位工作，身後配著槍，身為前海軍陸戰隊軍官，那股睥睨一切的氣息猶在。

了解紐約市的人都知道，在交通尖鋒時間，有某些區域的交通狀況，就像在進行最高規格的安全封鎖，其中包括位在布魯克林大橋北方的FBI總部附近的百老匯大道和沃斯街口。想要行在車陣裡不吃虧，還真需要某種程度的狠勁。但是，即使抱著只求生存的心態，當有輛騎著單車的快遞員從我旁邊呼嘯閃逝而過，我眼前只剩他布滿皺紋的粗壯食指的殘影，這時我仍然覺得無法接受。被超車的我，立刻回敬了兩聲喇叭，一聲是為了隊上，一聲是為了局裡，然後沾沾自喜，覺得自己為上帝、國家和自己（不代表真實順序）做了對的事。

然而，接下來，我和這個傢伙狹路相逢，在同一個燈號停下來。我看到對方簡直是班揚[1]和金剛的綜合體，外加無疑是服用了禁藥的藍斯．阿姆斯壯[2]才有的氣勢。他冷冷的目光像是在說：「即使你化成灰我也認得你。癟三。」我目不轉睛地直視他，證明我是男子漢（顯然只有我自己買單，對他完全無效）。他抓起五磅重的單車鎖鍊和十磅重的鎖頭（配一部十美元的單車），在空中甩圈圈，彷彿我再不趕快溜之大吉，他就要演出「大衛和歌利亞」[3]。

我確實趕快三十六計走為上策，用力踩下油門，一溜煙往前飛奔而去。問題解決了，但自尊心多少受挫。後來我又遇到紅燈，停下來等燈號。沒錯，那個金剛大衛又出現在我的後照鏡裡，且身形愈變愈大。

我當時想到什麼？局裡的致命武力動用規定。

如果我真的面臨具有致命可能的武器威脅，而且無法化解狀況，我就有權力動用致命武力。但這時我若真這麼做，我可以預見，我必須承擔的後果之一，就是《紐約郵報》一定會出現這樣的頭條：「FBI菜鳥射殺單車騎士」（副標：人犯供稱：他看起來好可怕！還帶著鎖頭！）我也可以選擇不動用致命武力，饒對手一命，但這樣一來，明天的頭條就會變成「烏龍新科探員命喪單車快遞員之手」（副標：倖存者宣稱死者是退役海軍陸戰隊軍官。）

頭腦變清楚的那一刻，我問我自己：「傑利會怎麼做？」答案是「抬手致歉」。這樣做，我的自我會恨我，但我更內省的超我（根據佛洛依德的）會永遠愛我，因為我及時體認到，我的終極目標不是贏得和一名單車快遞員之間的意氣之爭，而是成為打造新世界秩序的出色建築師。要實現這個目標，我必須好好活著，而且不能坐牢。

我在座位上轉身，眼睛看著對方，抬起手，低下頭，稍微偏側，剛好露出內頸動脈。我可以看到，他眼中的怒火消散了，他懸空跨立在座墊上方，用單腳滑行。接著，燈號變了，我猛然踩下油門，離開現場。

解除防衛，讓資訊交流

我的建議是：別指望等遇到像街頭衝突如此險峻的情景時，才磨練昇華自我的技巧。收斂傲骨

1 Paul Bunyan，美國神話中的人物，傳說中的巨人樵夫，力大無窮。
2 Lance armstrong，美國知名公路自行車賽職業車手，因使用禁藥而終身禁賽。
3 聖經故事，大衛用彈弓擊斃巨人歌利亞。

可能是一記苦藥，但只要一天吞一點，苦味就會消失。

想要成為值得信任的人，想要號召他人為你的目標努力，放下自我是最重要的條件。這是賦予其他四項信任守則生命的核心行動。

別人對你愈惡劣，放下自我就愈有效，因為以謙卑態度面對別人的逼壓，一定能讓對方對你刮目相看。傲慢自大的人（也就是缺乏安全感的人）可能會認為你是懦夫，但幾乎所有有權威者都知道，強者低頭，絕對是勇氣的表現。

在次要目標上讓步，別人會明白，你懷抱的世界觀比他們寬闊，不拘泥於芝麻綠豆大的瑣碎小事，而他們通常會想了解，有什麼是他們不明白、但你卻知曉的事。他們會樂意追隨你的領導，因為他們知道，你不會為了弄權而欺凌他們。

放下自我能讓你自由，全神貫注於你的終極目標，不需要費勁去說服所有人相信你在所有的事情上永遠是對的。放下自我，你就能輕易將自己的目標與他人的目標統合一致，把你嘗試達成的目標，變成他們目標的一部分。

放下自我，你就能擁有如X光般銳利的眼光，可以透視他人，並從他們的觀點看事情。

放下自我，你會受到許多人愛戴，幾乎所有人都會喜歡你，對立會消失，分歧將化解於無形。你的影響力同心圓會擴展，你的信任族群會擴大，事情會水到渠成。

人都有自我，人都希望得到尊重，這是亙古不變的道理。但是，沒有人必須為了讓你贏而輸。一般人的想法是，贏家可以伸張自我，輸家只能服從。但真實情況正好相反。如果有人攻詰你，不要認為他在攻擊你的自我，或是威脅你的生存，而是試著和對方講理。假設他們的感受其來有自，去找出原因，而且是用最簡單的方法尋找，那就是：提問。

如果他們的怨言聽起來有道理，即使只是他們的個人觀點，你也要告訴對方，你會設法改正。如果你無能為力，或是認為他們的觀點不實，至少告訴對方，你理解他們的想法。當你解除防衛，對方也會停火。而且，很快地，你周遭的人都會開始效法，以誠意和理性尋找解決問題的方法。當你不去強迫別人改變想法時，別人反而更容易改變。

當你放下自我，把眼光放在終局，你會覺得偶爾吸收一點損失，實在沒有什麼關係。你甚至可能樂於接受損失，因為做一個人情給別人，等於自己也得到一個人情。

我現在信崇一個不變的真理是：解除防衛，資訊自然就能交流。

珍惜所有解除防衛後出現的資訊，即使那不中聽。有些資訊能帶領你往目標前進，所有資訊也都能帶你更接近真實，而真實是唯一能孕育不朽成就的環境。

意見永遠會有歧異。那又如何？你真的希望同事唯命是從、顧客消極被動、朋友逢迎拍馬、另一半屈尊就卑？有些人的確是這樣。但他們得不到信任。

信任守則二：放棄批判

我歷經好長一段時間，才推敲出要如何領導別人，甚至要如何討別人喜歡。我初到FBI工作時，唯一喜歡我的人似乎只有我的情資來源人士。這聽起來沒有什麼道理，因為我讓他們身陷風險，給他們的回報卻微不足道。

最後，我終於弄清楚原因，那是因為我不批判他們。我對他們的幫忙只有感謝，我知道他們的目標和我的不同。我沒有立場去批判他們。我必須假設他們做任何事都有他們的理由。但這並不表示我認同他們。不批判不表示贊同，不批判只是表示你不論斷他們，即使是正面評價也會讓對方覺得不舒服，因為他們知道，有一天你可能會反過來批評他們。

雖然我之所以採取這種應對模式，一開始是因為我認同或不認同，都無關緊要。但是我後來理解到，人都喜歡具備這種特質的人，也都想要親近這樣的人。因為在這種人面前，他們能展現真實的自我，安心做自己。

同理心是突破嫌犯心房的利器

我在講課時，通常會問那些警察學員，是否曾經成功取得嫌犯的口供。在場的所有人都舉手。接著，我會問他們，是如何拿到口供的。是強迫嫌犯明白自己是做了壞事的壞人？或是不批判他們的行為，試著去理解他們為什麼犯下罪行？

嫌犯很少會預期自己的罪行被接納，但只要得到單純、從人性角度出發的理解，他們都會心生感激，尤其是如果你理解他們最黑暗的一面時。如果警察願意主動理解，罪犯的防衛心態通常會降得非常低，幾乎不會否認他們犯下的罪行。

無論是否在ＦＢＩ工作的偵察員都表示，任何罪行，不管原因是什麼，自白通常是在同理心、同情心、憐憫和理解下才出現的。

在有警察分別扮黑臉和白臉的犯罪戲碼裡，取得口供的通常是扮白臉的警察，而在真實世界裡，這個現象甚至更為明顯。

扮白臉的警察並非假意認同嫌犯，而是他能得到嫌犯足夠的信任，讓嫌犯不再否認得負起責任，並把部分的信任也轉移到刑事司法體系。只要用對方法，大部分嫌犯都會務實地體認到，他們長久以來的想法是錯的；現實世界裡，他們可以藉由與體制合作，達成他們的最佳利益，而不是與之對抗。

常見的是，嫌犯之所以決定自白，甚至不是因為那種務實的態度，而是因為看到面前有一張不批判他們的臉孔，感受到自恐懼中釋放自己的那一刻，於是順從人類的天性而為，放下謊言、罪惡感、悔恨和對立。

只是，執法人員（以及任何人）都很難克制自己不去批判他人，尤其如果對方是犯下十惡不赦之罪的人。

讓追隨者的使命，為領導者引路

要放下論斷之所以如此困難，除了我們對可怕罪行會產生無可避免的反感外，大部分還源自我們自身日復一日產生的不安全感和恐懼。我們總是忍不住追求高人一等的感覺。優越感給予我們安全感和身分地位，讓我們隱約或深刻地自以為比別人還來得優秀。

對於與我們在同一個族群的人，包括家人、朋友、同事和社區鄰居，我們甚至也難以放下高人一等的優越感。每個人偶爾都有種念頭：想成為父母最寵愛的孩子、班上最聰明的學生，或是人緣最好、最富有或最好看的那個人。

可是，如果你仔細想想，周遭族群對我們的評價，鮮少是根據我們在階層的相對位階，或我們在自身目標上的表現，而是我們在追求族群的目標時所做的貢獻。

要得到族群的重視，最穩當的方法是將個人目標與族群目標相結合。當然，那也是達成個人目標的最佳方法。

如果你想要成為族群的領導者，就要設定人人都想要達成的卓越目標。海軍陸戰隊有一句話，後來成為我的引路之光：「兩個或兩個以上的陸戰隊員在一起時，其中一位會成為領導者，而成為領導者的，就是設定目標的那個人。」

以領導者自居很容易，但領導絕非易事。領導的基礎是啟發他人追隨你，唯一的方法就是建構一項以追隨者為重的使命，而不是把自己擺第一位。

一旦使命訂好，行動展開，你身為領導者的首要之務，並不是擔任裁判。你可以評估適足的成效水準，取消無效的做法，但只要你一開始評判別人，你就會失去人心，即使他們確實表現不佳，或沒有拿出成績。

例如，史丹佛大學神經外科醫師詹姆士・多帝（James Doty）在他第一次參加腦部手術時犯了一個輕微的錯誤，結果引發主刀醫師一陣斥責和批評，這不只打擊了多帝，也波及整個手術團隊，妨礙了他們的創意、清楚的思路、團隊合作和信任。多帝後來的大半職涯，教學重點是放在教導外科醫生關於「批判」的危險性。他說，即使是腦外科醫師，「只有在你仁慈和善地對待他們時」，他們才能有一流的表現。

讓不同的目標從平行到一致

不過，有人則是不敢放下批判。我的研討會裡，有時會有學員說：「羅賓，你聽起來是個很有包容力的人，可是你難道不會落到像地毯一樣遭人踐踏的處境嗎？」

不會。因為我有一個目標，那就是成為領導者，我的一舉一動都是朝這個目標邁步。

如果我批判身邊的人，永遠把自己的需要擺在第一位，沒有人會想要我領導，我只會一次又一次自取其敗。但是，如果我的目標是幫助身邊每個人達成他們的目標，而且不帶一絲批判，他們就會樂於讓我領導他們，而我也會走在一條康莊大道上，朝我的目標前進。

這個想法的邏輯完美，難是難在實踐。我和別人沒有兩樣，我也會焦慮，也會生氣，也會輕易被情緒綁架。不過，若我任由情緒挾持自己，情緒會蒙蔽判斷力，挫敗就會臨頭。

我每天都會自我檢討，確保我的行為能化為達成目標的助力。如果我開始傲慢自大或背離正道，我會知道我離危險區正愈來愈近。這時我會修正路線（要永遠保持彈性！），再繼續前進。

修正路線必須出於自發。如果你想強迫別人轉向，他們會認為你是在批判他們。要幫助別人看到自身缺失，同時不覺得自己被批判，最好的方法就是探詢他們的終極目標。你直接提點他們重新專注於優先事項，而不是迂迴進攻他們的不安全感，他們就會抱著如鳥歸巢的決心，回頭改進自己。

領導力不是獎賞，它其實是種負擔，因為領導就是成為別人的依靠。即使如此，如果能好好地肩負起這個重擔，它也能為你帶來極深的喜樂和滿足。

領導力是權力，不過最高段、最有效的領導力是軟實力，包括：謙卑、不批判、肯定他人、理性和寬厚。

信任守則三：肯定他人

你已經明白，從放下自我到去除批判的連續性，是一個自然發展、幾乎無縫接軌的進程。現在你將看到，從去除批判到肯定他人，也是直線進行。

克制自己不去批判他人，是為了過度到一個更高的目標，那就是幫助他人對自己感覺良好。我們都會自我批判，那就是為什麼我們對於別人的批評那麼敏感易怒。如果你可以幫助別人對自己感覺良好，他們也會對你有好感，對你的信任也會比過去更深厚。

肯定別人不是贊同他人，因為肯定他人就是為了完全不評斷，意即：不是贊同，也不是不贊同。肯定他人的複雜度遠低得多，因為這不需要道德守則。肯定別人不過是表示，你知道別人的本相、他們在做什麼，以及你為什麼認為他們這麼做其來有自——這無關乎好壞，而是有他們的緣由：如果換成是你，你也會那麼做。

肯定別人更不是奉承逢迎，因為那也是種評判，所有伴隨評判的包袱和重擔也會隨之而來。把逢迎奉承留給那些操縱謀算的人吧！更具體而言，那些拙劣的權謀算計之徒，因為逢迎奉承難免明顯露骨，會讓別人提高警戒。

肯定別人表示你能從整體觀點看到完整的一個人，包括他們的欲望、需求、壓力、歷程、目標、信念，以及可能對他們重要的事物。若你對人有這種程度的洞察力，對方的大腦會產生與安全、安心、接納和信任相關的神經化學物質。

只要你能肯定別人，對方就不會覺得你是威脅，即使他們知道你與眾不同。他們甚至可能會忍不住改變自己的觀點，認同你的想法，放下防衛的盾牌，接受新的資訊。

反躬自省V.S.被強迫認錯

如果你想用簡單的方法清楚表達你的感受，那麼就直接告訴對方。

上週，本身就是社會工程大師的FBI局長詹姆士．康梅（James Comey），發給我一張嘉獎狀，表揚我完成了一項艱難的專案。獎狀設計精美，以厚重的羊皮紙製作，上有親筆簽名。獎狀還隨附一張紙條，寫著：「英雄，做得好！」局長的用心顯示，他理解那項專案的困難，也肯定我的工作成果，不管我究竟是否表現完美。

那張獎狀，我會永遠保存，留作紀念，這不是出於自我的膨脹，而是用它來提醒自己，曾經有位我尊敬的人，能從我的觀點看事情，通盤思考，並體認我的行動有其道理。不是完美無暇，只是有其道理：合乎情理，而且可以理解。

但要是你真的搞砸了呢？

如果我真的搞砸了，康梅局長可能會做我建議我學生做的事。他還是會肯定我的努力，幫助我發現錯誤何在。他會告訴我，我仍然是聯邦探員陣營重要的一份子，他會引導我進行自我評述，直到我找出自己的錯誤。

放下你的盾牌！在防衛心尚未被挑起時，人多半會對自己保持誠實。沒有人想要重蹈覆轍，你愈強迫他們認錯，對方的防衛心就會愈強。

「問題不在釘子！」

有支點閱人次高達一千一百萬次的YouTube影片，十分精采地演繹了肯定別人的價值：「問題不在釘子」。

影片中，有個男子和女友坐在沙發上，女友急切地描述她的頭痛。「有一股壓力襲來……有時候我感覺它就附在我身上，我可以感受到那股壓力，就好像它真的在我的頭裡，陰魂不散……我不知道它會不會有消失的一天。」鏡頭拉遠，畫面上，她的額頭真的有一支很大的釘子。

男友皺著眉頭，非常誠懇地說，「你的頭……真的有……釘子。」

她嘆了一口氣，移開目光：「問題不在釘子。」

他非常想要解決事情：「你確定嗎？我敢說，如果我們把那個拔出……」

她生氣了：「別再想解決辦法了！」他又試了一次，但沒有用。她不耐煩地說：「你老是這樣！你老是想要解決事情。但我真正需要的，不過是你專心好好聽我說而已！」

於是，他靜靜聽她說，說她失眠、說她所有的毛衣都鉤破了，而且每一件都是。

他欲言又止，蠢蠢欲動，但還是忍住了，只說：「聽起來真的很難受。」

他終於懂了！她的語調變得柔和：「謝謝你。」她撫觸著他的手，傾身吻他。

他的額頭把釘子壓得更深。她放聲大叫。

他忍不住了：「只要你把……」

她指著他，像是在說：「別再說了！」

點火！發射升空！這個時候，釘子不是問題，他才是問題。

演員及工作人員名單出現，披頭四的那首「我們可以解決」（We Can Work It Out）樂音響起，唱出歌詞的關鍵句：「請從我的觀點看事情……」

這個故事的啟示是：聽到「謝謝你」後就閉嘴。不管如何，閉嘴就是了。不管你在和誰講話，對方已經感受到你的肯定，那就夠了。稍後，你就會得到回報，即使你的回報只是知道自己能在困難的情況下自制。

如果你想到達成你的終極目標，並領導他人追求那個目標，就要經常有沉住氣、閉上嘴巴的準備。如果於你無益，就不要說話。想什麼就說什麼確實十分痛快，但不是領導者應有的特質。

不用簽約，「我的眨眼就是保證」

在比佛利山莊，停車需要繳押金，除非你拜訪的人幫你核實你可以停車。

柏尼．布里爾斯坦[4]是好萊塢的傳奇人物，《週六夜現場》（Saturday Night Live）節目裡的每個人，從製作人洛恩．麥可斯（Lorne Michaels）到所有瘋狂、不羈的傢伙，職涯都掌握在他手裡；他曾說，他給過喜劇演員約翰．貝魯什（John Belushi）最有價值的建議是「寫謝卡」。布里爾斯坦在他富麗堂皇的專屬辦室，只擺一件藝術品：一件刻了「我們肯定別人」字樣的木雕。

重點不在停車。

布里爾斯坦最出名的，是很少和客戶簽書面合約。他的格言是：「我的眨眼就是保證。」他退休時，是好萊塢公認最受信任的人。

信任守則四：理性至上

全世界只有兩個物種會交戰，或從事組織化的戰爭，一是人類，二是螞蟻。我們先從這裡講起。從演化心理學觀點來看，這個現象告訴我們，人類還有很大的成長空間。人們多半志於追求成長。但有些人顯然並非如此。

學習超越爬蟲腦的原始本能

我們的祖先雖然登上動物王國的頂巔，但並沒有因此改變人類邏輯全無用武之地的獸性。這多半都要怪大腦。畢竟，大腦也是血肉之軀。

人類大腦有三個主要區塊，其中只有一個能超越非理性的動物本能：前腦。前腦的外層是理性中心（最為人知的是靠近額頭前方的前額葉）。然而，隨著我們深入大腦核心，就像展開深入人性的黑暗之旅。首先是穿過中腦（或稱「哺乳動物腦」，它掌管愛，但智能有限）的漫長旅程，最後來到後腦，也稱為「爬蟲腦」。讓我們惹麻煩的就是爬蟲腦。

爬蟲腦只知道恐懼，並控制人體的基本生理功能，例如心跳。爬蟲腦不是領導者的優質資產，甚至不是好情人的特質。受人信任的領導者，任務是超越爬蟲腦，懂得關心他人，學習深思熟慮。

這確實需要學習，因此你需要信任守則。恐懼的能力是天生的，但信任不是。你對信任的早期（簡單）學習，可能來自母親，因為在每一個挫折時刻，母親都會一再出現在你身邊。然而，即使經過一輩子的學習，即使像信任如此珍稀而神奇的事物，仍然難以穿透厚厚的頭蓋骨，進入我們的大腦深處。

在原始本能浮現的時刻（危險！獎勵！性！巧克力！），爬蟲腦就會高速運轉，告訴你：抓住機會！但是，演化對人類還算仁慈，對於我們垂涎或恐懼的事物，攫取行動需要〇·二五秒的反應時間。這個時間就是從中腦抄捷徑到前腦所需要的時間，讓你能理性分析你所身處的環境。事實上，這就是人腦在採取反應行動前「數到十」的方式。

—4　Bernie Brillstein，美國著名電影電視製片人、經理人。

不過，在數完之後，你還是需要訴諸理性，而不是防衛、欺瞞、狡詐和過度情緒化。那是流程裡最困難的部分。即使原始的動物本能可以冷靜沉澱，面對黑暗、通常看似無法抗拒的操縱力量，大腦仍然容易被綁架。

以下是回歸理性至上的捷徑。

一、立刻遁入終極目標的保護盾下：如果你著眼於終極目標，你自然會變得理性。因為要達成人生夢想的崇高目標，絕對需要理性。

二、堅守有助於達成終極目標的言行：這裡沒有快速宣洩情緒的管道，只能把情緒留在你的內心。

我能感覺你的感受

以下是一則慘痛的個人經驗。

我參加了岳父的守靈夜，悼念這個偉大的人。我們在一家義大利餐廳的包廂，以歡聚紀念他的一生，包廂裡迴盪著高分貝的喧鬧聲。忽然，「碰！」有人重重推了我肩膀一把。我一個踉蹌，在逐漸進入交戰模式的慢動作裡，我看到幾個表親的表情彷彿在說：「哇！我一直都想目睹，退役海軍陸戰隊員如何只用一根小指頭，就把對手打得落花流水！」

推我的人開始破口大罵：「你們自以為是誰，餐廳是你們家開的嗎？吵死人的混帳東西！」當時，我已經參與行為分析專案很長一段時間，因此我自動進入快速科學實驗模式：我現在的目標是什麼？是取悅我的表親，讓他們感覺痛快一下嗎？或是降低衝突，像個真正的男人一樣，展現對我岳丈的尊重？

困難的選擇！我愛那些表親！

我分析了這場潛在戰鬥雙方的立場。我認為他是個混蛋，他也認為我是個混蛋。這點很常見，雙方平分秋色。但那沒有關係。永遠不要爭辯性格框架，不是嗎？

他認為誰最重要？他自己，那當然！

我看到他身後的女伴，有著一頭濃密的長捲髮，她坐的位子，就在我認為是我們的私人包廂區裡，她的表情就像在說：我的英雄！

他的目標是什麼？當然是給女伴一段美好時光，即使必須教訓別人也在所不惜（或是說，尤其是在這個時候，他必須給別人一點顏色瞧瞧才行）。

在我快速從爬蟲腦直達理性的溫暖地帶時，我看到他的不滿是有理由的，而他可能也願意講道理，只要這個道理合他的心意。「很抱歉，」我說，「你說得一點也沒錯。」

緊張的氣氛頓時解除。我沒有提出最直接的藉口，也就是家裡有喪事，因為那是以我為本位，而不是以他為重。對方的反應很可能會是：「老兄，那是你家的事，和我無關！你們應該要有分寸！」

「我會和我的家人說，」我說，雙手一攤，「我會要他們把那些胡鬧留到明天，在我岳父的葬禮過後。」那當然是我對我的行為的推托之辭，只是表達的方式聽起來不像是藉口，而是我行為根據的性格框架。其他的，就看他了。

他的肩膀忽然放鬆，眼裡的怒火熄滅，他的女朋友的表情突然轉為：「親愛的，收斂一下，不要惹事吧！就算是為了我？」

我走到餐廳經理面前，稱讚他的員工，並提到我們無意間惹惱了其他客人。他說，他會招待他們一瓶酒，做為補償。我們這群人的喧鬧聲又開始漸漸大聲起來，但我不打算制止他們。他們需要宣洩，而另一桌的那個人似乎也不再在意了。這時的他，因為展現了層次能與我的理性相稱的行為舉止，讓女伴對他多了幾分敬意。

我們要離開時，那個人起身，伸出手來，說道：「請轉知尊夫人，她痛失至親，我同感哀悼。」在那一刻，他成為我們族群的一份子，可能是美國家庭族群，也可能是沒有因為宣戰而落得慘兮兮的兩個男人。

他明白我的哀痛，我也理解他的難處：他正在約會的瓶頸時刻，雖然短暫，在當下卻都是關鍵。這時，只要多一點體諒，就有意想不到的效果。有句老話說：同病相憐。但事實是：同病互諒。我們一行人魚貫離開，他站在原地，和幾個人握了手，現在，我們已經準備好面對比今天更艱難的一天，此刻此地，迴盪著一股暖意。

在電影裡，英雄是戰士。但在真實世界裡，英雄是和平使者。

試想，若缺少理性，同樣的場景會如何演變。如果是拍電影，它可能是絕佳情節：一張張殘破的桌子，一群人衝來殺去，抓著破啤酒瓶互砸，配上活潑的背景音樂。但是，若換成在真實世界，卻會成為整個家族永遠揮之不去的悲慘插曲；還有一個人，會有很長的一段時間，後悔當時自己沒有管好自己的嘴巴。

理性至上。在理性裡，永遠存有一絲愛。

信任守則五：樂善好施

在人類演化的進程裡，大腦發展的第一個部分就是爬蟲腦，又稱為鱷魚腦（主要在澳洲和佛羅里達地區）。這也是人類胎兒最早發育的大腦部位。

爬蟲腦只擅長兩件事，那就是呼吸和恐懼，因此可視為生存主義的肉身。主宰爬蟲腦的情緒是地盤意識，一如在餐廳的那個人，在我們入侵他的空間後的初始行為，爬蟲腦缺乏愛的能力。那就是為什麼蜥蜴不像貓咪那麼與人親膩：問題不在於蜥蜴有沒有絨絨的毛。你的蜥蜴永遠不會以愛回報你的愛，就算你餵養牠，還給牠取名「毛毛」。

不過，感謝上帝也賜給我們哺乳動物腦，為人添加愛之味，以及中等程度的理性。更為珍貴的，是前腦，它賦予人類獨有的高階推理能力。這是大自然給人類的第一特獎（不過，從某些人的行為來看，這項大獎顯然可以把獎金退還，換成等值的儲值卡）。

適者生存的原始法則

人類的三重腦最先進的兩個區塊，其實是生存主義的軟體。遠在農業出現之前，也就是約八千年前的狩獵採集時期，對當時的人類而言，一個顯而易見的事實就是：分享食物和居所，有助於每個人的存活。在那個時期，這個情勢比人強的現實，因為合乎理性分析而被認可，強度甚至超越「助人為快樂之本」這個事實。

早期的社會科學家將樂善好施無可推翻的價值，歸為「適者生存」的一種變化形式。在人類社會，所謂「適性」，包括互惠利他的社群價值。

樂善好施的務實價值，顯而易見：

- 有來有往，互蒙其利。
- 要交朋友，先夠朋友。
- 因果循環，善惡有報。
- 兩人同住，花費低於一人獨居。

（我可以繼續寫下去，但我不要。應該換你想一句給我。那就是互惠利他。）

樂善好施是多麼根深柢固的人性，如果你覺得難以理解，只要看看小孩子，你就會明白：小孩子給別人禮物時，會比自己收到禮物還開心。當孩子的行為展現出如此的美德，恐怕世界上沒有哪個家長不會熱淚盈眶。

可悲的是，這項美德只會隨著年齡漸長而退化。當傷害出現，我們的心便會開始硬化，生出自私之心。我們告訴自己，自私是生存的手段。我們試著合理化人我的分際，如果我們不搶先，就什麼都拿不到，如果我們不耍小動作、不擺布他人，有人會這麼做。然後，我們納悶著，為什麼這樣做不管用。

原因是，打從文明曙光初現之際，以及人類生命之始，這就不合乎自然。樂善好施是不可違反的五大信任守則之一，因為它是人性的內在本質。

付出愈多，快樂指數愈高

不管你有多常遭背叛或被愚弄，如果你任由自己陷在過去的痛苦裡不走出來，只愛屬於自己的小圈圈裡的事物，你就永遠無法激發別人的信任。你必須跳脫自己的牢籠，憑著童年時期單純的樂善好施之心，創造你的人生。

如果你退縮不前，只等著愛上門，你的等待可能永遠都會落空。即使愛真的來敲你的門，那又怎麼樣？被愛很好，能給你美好的安全感。但是，愛人的感覺卻是狂喜。付出愛能讓你超越時空。

唯一能真正進入你的肺腑之中的愛，就是你自己的愛。它已經在你的心裡，沒有任何苦痛可以驅趕它。

我有個成就高人一等的朋友，是典型的A型男。他千百個不願意地當上了爸爸，因為他認為小孩會毀了他的職涯，而他則會毀了小孩。他兒子誕生的那一天，在他妻子沉睡之時，他把寶寶抱在懷裡，毫無感覺，有的只是全然的不知所措，還有一點點嫌惡。但他是那種會挺身而出、為他人傾盡所有的人，於是他對兒子說：「我會照顧你一輩子，就像我爸爸對我一樣。」接下來，一股愛的暖流「呼！」地貫通他的全身。「如此強烈，」他後來說，「幾乎讓我站不住腳。那是我從來不曾有的感覺。」

他是我所認識最好的爸爸，他樂在當父親的分分秒秒。

樂善好施的心才是你真正的面貌。這是開啟力量、找到寧靜的鑰匙。若你對別人寬厚慷慨，你得到回報的方式，和對方完全無關。

最終回：關於蘇俄間諜的結局

我後來再次打電話給那個數學生，也就是那個矮胖、滿面皺紋、我暱稱為「好麻吉」的傢伙。和他見面兩天之後，我希望安排下一次的見面。他不在，所以我留了言。

一週過去了，他沒有回電，我開始有點焦慮。蘇俄對脫離掌握的共和國，打擊行動正如火如荼地展開，沒有人能預測局勢的發展。這時候，只要能找到任何HUMINT都好。

為了克制自己不要過度腦補，不要老往壞處想，我以我當時所知的有限資訊，在心裡盤點了那次與這個數學鬼才的會面情況。

我做「對」的事包括：我把焦點放在他身上。我展現對他的工作的興趣。我恭敬謙卑，也周到體貼。我帶他去一個有趣的地方。我忽視他可能覺得受到批判的任何缺點。我沒有告訴他關於我自己的任何經歷。我給他酬勞做為答謝。我保持理性，沒有嘗試以情感操縱他。我認為那樣就已足夠，雖然現在我已經知道，那樣還不夠。

我再打了兩次電話，還是沒有回音。發電子郵件，也沒有反應。我開始覺得自己像個被分手的男朋友，於是做了任何情理之中（又可悲）的人會做的事。我用他不知道的號碼打電話給他。他接了電話。「嘿！我是羅賓．德瑞克！」我說。「你最近過得怎麼樣啊？」

「我還不錯，羅賓，可是……」

「我真的想再和你聚聚，聊一聊。」

不太妙的一刻出現，他沒有說話。接著，他以輕快而委婉的口氣，表達了他的訊息。他說了一長串：

「我不認為我能幫你。我似乎沒辦法理解你究竟要什麼，而我只會很專門的東西。我希望我能幫得上忙，因為你顯然對你的工作充滿熱情，而且表現非常出色。但我還要拚命努力，跟上課程進度，因此我不認為，撥出更多時間和你見面，對我是理想的安排。」

他祝我一切順心如意，說他會盡量保持聯絡，並謝謝我上次請他吃午餐。「喀嚓」，電話應聲斷了線。

基本上，他是在說：不是你的問題，是我的問題——不過，我們還可以繼續做朋友嗎？

我面帶愧色，直接去見我的上司。他的反應彷彿是在說：你？能讓別人開口的傢伙？我真不敢相信！你可是一流的！是那個人瘋了吧！

哇！一小時之內被仁慈傷害兩次，對於我那顆突然變得敏感脆弱的心，這簡直是雙屍命案！

但是，事實就是事實，我知道如果我不勇於面對事實，就什麼都做不成。事實就是，我這一次已經徹底搞砸。

我反覆思索這整件事：在很長的一段時間內，每一天都在想。我知道我會找到方法，防止在未來重蹈覆轍。我的工作表現不錯，但還不夠頂尖。要出類拔萃，我需要一套系統。

我究竟是哪裡做錯了？

在那些「我現在終於明白了，但要是我早知道就好了」的情境裡，以下是我現在明白的事情：不犯錯是不夠的。你必須做對才行。「對」的意思是非常、非常對。人類是特別敏感的動物。這是客觀的事實。

因此，一個比較好的問法是：有什麼是我做得還不夠對的？

第一，我沒有完全把重點擺在他身上。我選擇了一家我覺得告訴家人和朋友會很有趣的餐廳。但他顯然已經去過那家餐廳，他也可能比較喜歡高級牛排館，或不錯的壽司屋，任何地方都好過一家只能炫耀名氣的地方小餐館。這麼明顯的事，我怎麼會忽略？原因很簡單：因為我沒有多想。

我放下自我的程度，甚至不足以讓我注意到，他偏好的溝通方式。我天花亂墜地談到洋基隊、外交事務、一般慣例，和其他我覺得自在的事物。另一方面，他是個極度講究邏輯、左腦思考、有條有理的數學家，在一個充滿絕對又具體的事物領域裡工作。「告訴我，你究竟需要什麼？」這句話，到底有哪個字我聽不懂？

你還記得嗎？我問他，「軍事顧問能和你學什麼？」而他回答，「很多。」唉呀！那不是種肯定啦！我後來的補救方式是還不錯，但是只靠一次的補救真的就沒問題了嗎？

他顯然看得出來，我其實是曲棍球的門外漢，卻在吹牛。他為什麼要在重要事務上信任我？再說，我有尊重他時間有限嗎？不見得。我不是很有時間觀念。一路走來，我現在明白，說「天啊，時間怎麼過得這麼快？」這句話的人，通常對時間極度有感。

現在來想想那個我基於當時對他的看法而取的暱稱：好麻吉。只因為他是書呆子兼科技宅男，我當時就認定他是配角，在社交上沒有安全感。你以為他沒注意到這些嗎？人對於別人對自己的感覺，是有第六感的，尤其是觸及他們敏感脆弱的層面時；你即使一個字都不說，還是會洩露你睥睨施捨的態度。讓你露出馬腳的，可能是姿勢、語調，或是你故意避談的主題。你一旦對他們有所評判，他們就會知道，但你自己卻不會察覺。

當你發現別人的弱點時（你一定會發現的，如果你努力去真正了解對方），你必須用你所發現的弱點，去保護他們，讓他們免於恐懼和疑慮，在這些領域裡建立他們的信心。那就是肯定。

他知道有些人對他有意見，但他不認為自己不得體。他認為自己聰明絕倫。如果你真的想要別人信任你，不要用耳聽，不要用眼看；你要用他們的耳朵聽，用他們的眼睛看。

我以為用金錢做為酬勞對他是種慷慨大方的表現，但其實我根本是個白痴。等到我真正對這個傢伙開始感興趣（就在一切為時已晚之後），我發現他出身自一個富有的家庭。我應該給他更個人或較不物質的事物做為報酬，例如和他一起走去上課，幫他節省時間。

我甚至因為他的言行舉止都很恰當，而天真地以為一切都很順利。他的表現正是一個得體的人拒絕別人的方式。他們會說：「你很棒，但我們不適合。」或「我們的期望不同。」或「我很樂意，但現在沒有辦法。」

評估自己的錯誤，是每天在錯誤面前學習謙卑的日常工作。

還有，我大可告訴自己，這完全沒有關係，就像一般人遭受現實打擊時經常有的反應。可是，在真實世界，這位「好麻吉」後來成為另一位ＦＢＩ探員的新伙伴，在幾件重大案件上出手相助，包括我搞砸的那件。我的那宗案件，我們的目標對象是為他自己的共和國工作，他後來成為國防部長。「好麻吉」與他的關係，價值可比間諜衛星。

儘管如此，我與「好麻吉」再次說到話，已經是二十年後的事。這個二十年，是一段漫長的旅程，處處都是學習，但這一天是我的轉捩點，因為我學到最重要的一課。

這一課來自我除了傑西以外的另一位絕地大師。他的名字是佛恩・史拉德（Vern Schrader），我和他每天從紐約上州通勤上班。我住紐約上州，是因為以適合孩子成長的環境而言，這是我負擔得起的地區；佛恩則是因為個人偏好才住在這裡。

在開長程車的通勤途中，我向他打探他到越南出戰地任務時的戰爭故事（他的經歷特別驚險，因為他是戰地攝影師，在別人爭相衝出交戰區時，他卻是拚命往裡衝），他給了我無價的寶貴建議。

他把那些危機處理技巧轉化為ＦＢＩ的鑑識學、犯罪現場攝影術。他的成就極高，領導大型偵察團隊，深入有時仍然危機四伏的情況。他屬於局裡謙卑、效能高超的一群。成為傳奇人物，可說是有違他的意願。

佛恩熱衷於領導策略，比他同時代的人都早領略到信任的力量。我要教你的課題，有些就是他灌輸給我的，包括本書的主題：要贏得信任，先把別人放在第一位。

那一天，在通勤回家的車上，我向佛恩訴說我在辦公室悲慘的一天，最後加上一句：「佛恩，我到底做錯了什麼？」

「沒有什麼離譜的事。你只是太注意你自己，沒有把注意力放在他身上。從他的觀點來看，你的提議對你有利，但他不見得受用，所以他就逃走了。」

我等著他給我意見，等著他建議我如何處理這次挫敗對職涯造成的後果，並教我如何重新贏得那位數學奇才的策略。

但是，他沒有說。於是，我主動探問：「我下一步該怎麼做？」

「沒有下一步。他不信任你。如果你開始特意討好他，他會知道你在裝腔做勢。」

「事情沒有那麼簡單。」我說。

他聳聳肩，給我微微一笑，說：「事情就是那麼簡單。」

「下一次，」佛恩說，「把對方放在第一位，看看有何結果。至於這件事，你不要過於苛責自己。這還是那個老問題——就是以為世界是繞著你轉。」

第4章 把「你和我」變成「我們」

新兵營

南卡羅萊納州，巴里斯島（Parris Island）

我擔任新兵總教官時，隊裡有個二十歲的新兵，他有段艱辛的過去，似乎不信任任何人。從團隊的觀點來看，這是危險的特質。在一個悶熱午後，結束一次筋疲力盡的校閱後，他拖著腳步，走到床尾櫃，在寥寥無幾的私人物品裡翻找——這件事，馬上就要改變三個人的人生。他的動作緩慢而仔細，盡量讓櫃子保持條理，以免被資深教官教訓，給他一頓我們所謂的恐怖「激勵訓練」。

他的資深教官手下有四名助理教官，是那種任何事都逃不過他的法眼的老練海軍陸戰隊員。他看著那個新兵的動作迅速演變為慌亂。這是不及格的。

慌亂會害海軍陸戰隊員丟掉性命。恐慌會破壞思路的清晰、耗盡血糖、讓肺部缺氧、動作失控為顫抖、視野窄化成隧道視野。恐懼引發的生理反應，會引發更多恐懼，最後身體變得不由自主。

在戰鬥裡，這是會出人命的致命傷。若換作是企業經營管理，無法掌控的恐懼也會毀了職涯。

教官踏著步伐，走向新兵，那小子甚至沒有聽到教官的腳步聲。他還不是海軍陸戰隊員。陸戰隊員會隱藏自己的慌亂，同時眼觀四面、耳聽八方。

新兵訓練的關鍵目標，是教平民以系統化的反應代替直覺，也就是學會「標準作業程序」（standard operating procedures; SOPs）。

SOPs適用於指揮鍊裡的所有人。你在電影裡看到教官脖子上掛的牌子，那不是識別證，而是因應不同狀況的SOPs要點。你可以把它們想成是我飛行時隨身手冊的迷你版，或是信任五大守則，和建立信任四大步驟。

「新兵，你有什麼問題？」

那名新兵立刻彈身站直，迅速到他的頭幾乎要碰到士官的牛仔帽（又稱為「護林熊帽[1]」）。他剛剛甚至沒有注意到，他的同伴都已經立正站好。

「報告長官，新兵找不到私人物品！」

「那你就可以把我的地方弄得亂糟糟嗎？」

「報告長官，不可以！」

「深呼吸！」教官其實挺喜歡這個小子。他們都出身環境困乏的中南部州，都是個性堅忍的小個子，一個來自肯塔基州，一個來自田納西州，兩人都不是富貴子弟，現在也還是沒什麼錢。教官康拉德・霍維爾（Conrad Howell）上士一輩子都待在軍隊裡，是步兵戰鬥的老手（步兵戰鬥是最

1 美國國家森林局的吉祥物，宣導關於森林火災的危險。它戴著一頂牛仔帽，而牛仔帽是美國海軍教官的招牌配件。

恐怖的服役任務），但他和他的四口之家，仍然在領食物券。沒有人是為錢而入伍。「新兵，你給我把櫃子整理好！」

「報告長官，請求允許協助新兵！」說話的是新兵的同伴，是個年紀稍微大一點的小子，上過三年大學。

「請求准許！整理完畢後，你們兩個去掃廁所。」

霍維爾上士轉身跨大步離去，流暢有如滑行，那頂牛仔帽彷若在氤氳熱氣裡浮動。

「夏恩，你搞什麼鬼？」慌張小子的同伴問道，他在訓練過程中一直像保姆般關照他的同袍。

「有人偷了我的錢！那是我全部的財產！」

「去報告長官。」

「霍維爾上士能有什麼辦法？」新兵不習慣求助。

「呃……我不知道。但是，夏恩，我覺得海軍陸戰隊員就應該要這麼做。」

「海軍陸戰隊員應該會怎麼做的事，我見識得夠多了。」

「如果你不去報告，我會去。」

「請便，喬。」

他們拖著步伐，去打掃浴廁區。

這項處罰其實是從寬發落，遠遠比熱到冒煙的三十個伏地挺身還輕微。（伏地挺身為什麼是三十個？根據霍維爾放在牛仔帽裡的 SOPs，還有其他種種文件記載，三十是這種天氣所容允的最大值）。臂肌鍛練之後是極限程度的踢腿、登山式、操槍和各種激勵訓練。到了最後，新兵早就汗濕淋漓、氣喘如牛。

霍維爾是最基層的士官（所謂的「E5」）。夏恩．弗林克（Shane Frink）那種每天拚命努力、沒有一句怨言的態度（一如他自己多年前的樣子），讓霍維爾對他有一種好感。他們還有一個共同點，那就是體感學習的天賦，以及對文字資料的閱讀障礙。那小子出自本能的警覺心也讓霍維爾想起自己年輕的時候。其實他們很投緣。

另一方面，新兵對教官的一視同仁充滿敬畏。教官視所有新兵如糞土，即使是夏恩機敏的弟兄「大學生喬」也一樣。這個稱呼的由來是他在畢業前六個月，關注到沙漠風暴行動解放敵區的閃電戰，愛國心油然而生，於是他毅然決然從維吉尼亞大學退學。

維護和平有它苦澀的現實條件，戰爭有殘酷的一面，教官對於這些事實所抱持的強硬態度，夏恩完全認同，因為他已經在自己成長的城市裡見識過戰爭的縮影。在電影裡，新兵都痛恨教官，直到有一天才恍然大悟，這些老前輩都是為了他們能夠安全存活著想。不過，謝天謝地，在真實世界裡，大部分陸戰隊員都夠聰明，從一開始就明白這點。

原來，這個新兵被偷了八百塊，這是他才剛從海軍聯合信用合作社（Navy Federal Credit Union）兌領的基本訓練津貼。順道一提，我妻子就在那裡工作。（離題了？如果事關團隊合作就不會：陸戰隊員的妻子身在軍隊。她是士兵關係最緊密的同盟。）

（另外，看似離題但其實不然的另一件事：我有妻子小金工作上的專線電話，有一次，她看到來電顯示是我，於是接起電話就說：「嗨，帥哥，晚上有安排嗎？」但是，電話這一頭其實是向我借電話的教官，於是他答道：「女士，我很樂意，但我不認為我老闆會同意。」幽默能凝聚人，團隊精神是軍人保命最有效的靈丹。）

話說夏恩掉錢的這個時候，是訓練關鍵的第十一週，就在名為「煉獄大考驗」的最後成果驗收測驗前夕。第十一週的複習，是讓某個排離開營房，接受營長的嚴格考驗，另一個排則留營整理內務，為校閱做準備。接下來，兩排對調任務。這項傳統要教導的是信任，並彰顯共同目標的加乘力量。

這一次卻適得其反。有個陸戰隊員的錢被另一個陸戰隊員偷了。

這是否表示，毫無保留地信任人是愚蠢的，即使在同袍弟兄之間也是如此？

非也。說真的，在合理原因下及合理限度內，你幾乎可以在任何時候，信任絕大部分的人。信任非常類似希望或信仰（在世俗或精神層面都是）。你可以終其一生滿懷信任，卻無法完全確定它能否實現。

但是，當你跨出信任那一步，得到回報的機會將遠遠高過遭受打擊，而且還能讓他人更信任你。

然而，如果你真的對大部分人都懷抱信任，難免有一天會遇到背叛。這是無可避免的。所有的背叛都會帶來傷害，但是有的背叛，傷害深到足以讓你心碎。事情發生的那一天會成為你的煉獄。你會忍不住權衡，思考在這個由不完美的人類所組成的世界，毫無限制地付出你的信任時，其中蘊含的力量和痛苦。

我相信你會認定，信任值得冒險，信任的回報也值得冒險。任何全心付出信任的人在遭到背叛後，幾乎都會找到方法，重新喚起年輕時永遠炙熱不滅的勇氣，年輕的心可以在破碎後仍然保持開放，信任會每天新生。

然而，不是每個人都有這股力量。有些人甚至讓一次背叛就徹底摧毀他們的信任，也因此滅絕了那股當「你和我」變成「我們」時所湧現的力量。

那名新兵的狀況就是如此。他現在相信，信任的禮物被世人白白糟踏了。從他的觀點來看，壞人傷害了他，但好人也幫不上忙。

營區另一端，在上士狹隘的個人起居間裡，因為濕熱而滿身大汗的大學生喬，仍在對霍維爾解釋著究竟發生了什麼事。

「從現在起，你不要再想這件事！」上士說，「現在，這是我的問題，不是你的。那小子會成為優秀的陸戰隊員！總有一天會的。告訴他，打起精神。如果他幫助弟兄，弟兄們也會幫助他！」

「報告長官，這件事，我不知道他們要怎麼幫他。夏恩相當消沉，長官！」

「你的弟兄會撐過去的，」霍維爾打斷他的話。「相信我！退下！」

喬去找夏恩，並告訴他，他所在的機構，是美國文化公平正義的極致化身，所有事情一定會解決的。

年紀輕輕就被冷酷的世界磨硬了心腸的夏恩，說這整件事讓他想到他過去的世界，他曾因並非自身錯誤所導致的事情而受到處罰，像是貧窮、矮小和閱讀障礙。不過，那是另一段很長的故事。

但這是頭一次，他有個真心關懷他的朋友，不只是出於個人情感，也是標準的遊戲規則。更重要的是，他有了一位守護天使，即使他有著最不像天使的舉止裝扮。

我們也都有守護天使，只是對大部分人而言，我們的守護天使就是我們的善良本質。

在新兵談話時，霍維爾已經想好一套計畫。那套計畫，永遠地改變了那個年輕新兵的人生。而那項計畫也改變了霍維爾的人生。還有我的人生。

這項計畫的行動，讓我體認到領導力真正的精髓。

我的甜甜圈外交

還記得在二〇〇〇年代初風行全國的Krispy Kremes（ＫＫ）甜甜圈嗎？那真的稱得上像是中邪。早在那之前，ＫＫ在它的發源地卡羅萊那州，隨便哪個地方都買得到。我在巴里斯島時，這種前所未見的甜甜圈更是詭異到不行：極度罕見，供不應求，因而為甜甜圈渲染上幾近神秘的色彩。

我運用它們的魔力，為自己的生活增添新的力量。

它們就像是由糖和脂肪所做成、魅力無法擋的護身符，隨著霍維爾教官的計畫的結果，帶我走到那個扭轉人生的事件。

我們的基地離ＫＫ甜甜圈店非常近，只要時間算得精準，我在店裡買的甜甜圈，送到教官手中時，袋子甚至還冒著煙，散發有如還在烤箱裡的甜甜圈香氣，上面還覆蓋著閃閃發亮的巧克力，熱得燙手。

我每兩週就會買ＫＫ甜甜圈來犒賞我的弟兄。「甜甜圈日」成為軍中弟兄情誼裡的一段金色時光，如同其他軍中的永恆時刻，即使在輝煌的榮耀和失落的回憶漸漸褪色之後，它們都還會留在你的心裡。

請吃甜甜圈符合所有五條信任守則，雖然當時我只知道要買甜甜圈請大家吃。一如大部分的行動時刻，分類歸納的條理，都是後來的事。

套用信任守則來說，甜甜圈是為了別人，不是為自己，也不是因為請客讓自己覺得臉上有光（回到守則一：放下自我）；甜甜圈隱含著沒有批判的接納，對大家一視同仁，因為我只買一種基本口味；ＫＫ甜甜圈的價格足以表彰樂善好施之心，而不嫌麻煩地快遞熱騰騰的甜甜圈給大家，此舉也傳遞了我對他們寬厚無私的心意。

還有，吃甜甜圈的合理性也無可辯駁：大家餓了！裡頭也蘊藏前一章關於信任守則的課題：身體「不由自主」，亦即它的運作有自主意識無法控制的層面，而是由像飢餓這樣世俗的物質需求所主宰，身體有自己的邏輯。地球上所有人類的有形心智（大腦的血肉），都可以建立信任，或不信任。這種生理現象具普世性，它可以為你所用，也可以危害你。選擇操之在你。

我的弟兄們大口吞吃碳水化合物甜食、大口灌飲咖啡，以地表上的能量和產生滿足感的化學作用，獎勵他們的大腦，這麼做總是能讓他們更敞開心胸、更放鬆。

每當我們辦公室飄出陣陣ＫＫ甜甜圈的香甜氣味，混合著新鮮咖啡的醇厚香氣，大家就本能地聚集，解除防衛，分享關於新兵和上級長官的資訊。解除防衛，資訊自然就會流通！

我們的「甜甜圈日」衍生自人類最古老的公眾儀式：聚集以分享食物。歷史上，人們從分享行為延伸出平等的價值，也在食物的生物化學反應裡找到平等。文明初現之時，當一小群獵人為龐大的部落帶回足夠的食物，這不只是健康照護開天闢地的第一例，也不只是透過利他的共同生存之道。它完全是化學反應實驗，來自大自然的甜美熟成滋味，轉化為餵養人類大腦的滿足分子。

這項習俗，在人類社會透過演化心理學一直沿襲到今日，古今皆然。在今日這個太平時代，它通常以食物為中心，而且這些食物的成分，與產生愉悅感與凝聚感相關的大腦化學物質通常直接相關，有時會被歸納為「療癒食物」，如高碳水化合物的甜食和澱粉、咖啡因、巧克力（具有少許令人陶醉、有催情作用的苯乙胺）以及美酒。

畢竟，人們通常會相約聚在一起喝咖啡、啜飲雞尾酒或享用甜點，但不會約好一起吃菠菜，這是建立關係的行為與紓發情懷的化學反應兩者共生匯聚使然，這兩者都在犒賞大腦。

在甜甜圈日，化學反應有助於分享，而分享能突顯我們對族群的一體感，鼓勵大家自由流露想法和感受。

我把甜甜圈外交施展到極致。因為我手下有十六位教官，每位教官各有一排八十八名的新兵，為了領導這所有的人，我需要掌握全部的資訊。我經常提醒我的教官，我能保護他們職涯的唯一方式，是讓我的上級信任我。我警告他們，上級長官之所以能給我們保護（用陸戰隊的話說，就是「上面有人罩著」），是因為長官在事件變成問題、問題變成災難之前，就先得知所有的資訊。

我會保持溝通管道的開放暢通，對上對下都是如此，這樣指揮鍊裡的每個人都會知道我要採取的所有行動，以及各項行動背後的原因是什麼。如果他們理解，就能幫忙，這是人之常情。這是以互惠的相互信任觸發生存力的最佳寫照，而且不只是弟兄們的生存，還有我自己的。

如果我有手下搞砸了事情，中校要召見的人不是他們，而是我這個上尉。我必須能夠解釋，我的弟兄為什麼搞砸了，以及同樣的事為什麼之後不會再發生；因此，我要盡我所能地去知道每個人的所有事情。如果事情沒有合理的解釋，犯事者的軍旅職涯可能就毀了，而且恐怕連我的也要一起賠進去。

當然，比起只是為了強化彼此的保護，了解弟兄們的生活本身更具有價值。蒐集資訊是建立同袍情誼的核心，資訊是凝聚彼此的膠水。不管我走到哪裡，我都帶著一本排長專用的筆記本，記下每位弟兄的生日、結婚週年紀念日、徵召紀錄和優良事蹟等所有重要個人事項。在每個人的特別日子裡，我會拍拍他的肩背、說點祝福的話，或是送他一個甜甜圈。主動而出其不意，並不要求回報。他們對這些小小的善意之舉也真心感謝，幾乎可以看到有光照亮了他們。

我當時覺得，我只是想當個好人，但其實我是在當領導者。我讓我自己為我的弟兄而活。

在新兵訓練，一如在許多情況下，不這樣做反而是瘋狂。我身邊圍繞著我完全要仰賴他們的人。在戰爭時期，我們的性命都在彼此手中。

教官都是歷經過千鎚百鍊的人，已從各種角度看遍生與死，也至少曾待過兩大洲。不管軍階如何，教官都是巴里斯島真正的領導者。從組織架構上來看，我是他們的老闆，但我的主要工作是從學習裡做領導。

在這個超級重要的一週，我把甜甜圈發給大家傳遞，我被透露出壓力的肢體語言包圍：緊繃的嘴唇、揚起的眉毛、內縮的下巴和交叉的手臂。

霍維爾上士尤其看起來心事重重。他想要在椅子上坐定，但緊繃到靠著椅緣搖搖晃晃，他的雙臂夾緊，渾身肌肉緊繃，肩膀高聳到好像要爬到他的脖子上。幾個弟兄瞥眼看了看霍維爾，又看了看我，眼神好像在說：「上尉，你該出面了！」

我把霍維爾拉到一旁。

「你在煩惱什麼嗎？」

「要命，沒錯。」霍維爾口不擇言，也毫不隱藏情緒。我喜歡他那樣的率直，他的新兵也喜歡那樣，因為他們永遠會知道自己面臨什麼情況。直腸子是信任最好的導管。

可是，霍維爾是我們營長的眼中釘、肉中刺，因為他我行我素、不受控制，不遵守一些戰後軍隊政治正確的新規矩。霍維爾和上校不投緣，他們的衝突有一天在一班弟兄面前爆發到高點。霍維爾辱罵一名新兵（信不信由你，這是大忌），上校為此斥責他，霍維爾竟然回答（原句照錄）：

「報告長官，你他×的是在讓我難看嗎？」

霍維爾告訴我關於小偷的事。他還沒有對任何人提起這件事。

真糟糕。這是各方都輸的局面。如果我們把做錯事的那排新兵罵到臭頭，讓他們自己舉報小偷（但我們不太可能會這樣做），整個排都會覺得被背叛，而背叛的矛頭可能指向他們同排的自己人，或是我們，也可能兩者都有。

當然，小偷會蒙羞退訓，而這件事會像個幽靈，永遠糾纏著這個小子不放，但他很可能只是因為一時愚蠢，或受不了誘惑，才犯下有生以來第一個大錯。

然而，這件事我們如果不好好處理，夏恩可能永遠無法對他的弟兄展現忠誠，這是海軍陸戰隊在危難時的平安符。最後，這件事會對他造成傷害，或是傷害某個他沒有為對方全心全力奉獻、彷若自己身家性命全繫於此的人。

這件事若要關起門來解決，唯一的辦法就是讓新兵和他那一排弟兄樂捐。這麼做，一來能恢復那小子對這個組織的信任，這個有一天可能需要他奉獻生命的組織；二來也能凝聚一整個排的向心力。

可是，樂捐是完全違反軍規的。軍中嚴格禁止軍官和士官在部屬間發起任何形式的募款，這是因為軍隊裡本來就有服從的壓力。

但霍維爾上士是重視陸戰隊弟兄精神遠勝過規定的人。

「長官，我可以處理。」霍維爾告訴我。我知道他的意思，他也知道我知道。他要發起樂捐，挽救那個小子的信任感，即使可能要以斷送自己的職涯為代價。多年前在亞洲，曾有位長官為了救他一命而踰越命令，那是一份他無法輕易忘懷的恩情。在他職涯裡的每一天，他都在努力報答這份恩情，不管是象徵意義上的，或是平淡平凡的小舉動。

「上士，」我說，「沒有問題。我了解，我會處理。」

「謝謝長官！」他的肩膀因為放鬆而垂下。他起勁地啃完他的甜甜圈。

我也把我的吃完，然後我問自己：「呃，德瑞克上尉，你究竟打算怎麼做？」

還剩一個甜甜圈，這是我頭一次自己拿走多出來的甜甜圈。我需要一點生物化學反應的加持。KK甜甜圈配著加糖加奶的咖啡下肚，糖和咖啡因巧妙地為我注射了一小劑信心。

我很慶幸這是甜甜圈日，也為之前的甜甜圈日感恩，因為我有一種直覺，如果沒有之前的甜甜圈外交，我不可能享有現在如此坦誠直接的溝通。弟兄們固有的認同，漸漸打造出一種信任關係，賦予我多一點的彈性，而這份彈性現在是我的最大希望，讓我能夠解決這個看似無解的問題，同時不必斷送別人的職涯：因為如果真要犧牲，我會站出來，排在第一個。永遠保持彈性。

信任的化學反應

信任是一種感覺。感覺由化學物質承載而來，主要是神經傳導物質和荷爾蒙。傳輸諸如信任等正向感覺的，多半是多巴胺、血清素、γ-胺基丁酸、腎上腺素、內腓肽和幾種身心傳導物質。這些傳導物質從大腦到身體，再從身體回到大腦，在回饋和前饋的連續循環裡，平衡身心功能。當你幫助別人打開心房，讓信任感流入，就會引發一陣犒賞大腦的生化反應大爆發，溫暖他們的心，讓他們想要再次看到你。

但是，當你讓別人認為他們應該對你自我封閉，他們只會感到疏離的冷漠，而痛苦不堪、四處流竄的恐懼，會強化冷漠。恐懼會在我們的耳朵裡不斷低語：不要信任任何人。

恐懼的記性絕佳，能讓人永遠動彈不得。恐懼深藏在爬蟲腦中，在一個叫做「杏仁核」的杏仁狀小屋，陰魂不散。它可說是大腦最靠近脊椎的部位，因此占有一個有利位置，能在你的心智有機會思考前，就啟動身體行動。住在大腦這間被恐懼糾纏的小屋裡的，還有歷經背叛經驗的陰魂，它們就像所有的恐懼情緒一樣，使出渾身解數想要保護你，但也會在過程中限制你的人生。

要信任他人，並受他人信任，你有時候必須清掃那間小屋，制伏矇蔽判斷力、破壞情緒化學反應並引爆怒氣的恐懼回憶，

要放下過去的黑暗，每個人要做的修練都不同，有些人的功課比較難。這條路，只有自己才能走，但各人都心知肚明，它究竟源自哪裡。如果你觀照自己的內心，你會找到那個源頭。

不過，與自己最煩擾的念頭和平相處，只是第一步。要達到領導力所需要的信任程度，你必須用新的記憶（像是放下自我、去除批判的接納、肯定他人、樂善好施和保持理性時感到豐富的正面時刻）取代恐懼，儘管在你行經死蔭幽谷的人生悲慘時期，那些恐懼曾經一度發揮保護作用。這些信任以及激發信任的回憶，能帶我們進入穩定的心境，這種心境，最簡單的描述就是「愛」。

所有的關係和交會都受到思想和情緒的生物學所影響，要從怨懟裡昇華、轉而相信他人，控制人際互動反應的化學作用，自然是重要環節。

雖然大家還蠻常用「化學作用」描述人際相處的品質，有些人卻不知道，人與人之間的「化學作用」確實存在，也名副其實。

我們在別人周遭的言行舉止，不只會影響別人的想法，也會影響他們的神經化學作用，因為身體會隨著想法而有所反應。

他人的行為也會挑起我們的神經化學作用，創造一條雙向道，讓「你」與「我」成為「我

們」；結果有好有壞，可能創造連結，也可能形成對立。化學作用可以刻畫記憶，刻痕深到幾乎無計可消除。即使創造這些化學物質的行動已經過去，這些化學物質可能還會停留很久。

只要一個建立信任的明顯舉動，例如在關鍵時刻肯定他人，能創造出相當於「性」所觸發的化學反應。有時候，在對ＦＢＩ和民間產業的學員講習時，我會特別把這種反應稱為「性、肯定和搖滾反應」。

肯定和性都能觸發大量多巴胺（興奮感神經傳導物質），以及血清素和γ-胺基丁酸（都屬於滿足感的神經傳導物質）。這三種良好感覺的神經傳導物質，一旦經突如其來、值得信任的行為而活化，著名的內啡肽（愉悅感荷爾蒙）以及催產素（親密感荷爾蒙）就會加入（最為人知的就是在女性生產後不久，或所有人達到高潮後，其分泌會達到最高峰），一起邁向信任的旅程。

這些行為面化學物質聯手，為大腦創造出舒適無比的神經化學泡泡浴，在心理和生理上誘發顯著而持久的愉悅感受。這股健康的穩定感多半位於多巴胺驅動的大腦部位，名叫「基底核」，人稱「大腦的愉悅中心」，是浪漫親密感的主要位置。如果因不良的生物化學物質或行為環境，導致基底核的功能不彰，就會造成憂慮和焦躁的失調症狀（包括強迫症）、偏執的焦慮症，和注意力不足過動症。

情緒化學反應良好或是身處幸福環境的幸運兒（最幸運的是兩者都有），大腦和身體往往具備一種優勢，那就是找理由讓自己感覺良好，而不是感覺惡劣。

從心理層面和生理層面建立信任，兩者之間的界線模糊，而且會互相強化。啟發信任的言語或非言語訊息，會啟動大腦裡的愉悅中心，它們不只強化訊息的力量，也會強化訊息傳遞者的可信任度。

二〇一二年，哈佛大學有群神經科學家證實了這點。他們發現（一如我在前一章提到的），一個人的日常溝通，平均有四十%是關於自己的意見、行動和感覺。他們的實驗顯示，當人們談論自己時，大腦是處於多巴胺主宰和神經化學喜樂的狀態。即使給予金錢，要他們改變話題，大部分人還是想繼續談論自己。

如果你大部分時間都讓對方說話，就能點亮他們大腦裡的愉悅中心，而他們通常會信任你。就是那麼簡單。

同樣地，科學家測量了催產素（親密感荷爾蒙）在不同情境下的分泌量，他們發現，人在與朋友見面，或甚至只是遇到相處愉快的陌生人，催產素都會增加。

即使只是和陌生人握手，或是無意間的碰觸，親密感荷爾蒙都會增加。在一項有趣的實驗裡，一名便利商店的店員在找零時，在每兩位顧客中，就有一位是輕輕把零錢塞進顧客的手裡。顧客走出店門時，研究人員詢問他們與店員的互動情況。結果顯示無意間被碰觸的顧客，對於店員互動的評價遠遠高出許多。

同樣地，甚至有實驗證明，當你養的寵物用充滿愛的眼神看著你時，你的催產素也會增加。真的就是那麼可以控制、可以預測。

然而，操縱或脅迫的接觸，會引起心理和生理的反效果。負面的言語或非言語訊息，會產生演化心理層面的力量，就是俗稱的「大腦綁架」（brain hijacking）。

這股力量會產生生理上的壓力反應：在一九一五年首度被坎農（W.B.Cannon）指出來，稱為「戰或逃」（fight-flight）反應；在一九九〇年代，史陶士（C.L.Stauth）進一步演繹，稱為「戰或逃或僵」（fight-flight-freeze）反應，這個說法也出現在各種書籍和文章裡。這種常見的生理反應，是用極其大量的壓力荷爾蒙可體松淹沒大腦，啟動自主神經系統掌管刺激和同情的區塊，導致與焦躁和焦慮相關的荷爾蒙分泌過多。

它也會壓制乙醯膽鹼的運作（掌管思考和記憶的主要神經傳導物質），藉此干擾邏輯思考，即大家常說的「大腦當機」。由此會釀成悲慘後果，那就是彼此不信任的人們在相處不愉快時，有時候甚至無法保持思路清晰。

「戰或逃或僵」反應有各種強化不信任的外顯生理症狀。血管收縮是其中一種生理反應，會導致手腳冰冷。壓力反應也會造成呼吸急促，可能會讓一個人講話變快；講話快速是不可信任的同義字，是無法讓別人信任的人都會露出的馬腳。壓力反應也可能引發肌肉抑制，有些人會因恐懼而癱瘓，引發輕微的語言障礙，或是覺得舌頭打結。這種抑制也會妨礙肌肉協調，造成外表看起來僵硬或古怪。其他生理症狀包括瞳孔收縮，造成俗話說的珠子眼；消化系統收縮的損傷，有時候會出現反胃症狀；還有周邊視覺的限制，造成隧道視覺（字面和象徵意義兼有）。

所有這些生理反應都會透過從身體到大腦的前饋活動，進一步引發精神壓力。如此持續交互作用下去，構成不信任的惡性循環，限制了給予信任或激發信任的能力。

這一套生理特徵（它們全都有明顯的徵兆），讓曝露在「戰或逃或僵」行為的人感到敵對、閃躲和無反應。一旦那些感受開始出現，就難以制止，一如身體有自己的思考，不聽你的使喚。

遺憾的是，經常追求領導職位的A型人，通常天生就有高腎上腺素的生理特質，身處壓力情境時，比平靜悠閒的人更容易受到大腦綁架的影響。他們的腎上腺發達（這通常被認為是強者和活躍者的天生優勢），讓他們很容易掉進負面行為，讓一些有生產力的條件（如積極進取），演變成具破壞力的條件（如具侵略性）。

因此，信任守則所蘊涵的強大身心力量，就是不屬於A型人的第二天性。有時候，他們愈努力追求領導力，領導力就愈退步。

如果這聽起來符合你的狀況，不要難過，因為我也一樣。我花了很長的時間才擺脫我固有的本性，不再成為自己最大的敵人，並學會多為別人想，勝過為我自己。我開始轉變之後，彷彿卸下肩頭重擔：那個重擔就是我的自我，我以為我的自我是我的支柱，但其實是我的限制。

時至今日，在醫療照護的創新時代，許多人都尋求快速治療（尤其是企圖心旺盛型的人）。新世代的緩和療法，確實能幫助某些有明顯情緒障礙的人平靜下來、控制憂鬱，並改善關係。但是，我在這個領域的研究讓我深信，想要控制信任的化學反應，最好的方法不是透過醫藥，而是行為調整。我秉持這個信念，創造出信任守則。

我在一個名叫IARPA（Intelligence Advanced Research Projects Activity；情資進階研究計畫）的政府單位時，曾花費一段時間，探索過「信任」的化學作用。但在尋找只依賴生理方法（如施打催產素）提升信任的可靠方法時，進展非常有限。它對有些人似乎有用，但有人則出乎意料地出現了感到更疏離的效果。

對大部分人來說，要追求情緒化學反應的最適化，最佳的純生理方法是努力保持良好的健康和體適能狀態。

整體健康情況對情緒的化學反應和認知，都有強烈的影響力，因此，如果你經常為了無所節制的企圖心或失控的放縱而犧牲健康，你就很難展現最佳狀態。滿足感的化學物質，以及高階思考能力，將會因耗竭和焦慮、甚至是不當飲食或營養不良而被大量掏空。

基於同樣的原因，咖啡因、碳水化合物和酒精的謹慎運用，通常能給人體健康暫時的刺激，過度使用則會產生反效果，尤其是用於自我醫治疲倦和憂鬱。這麼做很容易導致莫名地脾氣暴躁，開啟我們文化中常見的惡性循環：壞習慣會引發壞行為，壞行為又反過來加劇壞習慣。

我從史拉德學到的另一個重要課題是：不想治療壓力的最好方法，就是不要染上壓力，不要染上壓力的最好方法，就是保持最低期望。他說：「期望適當，就沒有失控的空間。」

神經傳導物質和荷爾蒙的功能想要達到最適化，最佳策略和媽媽的叮嚀一模一樣：飲食健康（包含蔬菜；拿甜點之前，先把正餐吃光光！）；睡眠充足（包括有助於大腦細胞重建的深度睡眠）；規律運動（大量有氧運動，啟動身體自己的抗抑鬱劑和興奮劑）；把曝露於有害物質的程度降到最低（包括你喜愛的有害物質）；每天都要試著放鬆；和你愛的人相處（包括偶爾打電話給媽媽）。

以下是你的功課：極度誠實地盤點你自己的信任化學作用。請思考以下的問題：

- 你容易發怒嗎？
- 碰到問題時會讓你睡不好嗎？
- 和不認識的人在一起時，你會不自在嗎？
- 在你採取行動時，曾被背叛的往事仍會影響你嗎？
- 你是否禁得起別人的冷落怠慢？
- 對你而言，失敗的難過會比成功的喜樂更強烈嗎？
- 你要依賴外部因素，情緒才能恢復正常嗎？
- 你多少為自己的孤獨覺得驕傲嗎？
- 看到別人失敗時，你會產生一種帶著罪惡感的快樂嗎？

總有人得犧牲。不是他，就是我

巴里斯島

我去找上校，告訴他關於竊賊的事。因為我必須對他誠實，對軍隊誠實。

我告訴他事情始末時，他的雙手和下巴開始緊繃，發自肺腑的怒氣，讓頸部往上泛紅，好似水銀沿著溫度計上升。

「該死的霍維爾！」他說。「部隊紀律不嚴！」

「長官，小偷是在另一排。」

「專挑霍維爾的兵下手！」這邏輯也太跳tone了。他顯然對霍維爾懷恨在心。上校不曾真正學會控制他的情緒，任何侮辱都會直衝大腦，停留在那裡。

「有件事我要先講清楚。我不要看到霍維爾上士發起樂捐。」

「是的，長官！」

但是，我自己已經深思熟慮過，我知道樂捐是唯一可行的解決辦法，霍維爾的人也不會在意。我怎麼會知道呢？因為我問過大學生喬。這是個敏感、而且對不相關的閒雜人等不能透露的話題，但我信任他。那份信任有部分出自純粹的邏輯：他把夏恩的成功看得和他自己的成功一樣重要，他不會為具有毀滅性的選擇背書。有部分信任則出於直覺，沒有固定規則，可能只是憑他眼中透露的神情。說真心話的人，眼中有種平靜，堅定不閃爍的清澈，不摻雜一絲操縱心機。

事實上，喬說，他們這群新兵們想要給「老頭」（三十五歲）霍維爾一份禮物，在他們分頭奔向未知遠方之前，做為臨別贈禮，而這項樂捐計畫是幫助他的完美機會。喬也沒有要求我這次對話要保密。不需要。因為信任具有感染力。

然而，現在是一團混亂，就像我一直以來所擔心的，尤其對我而言，狀況很不妙。

三天後，是新兵訓練的最後一個甜甜圈日，即使是最好的時候，這一天都免不了染上苦甜參半的滋味，因為教官總是會對幾個新兵就像對待自己兒子一般。他們在新兵身上看到自己的影子，他們象徵著一種洗禮，進來時是男孩、離開時是男人，會為維護「美國之所以成為美國」的那份公正和自由，犧牲自己的一切。

這些話，上士不曾說出口，甚至連一點表示都沒有。老天爺！他們可是教官啊！但我知道這是真的，因為那也是我的感受。

即使在這弟兄情誼的夢幻之日（或特別是在這一天），我一片混亂。這一天，有人要犧牲。

我把甜甜圈遞給霍維爾上士時，我們一同站在營區二樓，看著陸戰隊新血呈緊密隊形行進，整齊畫一，融為一體，他們身上的藍色衣服，映著綠草地，呈現鮮明的對比，他們身上的黃銅配件閃閃發亮。

「這景象，我怎麼看都看不膩，」霍維爾說。

「真是壯觀。」

「要是看不到這景象，我會恨得要命。」

「我也是。一旦進入心裡，就會永遠生根，不是嗎？」

「沒錯。」霍維爾的頭微微往左傾。「上尉，那個，呃，問題，怎麼樣了？」他語帶猶豫。

「啊，對。沒事了。上頭有人會罩著。所以就去做，把事情解決。」

「真的？」

我用眼睛餘光瞥向他，但他正往另一個方向看，於是我只能看到他臂膀上他四個孩子的名字刺青。「真的。」

「上尉，漂亮！」

我希望別人也這麼認為。但我自己恐怕不是做如此想。我看著我的海軍陸戰隊，長長地凝視著，因為我認為這可能是我看他們的最後一眼。

我決定承擔一切。我怎麼能逃避？

不是他，就是我。

* * *

新兵結訓後，有一週休假可以回家，接下來就要前往北卡羅萊納州的樂潔恩營，向海軍陸戰隊戰鬥訓練中心報到（也就是第一章提到的鐵甲巨蚊之家，當時我歷經了一場到轟炸場的午夜兜風）。

等他們到了樂潔恩營，我們就再也不會見到他們，甚至連聯絡或聽聞到消息都很少。

但是，這次不會這樣了。很遺憾。

在最後一組人抵達樂潔恩營約一個月後，有天清晨，上校來找我，臉上掛著邪惡多於友善的笑容。「我們逮到他了！」他說。

「逮到誰了？」

「霍維爾！他死定了！」我覺得一陣反胃。「就是那個你和我提過的，叫芬克，還是叫弗林克的新兵，他到了樂潔恩營後，開始到處聲張關於有人偷了他八十美元的事。」

我插嘴道：「是八百美元，長官。」

「管他是多少錢——然後這個大嘴巴到處和人說，關於他的教官發起樂捐的事。所以，霍維爾現在落在我的手裡了！」

他得意洋洋，不懷好意地笑道：「告訴我你命令他不准發起樂捐的經過。」

我感到胸口一緊，必須用力才能吐出一字一句：「長官，我沒有和霍維爾上士討論這件事。」

「你說什麼？」

「報告長官，我沒有對上士下令。上士沒有違抗指令，長官。報告長官，都是我的錯。」

「我真是不敢相信！我居然聽到這種話。」他的頸動脈鼓起，臉上開始冒汗。

「報告長官，是我的錯。」

他沉默了一下。「德瑞克上尉，我從來不認為你是終身職業軍人的料，但我本來以為你可以勝任在巴里斯島服勤。你愚弄我。明天你要向營長報告，提請對你的處份。你要解釋你為何違反規定，並告訴少校，你到底在想什麼。」

「報告長官！是！明天！」我立正敬禮，他瞪著我，一動也不動——時間一分一秒過去，我只能等……等……等——等到他終於回禮。我收回敬禮，走開了。

我希望我可以說，我是抬頭挺胸地離開，但那不是真的。事實是，我像個嚇壞的孩子一樣走開。

我看了那些在陽光下行軍的同袍弟兄最後一眼，渴望加入他們的行列。

我思索著如何向妻子啟齒。我因為茫然而顫抖。但我知道：從這一天起，我終於成為領導者。

我希望在未來的年歲裡，這一天我看起來還算合格。

我做了對的事，我不後悔。

我只是擔心害怕。

好人的幸運是福報

時間往後推到二十年後，地點一樣是在匡堤科。

我的講題是在秘密工作的政治敏感領域裡，建立信任的重要性。我結束演說後，滿屋子的執行長和企業高階人員開始離場，教室慢慢變空。這群人大部分是和政府簽約的國防產業人士（絕大多數是軍人出身），與我的專業相通，價值觀也相同，能和他們同處一室，我覺得很有趣。

一如常有的情況，有些人在演講結束後，會走上講台前來閒聊。在排隊人龍的尾端，我看到一張看似熟悉的臉孔。隨著他逐漸往前移動，我從他的臉孔開始聯想起相關的線索：時間是好久以前，和海軍陸戰隊有關，某個問題是核心。

我擅長記憶臉孔。這不過是大腦古怪技能中的一種：有或沒有，一翻兩瞪眼。

當他來到隊伍前頭，我舉起手說：「不要告訴我。我知道你的名字……你曾經經待過巴里斯島。」

「目前為止都沒錯，上尉。」

他的聲音縮小了搜尋範圍。「喬！我們叫你『大學生喬』。」

他笑了。「正是！我現在有真正的大學學位了。」

「大學生喬，」我陷入思緒。回憶滿滿地湧上來。

「我現在是『執行長喬』了，上尉。」他說，神情有一種自在愉快的自豪。

「長官，你現在不必稱呼我上尉。」

稱他「長官」是開玩笑，但我一向對這些企業經營者心懷尊敬。

「稱你上尉是我的榮幸，長官。你改變了我的生命，德瑞克探員。」

「有嗎？你是那個被洗劫的新兵的伙伴，對嗎？」

「沒錯。現在還是好伙伴！夏恩・弗林克！人稱『費盧傑（Falluja）市長』！夏恩在那裡表現出色。一直都表現很好。他仍然在軍中，在潘德頓（Pendleton）基地營，他現在還會對他的人說起你的事，也會提到霍維爾上士的事。」

「真的？為什麼？」

「長官，我和夏恩從你和霍維爾上士學到的，可比我們從其他人所學到的全部。關於如何照顧身邊的人。關於挺身而出，犧牲自己。」

大部分細節從我的記憶浮現。「霍維爾上士是我們大家的榜樣。」我說。

「他現在是特等士官長了！美國中央司令部（U.S. Central Command，CENTCOM）響噹噹的人物。仍然是好人一個。」

我很佩服。那是士官能到達的最高位階，駐在佛羅里達州的CENTCOM，指揮所有在中東、北非和中亞的軍事行動：都是地緣政治的熱點，只有頭腦冷靜、思慮清楚的人才能勝出，而這是歷史轉向的時刻。

「所以，那時一切都沒事了？」我問喬。「說真的，我當時盡力承擔，但我想我們全都在劫難逃。我留了下來，但失去我的連隊。」

「你是最慘的。你罩的那些人都過得很好。少校不欣賞上校那一套，他喜歡那種老派的軍隊作風。他對我們特別關照。」

「所以我猜那是為什麼我安然無事。我以為我只是幸運。」

「不，長官！你的幸運是你的福報。我只想向你道謝，長官！」

他伸出他的手，我感到喉頭一陣哽咽。

遇到像這樣的事，不可能不感動。我們偶爾都值得這樣的時刻，因為我們都幫助過別人。只是，命運和機遇鮮少會創造意外的回報，不過這也是因為關照別人不是為了得到回報。

「喬，保持聯絡。」

「我會的。」

我知道他會的。

他確實與我保持聯絡。他的公司是一家加密學實驗室，和我在同一個地區，有時候我們會一起飛行。如果要載我的兒子一起飛行，他是我願意把控制台交給他的人之一，而光是這件事就能幫助我兒子學習關於信任的課題。

所有領導力都是信任的移轉。信任不會只停留在個人身上，而會不斷傳出去，走進更美好的未來。就是因為傳遞，以及願意交出領導重擔的意願，領導才可能有力量，才值得追求。

第二部

讓信任化為行動的四大步驟

第5章 第一步：整合彼此的目標

真實世界

維尼吉亞州，匡堤科

我的大日子來了。我的船來了。這是我努力贏得的。或者說，我是這樣認為。

我人在FBI總部高樓，坐在我寬敞的（依照政府標準規定）辦公室裡，在奢華的（依照政府標準規定）辦公桌前，瞪著黃色筆記本上的文章大綱，上頭的叉叉比字更多，雖然我已經琢磨了好幾個月。

從第一點到第五點，總結了信任的五大基本方針。

我能夠一路走到今天，達成我一直想要的境界，也就是領導重要計畫，都要歸功於這篇文章要談的概念，以及在那些概念背後的多年經驗。我現在領導的重要計畫就是「反情資行為分析專案」（Counterintelligence Behavioral Analysis Program; CBAP）。

這篇文章的目的是幫助全國探員理解，威脅美國安全的那些外國間諜，他們行事的動機和方法，以確保探員在處理案件時，都能以信任守則為依據，發揮效益並符合倫理道德。

我能擔任這項領導職，主要是因為我受人信任，無論是好人、壞人、聰明人、比較不聰明的人、我了解的人，還有我幾乎一無所知的人。

「那麼，」我自問，眼睛盯著清單，「我要給它什麼名稱？」這不只是策略，但又稱不上是領導制度。它是一套標準，還有倫理，是個行為準則！

在頁面上方，我寫下「信任守則」（A Code of Trust）。接著我在Google上搜尋，確認沒有人用過，確保我沒有竊取別人的構想。我甚至沒有找到與此有任何一絲類似的資料，也沒有找到任何與此類似的概念，不管是在公開領域或局裡都是如此。於是，我刪去不定冠詞「A」，改成定冠詞「The」。

「信任守則」（The Code of Trust），我喜歡這個名字。

我覺得好極了，這感覺大約維持了十秒。接下來的問題是：別人要怎麼實行？而且是在真實世界中實行？

沒錯，我界定了讓一個人值得信任的基本特質，然而，那個人要如何變得讓人信任？兩者之間是有差異的。

我先放下這個問題，回到工作上。大約六週後，我建構了一套實行系統。我完成了文章，《FBI公報》（FBI *Bulletin*）接受了我的投稿。

後來我才知道，我完成的這篇文章，及時幫助了一個老朋友。

核戰開打

密西根州，底特律

特別探員蕾拉．庫爾里（Lyla Khoury）信步走出ＦＢＩ的底特律總部。總部是座巨塔式的建築，東邊俯瞰壯麗的河景，西邊是偏僻空曠的停車場。蕾拉上了她的車，頭靠在方向盤上，哭了大約一分鐘，這是她從某本女性領導心理學的書裡學來的釋放壓力技巧。她的主管是特別探員助理主任，剛剛對她破口大罵，要她終止調查。

蕾拉完全不懂他在想什麼。

在她看來，她的目標（逮到罪犯）本質上就是個混亂的過程，甚至涉及道德情結；但是，她主管的目標卻是每個案件都要界線清楚，不然就擱置不動。她認為他像機器人，是執迷於統計數據的技術人員，而不是真正的調查員，她在他背後叫他「機器探長」。

她在會議裡大發脾氣（雖然明知道這樣做對事情沒有幫助），但她對於一個可能在中東產生又一個核武國家的案件，就是無法保持冷靜。在主管下結案令之前，她丟出的名言是：「『爆炸』這兩個字，你是有哪一個字聽不懂？」

她嚴峻的評估結果並沒有獲得主管的信服。他給她三週的時間，把案子結掉，或是（從她的觀點）完成奇蹟。

（我必須補充，這裡的問題可能是、也可能不是核武問題。它也可能是化學武器、生物武器或其他類型危機。總之，威脅的精確本質不是這個故事的重點。）

她打道回家。但是，在家裡等著她的，是更難纏的問題。

她開了前門，出聲喚道：「艾蜜拉，我回來了！」她女兒現在是這間屋子唯一的另一名住客。

她後來告訴我，她得到的回應是：「然後咧？」

「然後咧？」基本上就是：「那又怎麼樣？妳在家也是當我不存在，妳回來了會比較好嗎？」

她女兒在廚房，手機遮住她的臉龐，目光連抬都沒抬一下。

「我們之前談的事，妳想過了嗎？」蕾拉一邊問艾蜜拉，一邊翻冰箱，想找點至少像是可以當晚餐的東西。

「等一下，」艾蜜拉輸完簡訊，似乎想拖得愈久愈好，最後開口說：「有稍微想一下。」

「然後呢？」

「然後我不想要參加升學諮商輔導。問題不在我身上，問題出在我現在過的生活。所以。對。就這樣。」

蕾拉很想舉手投降，但如果她真的撒手不管，艾蜜拉一定會恣意而為，不顧後果。於是，她柔聲說道：「這是不智的選擇。」

她女兒翻了個白眼。「噢，我的女神卡卡！至少我始終如一！」十六歲的艾蜜拉已經練就一口自作聰明耍嘴皮子的好功夫，這都要歸功於她大量吸收關於功能失調家庭、大廚、模特兒、人妻和裸露男女等電視節目的成果。

「妳的手腕怎麼了?」蕾拉問。

「不見啦!」艾蜜拉說,把手縮進毛衣袖子裡。「整隻手都不見啦!」

「注意妳的言詞!」

艾蜜拉默不作聲,一如往常。

「艾蜜拉,妳一定要了解,我只是希望妳……」

艾蜜拉打斷她的話:「更像妳。好啊!那我有個問題請教。妳過得怎麼樣?」諷刺的語氣得自脫口秀主持人「菲爾博士」(Dr. Phil)的真傳。

蕾拉的生活,是從一場惡夢裡再跌進另一場惡夢,層層套疊,即使在她的舒適區也躲不掉衝突,無法喘息。十五年前,她懷抱著金色夢想:成為公設辯護人、生個小孩、休假一年、加入一流的偵查組織、升遷到高位,然後競選公職;她夢想她在造勢會場台上,身後站著她心愛的丈夫和可愛的孩子。但從五年開始,夢想變得實際。蕾拉的夢想,以前總是以「曾經……」開場,現在則是「總有一天……」。

如今,蕾拉沒有丈夫;有一間房貸金額高過房屋價值的房子;患有長期失眠、腸躁症;有個對她不滿的主管、停滯的職涯;有個與她疏遠的女兒,藉由自殘、和魯蛇約會、荒廢學業、對母親說難聽話以及決定成為美髮師,表達她的憤怒。蕾拉對女兒的自暴自棄感到萬分不解,也永遠都把這些結果怪罪於自己。

往好處看,她或許能防止第三次世界大戰爆發。她會成為英雄,她女兒會對她刮目相看,她的夢想又能敗部復活、死灰復燃。

那就是人生，她想著：不管你有多英勇，除非你是贏家，否則沒有人會封你為英雄。

但是，蕾拉一絲放棄的念頭都沒有。五年前，我們在中情局訓練中心初認識時，這是我最欣賞她的一點。

「我在工作上遇到一個問題，」蕾拉告訴艾蜜拉，「我可能要出兩天遠門，所以妳必須和妳爸爸住。」

艾蜜拉的肩膀垂了下來。「妳要去哪裡？」

「匡堤科。」

「玩得愉快！」

「我不在時，不准見小釘。」小釘是她女兒的男朋友，取這個綽號是因為他耳朵戴了耳釘。

「我的媽啊啊啊啊啊！」創新紀錄：有五個音節。

「我是一家之主，家有家規。」

「妳現在講話像老爸！」這句話是終極殺手鐧。

蕾拉反擊。「如果妳再離家出走，就不必回來了。」

這句話看起來正中艾蜜拉的要害，蕾拉立刻後悔了。她想要收回她的話。但收回只是比喻。說出去的話是收不回來的。

艾蜜拉兩眼無神，瞪著手機螢幕。

蕾拉進辦公室，打電話給我。我記得她對我說，要不是她老闆瘋了，就是她仍然還有很多東西要學習。

信任會轉化為領導力

我看過很多人在實行信任守則後，幾乎都成為值得信任的人。如果不是這樣，一定是因為他們實行不當。套用飛行的術語，我們稱之為「飛行員失誤」，超過八成的重大問題，原因都是飛行員失誤。在失敗的個人關係裡，人為失誤的比例更是高出許多。

沒有人是百分百完美的，但是有些行為守則接近你一生裡所能遇到的完美境界。根據這些守則鐵律，若你放下自我、去除批判、肯定別人、理性至上並樂善好施，你就能贏得信任。

但是，即使你值得信任，你的工作仍然只完成一半。沒有完成的另一半是如何傳達你的值得信任。當你值得信任這件事會更廣為人知，信任你的圈子就會擴張，規模超乎你的想像，你的信任族群也會突然出現，彷彿它一直就在那裡。

要成為眾人信任的偉大領導者，你必須遵循四個步驟。如同在第一章提到的，信任的四大步驟如下：

一、整合彼此的目標：你會得到只有靠聯合作戰才能達成的力量。

二、尊重對方的性格框架：人只信任了解他們的人，包括他們的信念、目標和個性。

三、經營會晤的布局：為每一次互動創造最佳環境，為成功布置舞台。

四、建立良好的關係：說人人都想聽的語言，以對方和他們需求為焦點。

這些步驟都不是什麼高深的學問。但我們都有虛榮、漫不經心、怠惰和不安全感的一面，因此要確實執行需要秉持絕對的決心。

而那份決心從何而來？它來自我們終極目標閃閃發亮的願景，你會願意為了它，做出必要的短期犧牲，成為受人信任的人。

在你自己的家庭裡，這些犧牲可能感覺像是出於直覺的行動，因為你已經在那個小環境裡建立了信任；但是在一大群人之間、在這個冷酷的世界，我們常會築起防衛、蒐尋敵人，並限制我們的信任。我們這麼做是出於恐懼，是為了控制失敗的風險，而不肯把握機會，為信任賭一把。

這些是你需要克服的恐懼，也是你應該把握的機會。

在現實世界，要激發別人對你產生擁有絕對領導力的充分信任，唯一的方法是集結你所有的人際關係，成為一個匯聚凝聚力和團結感的群體，讓感覺上和運行上都像是個家庭。

有許多企業和組織都自喻為就像個大家庭，但真正有如家庭的，其實少之又少。「家庭」多半只是行銷手法，這種說法反而貶損了全天下真正像家庭的群體。

然而悲哀的是，有時候，家庭甚至不像家庭，許多人只是緊抓著假象不放，一直假裝下去。

你不必假裝。你可以擁有真實的東西，有一個閃閃發光的目標，它光彩奪目，通常被稱為「夢想」。所有的領導者都有夢想，所有偉大的領導者都有偉大的夢想。

曼德拉（Nelson Mandela）的夢想是讓三千五百萬名南非人掙脫奴隸枷鎖，得到自由，而這個夢想給了他力量和耐心（這是「謙卑」的暫時形式），能夠走過二十八年的牢獄歲月，終至登上總統之位。小羅斯福總統的目標是重建美國的和平和繁榮（正確地說，也就是拯救世界），這個目標帶領他超越嚴重的生理限制。想像一下，如林肯、甘地、蘇珊・安東尼（Susan B. Anthony）、金恩博士、凱薩・查維斯（Cesar Chavez）、柴契爾夫人、邱吉爾等人，他們所懷抱的夢想有多遠大，還有那些有一天將名留青史的當代領導者，如班娜姬・布托（Benazir Bhutto）、達賴喇嘛、諾貝爾和平獎得主翁山蘇姬和伊隆・馬斯克（Elon Musk）。他們的夢想為數百萬人所知，他們因夢想而偉大，他們的夢想也因為他們的偉大，而有希望成真。

然而，夢想不總是能成真。有時候，夢想甚至遙不可及。但是，在這個世界，你不必要完美，完美主義（這是經過完美偽裝後的恐懼）通常是知足常樂的敵人。即使如此，努力追求完美，同時也接受「臻於完美是不可能的任務」這種想法，就能獲益良多。

英國性靈詩人白朗寧（Robert Browning）曾說：「一個人總是要不斷超越自我，否則天堂又有何意義？」

美國的實用主義詩人尤吉・貝拉（Yogi Berra）則是這樣引述的：「如果你不知道目標何在，務必非常小心，因為你可能哪裡都去不成。」

至少，擁有夢想給你希望。懷抱夢想的人，不可能不懷抱著實現它的希望，而希望應是人類最珍貴的資源。希望非常真實，即使它不曾全部實現。希望永遠能讓人感覺良好，也願意忍受犧牲，並療癒悔恨的創傷。它能激勵你的滿腔熱情，也是樂觀心態湧流不絕的泉源。

沒有夢想，就永遠不可能有實現夢想的一天。只有偉大的目標能激勵一個人變偉大。因此，信任的所有步驟，都是信任守則發揮效用的必須要件。沒有這些步驟，信任守則只不過是沒有生命的哲理。即使是最精妙的哲理，如果不能在現實世界裡、在真實人群裡實行，也不過是傳說而已，是期望真有人能有勇氣去活出來的虛構人生故事。

在你的世界裡，只有你自己的生活、你自己的行動，能賦予信任守則生命，把它變成領導力。

柔性管理強勢下屬

行為專案專屬的戰情室裡，底特律探員蕾拉・庫爾里帶領她的團隊在此簡報。她的簡報有種自嘲的魅力，和如鋼鐵般難以撼動的權威，這讓我回想起，當年在另一個縮寫也是三個字母的政府單位所籌辦的研討會時，她為什麼會引起我的注意：她就像我的翻版，只不過她是女性，比我年輕，也比我聰明得多。

我的團隊裡有一名心理學家和兩名探員，與蕾拉的組員隨機錯落而坐，包括她的案件助理主辦探員和臥底探員。我們的入座方式充分展現了民主的平等精神，儘管真正的平等並不存在。事實上，我的團隊是她團隊最後的希望，如果我們無法達致具體的成果，這次任務就告解散，他們全都要被派往下一項任務。

蕾拉之所以如此重視這個案件，是因為前案的緣故：她被指派到底特律總部地下室，檢視那堆多到無止盡的陳年舊案。她認為這是對她的處罰，因為她在另一個案件上情緒失控、爆火如雷。就我所知，底特律的人認為她是「管不住的大砲」，也就是無視於權威而為所欲為的人。他們在她背後說她：「只要是蕾拉想要的，沒有到不了手的。」

但是蕾拉仍保持她一貫的作風，不斷挖掘，直到有個案件引起她的注意。她挖到寶了。在簡報會議中，她勾勒出一幅充滿危機和密謀的圖像，引起我的團隊注目。她運用的字詞和語彙，包括「偽阿拉伯之春」、「流氓支派」、「炸彈倒數計時」、「中東大屠殺」等，在ＰＰＴ裡令人不寒而慄的照片和圖表的襯托下，而更顯得真實，包括一個即使是最老練的ＦＢＩ探員都會反應過度的字眼：「核子」。

她挖到一幫間諜集團，對某個阿拉伯國家輸送核子機密。

讓我長話短說：在底特律區域的一所知名大學，有位物理學名譽教授，在童年時移民至密西根州迪爾伯恩市（Dearborn）。迪爾伯恩是美國阿拉伯裔人口密度最高的城市，大部分人到那裡都是去福特汽車公司工作。迪爾伯恩也是竊取核子機密的親阿拉伯技術人員的大本營。那位物理學教授（在此簡稱為「教授」）是負責物色情資對象的偵察者，也就是評估當地從事核子物理學工、並願意給予或出售資訊給他的學術人員和專業人士。

就像許多秘密社團會以利他訴求包裝其真正的目的；在這個案件裡，套用「教授」的話，他們的說詞是要運用核能，「讓沙漠遍地開花」。

核能雖不同於核武，但仍然有可能打造核武。

由於「教授」年事已高，效力的對象又是一個美國在官方上搖搖欲墜的盟國，加上他的目標是核能，而不是核彈，所主導的集團也漸漸衰微，因此他博取到相當程度的同情，甚至連蕾拉的主管也動了惻隱之心。

但是，蕾拉是「教授」母國的第二代移民，也在迪爾伯恩住了一輩子，她運用自己的身分提出反對論點。

她說，雖然「教授」年事已高，但這只是表示他已叛國多年，他從事的犯罪行為，在最糟的狀況下，在未來可能導致人人聞之色變的事件：某個甚至還小到不足以形成一個「國家」的瘋狂支派發動核武攻擊。

聽取簡報的人，對此都極度關切，但仍然保持理性。我的團隊以史巴克式[1]的邏輯方法去分析每個案件。在這種情況下，這是唯一能避免被情緒綁架的做法。

此時我運用信任守則。「我想要以終為始，」我這樣說道，我想要用逆向回推的方式看這件事：「蕾拉，妳的終極目標是什麼？」

「讓我的主管相信我的判斷。」

那是一個目標，但談不上是終極目標。

「那他為什麼不相信妳？」

1　星際爭霸戰的人物，特點是講究純粹的理性分析，不受情緒影響。

「說真的，我不知道。」

真是令人難以置信。她只想說服別人，卻沒有研擬策略。「要是他相信妳，那會怎樣？」我問道。

「那麼，我的目標就是鎖定我的目標對象。」

比較接近了，但還沒有正中目標。

「然後逮捕他？」

「逮捕他，還有他吸收的所有人。」

在我聽來，這不是切實可行的任務，反而比較像馬蜂窩：會引發美國驚恐的一團混亂，但沒有相對的策略價值。大部分的破壞都已造成，也都已成過去，我一向比較擔心未來的損害。如果我們揭發這個過氣老人的集團，目前更危險的間諜就會更低調，潛得更深。我可以理解她的主管為什麼有所疑慮。

在我看來，這個案件沒有任何建樹。

如果你是這件事的主導者，你會怎麼做？

有些領導者會當著所有人的面戳破她的矛盾和缺失。如果你心情不好，這麼做會讓你感到痛快，但在一群人面前教訓別人，只會讓人啟動防衛。可是，為了打造具有效益的計畫，我需要的是大家解除防衛，以揭露更多資訊。

有些領導者會放手隨她去，存活或陣亡都由她，反正風險是她承擔，而非由領導者負責。謹慎的領導者則會靈巧地全身而退，交給委員會和顧問去裁量。有些人甚至更保守，打更安全的牌，直接否決行動。當然，還有那種相信「不入虎穴焉得虎子」的領導者，會勇敢放手一搏，並為此付出代價，也就是：看到山頭，攻下山頭。

在我職涯的這個時候，我已經過了山頭階段，轉而專注於高聳的山脈。勝戰或敗戰，我都看得夠多了。我必須顧及更高遠的目標，而且那一直都是我唯一的目標。

幾乎每一宗案件，我都有相同的基本目標，那就是將每個人凝聚在一起，眾人也能進行誠實的溝通。每當我讓所有的探員、特別探員主任和特別探員督導達成共識時，奇蹟就會自己冒出來。

每一年，我大約要處理八十個像蕾拉這樣的案件。對她的案件，我的目標還是：讓她與她的主任和督導，以開放、誠實的方式溝通，這樣做對所有人都有利。這種去除以自我為中心的態度，就是信任守則的核心原則——放下自我。因此我們在此再次驗證，信任的五大守則是四大步驟的條件，反之亦然。

我發現，根據信任的五大守則和四個步驟運作的團隊，向來能採取適當的行動。

我和我生活裡的每個人，也都懷抱同樣的目標，那就是建立凝聚力和良好的溝通。如果你能與團隊達成這個簡單但崇高的目標，要研擬出好計畫，是水到渠成的事。

那並不表示我的目標會和你的一樣。每個人都不一樣，因此每個人的目標也會不一樣。但是，若領導者設定對全體有利的目標，並忠於信任守則，團隊會比較好帶，計畫也會比較容易擬定。

我之前提過，有一則海軍陸戰隊格言是：只要有兩個陸戰隊員在一起，其中就有一個會是領導者，而領導者一定是那個計畫在握的人。

我有個計畫，而我希望它很快也會變成蕾拉的計畫。

我站起來，對在場的所有人講話。「這真的很有趣，」我說，「蕾拉，妳實在太出色了——妳振奮了大家的士氣。現在是中午，讓我們先休息一下。蕾拉，妳有時間一起吃個午飯嗎？」

「當然！」

＊＊＊

「你覺得剛剛的報告如何？」蕾拉問道。

「妳是個很出色的報告者！妳自己覺得如何？」為什麼要口出批評呢？你一定可以找到正面的話來說，如此能解除防衛心，為誠實的反省預先舖路。

此外，我寧可用問題敲門，而不要先給答案，然後把別人已有的想法削切成我自己的想法。當你是老闆時，丟出確定的答案尤其危險，因為不管你的答案是對是錯，每個人都會忍不住贊同你。一個對的問題，就能讓別人直達他們不設防的內在智慧，讓他們可以選擇合作和團結，而不是選擇重擔。

「我可能應該做得更好。」蕾拉說。

「怎麼說？」

「我太不自量力，把所有的重點都放在行動，而不是辦公室政治。如果我不能打動主任，他就不會批准行動。」

「說得好。我們要找出他應該按妳的希望去做的理由。妳為什麼認為他應該聽妳的？」

「因為我的方法有效？」

「嗯，算是吧。」我口氣平淡地說道。

「因為我的目標對象是叛國賊？」

「沒錯。」我故意在此打住。

這時，與其說是靈光一現，不如說是一陣光火，她說：「因為只有我成功了，我的主管才會成功。」

賓果！「說得好！因為我在想：這個案件，唯有妳成功，我才算圓滿達成任務。這只是人的天性。我在《FBI公報》裡也寫過，妳或許可以找來讀讀。」我說。

我發覺她出現幾個正面的非口語訊息：揚起的眉毛和堅定的眼神接觸。只要稍微改變一下觀點，她就回到族群裡了！這次的族群是有時必須奉獻生命（不論在字義上和寓意上）、捍衛美國安全的探員族群。這是嚴肅的連結關係。

「底特律那裡的人怎麼看妳的？」我問。「妳過去的經歷是什麼？」

「強勢。企圖心過於旺盛。聰明卻衝動。力求表現優異的第二代阿拉伯女孩。」

「要是他們認為妳的強勢、聰明才智和過度旺盛的企圖心是他們計畫的助力呢？」

「你這個問題說得真好聽！」

看，我告訴過你她很聰明。我也這麼告訴她。「我喜歡和聰明的人一起工作。」

真要說有哪個詞彙蘊藏著力量，那就是「愛」（如果運用得當而精確的話）。即使是隨意之間，都能刺激多巴胺和血清素分泌，就像陽光一樣，能在潛意識裡發揮作用，讓你的心情變好。

「妳認為妳的主任如何才會覺得這是個成功的案件？」

「比我現在所做還要重大的事，能讓他出名的那種。」

「像是什麼？」

「像是讓『教授』的網路重新活絡，得到即時的新情資。」

「那不可能，不是嗎？」我讓那個目標成為聖杯。

「我會好好思考的。我一直把心思放在已經握在手裡的鳥。」

「和妳的團隊談談，我們明天早上再開一次會。」

我看到她眼中閃現我五年前看到的那道光芒。

「妳的家人都好嗎？」我問道。我以為會得到稀鬆平常的回答——不錯啊，那你的家人都好嗎？——然後，就順勢結束會面。

「還是別提了，」她說。但她還是提了，或許是因為她知道我真的關心。

於是，我知道了事情的始末。

「有什麼建議嗎？」她最後問道，深棕色的眼睛裡仍然有淚水。

「讓我好好想一下。」

找到你的終極目標

研究顯示，在解決問題的過程中，睡眠通常能改善最後的結果，部分原因在於即使人在睡眠中，大腦還是在處理問題，只不過方式不同。

人在清醒時，大腦會在連結的腦細胞間採取最短路徑，找到它想要找到的事實。採取最短的神經元路徑非常有效率，但只能觸及單一點。若是拚命想要記起某些事物，會引發這個路徑的生物電子活動超載，造成思路塞車，也就是我們所稱的大腦當機：大腦因為過度努力嘗試而失靈，通常是因為壓力所致。

有時候，就在你放棄回想時，事實反而會突然浮現，有如施展魔法。但這不是魔法，純粹是生物學機制。在睡眠中，大腦處於最低的壓力狀態，它會捨近求遠，採取較長的路徑蒐尋資訊。它會穿梭翻找各種有趣的事物，歸納選項，觀看大局。那就是為什麼有時候你會一覺醒來，精采的構想、強烈的直覺就浮現腦海，或是想起之前苦苦思索卻怎麼都想不起來的事情。

情緒也有類似的現象。當你太過專注於一個目標，通常是近在眼前的目標時，你的執著反而可能會成為達成目標的敵人。那就是為什麼在設定終極目標時，你應該退幾步，自枯躁沉悶的日常瑣事抽離，呼召你自己的宏觀願景，也就是你心目中接近完美的理想生活和最佳的自我狀態，不只是此時此地，還包括幾乎深不可測的未來。

一開始，你的終極目標或許看似過於飄忽不定，令你無法採取行動，它們就像無所不包的全方位目標，太過老生常談，又或太過遙遠。但全方位正是它的價值所在。它會成為你旅途中的北極星，而你的旅途將不只是個過程，而是種使命。

例如，你的使命可能是在財務上達成充分獨立自主，以從事你夢想中的工作；或是不需要工作；又或是努力磨練一項嗜好，如畫畫、寫作。但如果你不把它們欽定為你的終極目標，你可能會分心，誤以為你的使命是獲得高薪、拚命存每一毛錢，或是成為像巴菲特一樣的投資大師。

那些都是合理的目標，但不是使命，甚至不見得非要達成不可。如果你的使命是從事夢想中的工作，可能靠著調整開銷就能達成，或換一個更務實、你可能也更喜歡的夢想工作也可以。

當你知道你的終極目標是什麼時，每天必須做的決定會變得更容易，因為你只需要問自己：「我要做的事或說的話，對於達成我的終極目標，是助力？或是阻力？」如此一來，在面對微不足道的屈辱或必須隱忍自尊傲氣時，你就能對情緒綁架真正免疫。

這就是蕾拉的經歷。第二天早晨，我見到她時，她宛若新生。那並非什麼不尋常的事。當聰慧的強者遇到至明的真理，可能會歷經扭轉生命的突破，一種能在頃刻間發生的蛻變。

她開口說的第一件事是：「羅賓，我在這個案件上真正的目標不是顯露自己的本事，而是要保護美國的安全。我在成長的過程中，聽父母談到原來的國家，那些讓人不忍卒聞的事，而我比大多數人都知道，我們在這裡所擁有的究竟是什麼。」

「我在想，保衛美國是否也是妳在底特律那些同事的終極目標。」

她用力地點頭，我知道她領悟得很快。

她在戰情室挑樑擔綱，像個參加重要賽事的明星運動員，建構了一套新計畫，她思路敏捷果斷，並聆聽每個人的想法。新計畫的重心是放長線、釣魚，誘引「教授」採取行動，而行動的布線之深，足以讓我們觸及這個「過氣集團」的舊黨羽所衍生的新核子間諜圈。

每個人對新計畫都大表讚賞，我也覺得新計畫比較合理。

會議結束後，她打電話到底特律，我聽到的是一場正面而愉快的對話，她在對話中，提問比敘述多很多。

通話結束後，她來到我的辦公室，突然問道：「我對艾蜜拉該怎麼辦？」

我告訴她我某個朋友的故事。我的這個朋友，他的岳母快讓他抓狂了，因為她每次來訪，就只聊她的新飲食法，即使她的體重一直在上升。我問他，她為什麼這麼重視飲食，他說可能是因為即使她只是稍微過重，她還是覺得別人會用異樣眼光看她。

我故事還沒說完，蕾拉就說：「這個故事告訴我們，要避免和別人的相處問題，最好的辦法就是不要去引發問題，是不是？歐比王。」

我終於從學徒升格，成為別人眼中的大師了——嗯，這感覺不錯。「沒錯，蚱蜢小子。」

「什麼？」

「抱歉——我只是想到有個關於參禪的功夫小子的老節目。對了，艾蜜拉擅長什麼？」

「藝術。畫畫。繪圖。音樂。任何關於創作的事。還有，」她臉色一沉，補上一句：「不賺錢的事。」

「那就是為什麼她想要成為美髮師嗎？」

「我認為那比較像是小女孩時期的想法。她接觸的環境比我更多元，但她仍然看起來像卡通『阿拉丁』裡的茉莉公主。告訴我，我為什麼不該要求她拿到學位，有個真正的專業工作，丟棄所有這些沒有用的夢想？」

「那是她想要的嗎？」

「不是。」

「那就是妳不應該要求她那麼做的一個原因。人們通常順從己心做事。不只是孩子，每個人都是這樣。你真正能做的，是在他們的目標中找出和你相合的那個部分，搭起一些橋樑，從那裡開始。」

「羅賓，她會自殘。」

「那妳必須想辦法讓她停止自殘。但如果妳放鬆控制，她是更可能會傷害自己呢？或是比較不會去傷害自己？這可不是表面的虛問。每個人的反應都不一樣。」

「她很固執，她不會停止所有沒來由、只是為了激怒我的叛逆行為。」

她的眉頭深鎖，她看起來進退維谷：放手不是，不放手也不是，典型的兩難困境。

她重重地嘆了一口氣，浮現明顯放鬆的表情，然後開始笑了。她就是那麼聰明！

她發現自己被困住了，然後放手，然後就發現一個非常務實的選項。

她現在可以面對最困難的問題了。「妳和艾蜜拉的終極目標是什麼？不是妳對她的終極目標，而是你們能一起追求的終極目標：妳能控制的部分。」

「終極？」她靜靜地坐了片刻。這不是我主導對話的時候。現在該由她來主導對話。「我不想聽起來像是老調重調，但我想基本上就像我和主任一樣，關係開始變得明朗，就像你昨天說的，準備接受任何可能，但我至少表達我的意見了。那會不會是過度簡化？」

「我不覺得。它雖然很簡單，但我們都錯在簡單的事情上。尤其是像妳和我一樣的A型人：我們埋頭拚命做大腦手術，卻忽略了導致生病的小事情。」

她思緒游走了一會兒。「我想到一個辦法了！」她說。

但是這時，她的團隊來找她集合。我再看到她或她的團隊，是好幾週後他們垂頭喪氣回來的時候。

讓團體的使命感，超越個人的成就感

我知道，聰明的你，現在已經開始嘗試建構你自己的終極目標。那可能是你可以在五秒鐘之內說出的事物——這是篩選終極核心目標的簡單方法。

你的終極目標無疑也值得別人擁有和追求，因為人的需求和欲望往往極為相似。眾所周知，心理學家馬斯洛（Abraham Maslow）把人類的需求歸納為六個層級：生理；安全；愛和歸屬感；自尊；自我實現；和自我超越。

你的人生夢想可能是這些終極目標裡的一個或全部，或是與其中一項緊密相關。

當你確定你的終極目標或人生使命時，你通常會發現，有許多人想要幫助你推動那份使命，一如你助別人一臂之力。若你能把你的使命和別人的使命整合，你會變得更強大，與大家一起朝成為領導者的路上邁進。

為了整合使命，你必須以與看自己同樣誠實的眼光去看別人。這可能有難度，因為我們都難免對我們認為是敵人、對手、障礙或不相關的人抱有偏見。

但是，即使是敵人也是人，也值得理解。即使是你最大的死對頭，也一定和你有一些共同的興趣和信念。信任存在於共同的立足點，能夠開啟新關係。

誠然，不是你接觸的每個人都願意與你整合使命，因為許多人仍然相信，自己的成功必須建立在別人的失敗上。但即使是在競爭中，你仍然可以找到不可能成為伙伴的伙伴，建立一支由競爭對手組成的高手團隊。你的團隊裡，每個人都能在技能和名望上有所成長，即使你們在內部競爭，也能增加團隊裡某個人達成目標的機率。那個成功的人可以幫助其他人，整個團隊都跟著水漲船高。

即使你沒有高升，你可能也擁有了較好的條件，可以晚點達成目標，或達成類似的成就。起碼，你可以預期，達成目標的那個人會善待你，你可能會成為那個人的接班人、或左右手。

不過，偶爾還是會有人的目標，不管從道德、技術或個人立場，讓你無法苟同；出現這種情況時，你應該不要與他們站在同一陣線。你不可能和每個人都成為合作伙伴，不管你有多善解人意。

即使道不同不相為謀，你也應該讓對方感覺到，從你的觀點，你認為彼此的關係是以他們為重，而不是你自己。這或許會讓他們覺得，結束伙伴關係是他們的主意，也能防止他們產生不好的感受。如果你保持謙卑、不批判、表達肯定、講道理又寬厚大度，對方可能會為你引薦目標與你類似的人。

在商業情境裡，不和某人整合使命的決策，通常發生在會議裡。在會中，你要向所有人展現你對手邊議題堅定而投入的立場，但不要把衝突變成私人恩怨，而且對於抱持你所反對目標的人，言行仍然保持和善。領導者能藉由這樣的行為，建立有原則、有理性和為人設想的聲譽，口碑也會流傳出去，通常能為你引來你真正想要與他們共事的人。

不管發生什麼事，永遠要保持和氣友善的態度，因為你的對手不會永遠和你處於對立狀態。人會改變，他們的目標也會改變。當他們的目標改變時，請準備好重新整合你們的使命。

例如，我成為行為分析專案主管時，我改變了自己的終極目標。之前，我的終極目標是成為領導者，現在則是與周遭的人建立健全、和樂的關係。那是一個更高遠的目標。因為我體認到，只要著眼於那個崇高的目標，所有的過度目標都能各得其所，落在適當的次序順位。當你發現你不再自私自利，就能大幅擴張你的使命聯盟，信任族群也隨之成長，所有的美好事物彷若自動自發地來報到。

整合各方目標必然從傾聽別人開始，不只是用耳聽，還要用心靈和心智去傾聽：去聽他們沒有說出來的話，去解讀言外之意。在對方的目標裡，找出你敬佩並能幫助你達成自身目標的部分，這是開創信任的唯一正途。

領導者會傾聽和學習，當你和他們說完話（多半是談你自己），你會對他們產生好感，對自己感覺更好，更不怕讓你自己的目標與他們的目標順勢整合。這不過是個讓「你和我」化為「我們」的過程。

通往領導者的道路其實並不複雜。你一定曾經設定過目標，只是沒有把信任的五大守則和四個步驟融入目標，並為目標注入能量。

如果你還沒有為自己設定終極目標，現在就去做。這不是什麼艱困的工程，不需要什麼深奧的學問。

這真的只是領導力的基本課，蕾拉不到一個月就學會大部分的內容，多半是在嘗試與失誤中不斷改進。

一個偉大的目標，好就好在能吸引別人幫忙，凝聚成一股你自己所不能及的力量。蕾拉現在懷抱的目標是幫助美國，她也不怯於表達這點，而且她和同事之間也遠比以前更同心協力。

幫助蕾拉不再只是為了幫助得到她個人想要的事物，而是為了增進美國的利益。她的辦公室裡，沒有人不與這個目標站在同一線，她的影響力也在擴展。

話說回來，現在，她走進戰情室時，垂著肩頭，一臉頹喪。不過，過沒多久，我就知道原因了。

B計畫

匡提科

「有好消息，也有壞消息。」在我們一同前往戰情室的路上，她說，「好消息是，我取得主任的認同，我和他相處愈來愈融洽。雖然他又想取消我們的行動。但這一次，我可以理解為什麼。至於壞消息，就真的糟透了。」

我沒有問壞消息是什麼，但我仍然為好消息覺得振奮。壞消息很快就會揭曉，但我認為我們可以處理。

「我們接觸目標對象時，」蕾拉向會場全體人員報告，螢幕上打出「教授」的照片，「我們認為，他覺得他勢微的職涯會再度發光發熱。」

「教授」一頭白色捲髮，雙眼深深凹陷進臉龐，只要看到他這副模樣，你就會明白她為什麼那樣想。像他這樣年紀的專業人士，大部分都已經淪於沒沒無聞，提供協助時也會被毫不掩飾地漠視。

「隆恩是我們的臥底，」蕾拉說，「他重新與『教授』接觸，應該是透過他國家的統治者，請他重新動員他已經停擺的組織。我們放的誘餌是，他的國家正傾全力打造可以運轉的核能電廠，現在需要填補一些技術缺漏。

「而『教授』的反應是：『抱歉，我沒興趣！』」她搖了搖頭。「你相信嗎？」

「於是，我們問他，他想要什麼，他說他想見統治者。親自、當面，在他的國家見面。他要告訴統治者，這麼多年來，他是個如何忠貞的愛國者。此外，他想要造訪他們的核能設施。就這樣。」

聽起來，目標對象想要的是「巫師的飛天掃帚」，是個不可能寄出的獎品。有時候，問對方想要什麼，可以掂量當事人的格局如何。然而，在這個案例裡，我認為當事人只是想要得到對他多年犧牲的肯定。

我可以理解這點，但在場的其他人認為這項要求只是異想天開，可以靠提供金錢、權力之類的事物打發。

與會人員紛紛提出構想，而我的職責就是根據構想的相對優勢，一路逐一淘汰大部分的構想。看起來，唯一像樣的選擇，就是回到原來的構想：速速逮捕他，逼他供出同黨人的名單，盡我們所能讓他們接受審判。也可以說是：重新回到起點。

但蕾拉徹底否決了重回原點的想法，不只是因為她的主管不會批准，也是因為她現在明白，她不應該准許他們回到原點。這會引起一陣騷動，但更重要的是，這也無益於美國更大的利益。

我有個組員（姑且稱他為「史提夫」），臉上浮現一抹慧黠的微笑，舉起一根食指。

蕾拉點他發言，他站了起來，說：「我們去找『教授』，然後這樣和他說：『你知道嗎？因為你不願意幫助你的國家，我們做了一些調查，結果發現一些證據，顯示你和這裡發生的一些負面事件有牽連。『教授』，你是內賊！你就承認吧！不然就請你幫助我們取得我們所需要的，好證明你不是！』」

聰明！這會讓局勢出現對方意料之外的逆轉。光是疑惑就能扳倒他。我很快就表示贊同。

「有兩件事，」蕾拉說。「第一，我要一部救護車在一條街的距離內待命。他現在已經要靠氧氣筒呼吸了，如果他出現換氣過度症狀，我們必須立刻進行照護。第二，見面時，我要在場。如果事跡敗露，犧牲我就好。」

她停頓一下。「其實是三件事。如果總部不批准，行動就取消。我們這裡的每一個人——」她的目光環視了在場的每個人，說道：「都為這件事長期奮戰。即使此事不成，還有其他事會獲得認可的。」

蕾拉和我回到我的辦公室，她要打電話給她的主任。

「嗨，機器探長，我們有新計畫。至少我認為是這樣。但我真的需要你的意見。想我嗎？」他說了一些話，她被逗笑了。「我也是這樣想。」她掛上電話時，我聽到電話那頭他的笑聲。

「妳現在叫他『機器探長』？」

「他認為這是讚美。他稱我們為『頭腦靈光的』和『四肢發達的』。可惜，我是『四肢發達的那個。我想要它修正為『頭腦靈光的』和『心胸寬大的』，但他說如果這樣做，不但會讓他被炒魷魚，還會讓他上電視。」

她當晚就飛回去。

善意的謊言

迪爾伯恩，密西根州

「願你平安。」蕾拉和她的臥底探員進入「教授」的小房子，問候「教授」。

「願你平安。」他邊說邊扶著他的氧氣架，上面有條透明管子連接到他的鼻插管上。

蕾拉穿著絲質「希賈布」（穆斯林婦女的頭巾），包覆她一頭紅棕色的頭髮，在跨過他家門檻時微微欠身行禮。

她的人馬在外面的廂型車上監聽，還有部救護車在同一個街廓的另一頭待命。但她告訴我，她當時仍然感到害怕。這是她第一次執行臥底任務，而任務的失敗以及出任務受傷，有無數種可能的狀況，即使是在控制下的會面，也有可能擦槍走火。有很多工作都比臥底間諜活動安全。

他們坐在一張老舊的硬沙發上，中間有張茶几，上面精緻的瓷器茶壺飄出陣陣鼠尾草茶的氣味，旁邊擺著同套的杯子。

他非常鎮定，顯然覺得因為有人從祖國特別來聽取他的要求而備感榮幸。

蕾拉一派嚴肅端莊，打破了友善氣氛，以精雕細琢的措詞，指控他是背叛祖國的內賊嫌疑犯，但是，他仍然可以藉由恢復他的活動挽救名譽。

他依然保持冷靜。至少在外表上是如此。

「我理解妳面對的困境，」他語氣平靜但哀傷地說道。「為心愛祖國奉獻的人，都會被誤解。這個問題有很多解決辦法。或許我可以接受測謊。但妳的要求，我無法做到。」他指指他的氧氣推車，以及擺滿了藥物的一張小桌子。「妳明白為什麼，女士。」

早有備案B、C、D在手的蕾拉說：「我明白，你做不到的事，我也不能要求你去做。」她停下來，啜了一口茶，彷彿在沉思這個僵局。「告訴我，你還能寫字嗎？」

「可以。」

「長篇書寫？」

「可以，女士。」

「那麼，我相信，我們的統治者，」（她當場說出他的名字，但我在這裡不能說）「會很樂意看到你寫出你的回憶錄。你的回憶錄除了能多方顯現你的真誠，還有其他好處。它能鼓舞他人，也能啟發那些希望我們的沙漠開花的自願流亡者。」

這是藉由給別人想要的事物以連結使命的精湛技巧，雖然是迂迴了些。

「我很榮幸。」他的雙眼閃閃發亮。「女士，」他說，「同胞還像往昔一樣在挨餓嗎？這麼久了，我在這裡的閱聽內容，以及在西方電視所見，甚至那些我應該信任的人所言，我都不能相信。」

蕾拉告訴他真話，幾乎是像反射動作般地快速。「現在沒有那麼糟了。」

「孩童呢？」

「孩童第一，一如往常。」

看得出來，他鬆了一口氣，深受感動。

那是她第一次覺得，他或許是個好人。

後來，蕾拉告訴我，那場談話讓她手開始發抖，她不知道為什麼，但我想我知道原因。我想，她因為欺騙一位老紳士而覺得羞愧，但也感到同樣強烈的自豪，因為她為國家做了一件她不會為了一己私利而為的事。

她回到家，渴望釋壓，她高聲叫喚：「艾蜜拉？」

「我們在裡頭。」

艾蜜拉（我後來見到她，她的模樣真的就像迪士尼的茉莉公主）和她的男朋友一起窩在沙發裡。艾蜜拉的夢想是擁有一家高級沙龍，以她自己設計的特殊髮型為訴求。她男朋友的夢想則是負責沙龍的營運。

蕾拉告訴我，她注意到的第一件事，是艾蜜拉前臂的刺青。「那個刺青漂亮極了，」蕾拉說，「真的很美，我不會批評妳。不過，妳一定要談一下刺青的事，妳先說。而我必須說，親愛的，我覺得刺青很無聊。」不管怎麼樣，她對女兒說話時，防衛變低了，而奇怪的是（或許也沒什麼好奇怪的），女兒的語言也明顯變得溫和了。

「媽，這非常酷！這是我做的，用我自己的化妝品，然後上一層髮膠。它能維持好幾個星期不掉色，但用刷的就可以洗掉。媽，這是我發明的。妳可以上網查！」

「哇！」蕾拉說。

「她可以開放加盟，」她男友說，「或是取得使用專利。」

小釘的耳釘不見了。「傑利，你的耳釘呢？我愈來愈喜歡它了。」

「我爸叫我拿掉。」

有那麼半秒鐘，蕾拉想說「很好」。但她改口說：「父母就是這樣！」孩子們都笑了。

結局

匡堤科，十個月後

「他死了。」蕾拉在電話上說。

「『教授』嗎？」

「對，我去葬禮觀禮了，不過是站得遠遠的。沒有很多人參加。」

「愛國的代價。」我說。這不完全是玩笑話。

「我直到最後才知道，原來寫回憶錄讓他那麼快樂。當他重溫往事，對於一個崇高的人很難做得出來的那些事，他覺得自己有正當的理由。我協助他寫回憶錄時，我們從家庭到政治，無所不談，我知道他是真心希望能讓沙漠遍地開花。他想要他的國家成為美國最強的阿拉伯盟友，因為他兩個地方都一樣愛，希望兩者能夠平等。」

「很複雜。」

「每個故事都有兩面。」

「任務行動後來怎麼樣了？」

「好得不得了。他告訴我們所有的事，我們也找出所有新的人。他們以為自己還在為祖國工作，但現在他們是為我們工作。我不認為他們全部都對沙漠之花有興趣。於是，我們開始在那些人身上下功夫，一切在我們的控制之中。這其實是支持我們聯盟的力量。或許『教授』終究還是得到了他最想要的。」

「家人現在怎麼樣？」

「艾蜜接是發明家！」

「我知道。妳說過了。」大約有五次了吧！自豪的父母都沒在算的。

她對艾蜜拉讚美了一番，然後說：「我終於找到我最終極的終極目標。那就是加班的專業人士，和加班的媽媽。數十年來，那就是美國夢，但最近它比較像夢中之夢。尤其是對單親家長來說。」

「妳達成目標了嗎？」

「快接近了。所以……謝謝你，羅賓。我是說真的。」

我說了親近盟友向我道謝時，我幾乎一定會說的話。

「不，蕾拉，是我要謝謝妳。」

第6章

第二步：尊重對方的性格框架

還記得第二章提到的那個數學奇才嗎？他在「歡樂單身派對」餐廳把我打發走、後來還與其他ＦＢＩ人員合作（跟誰都好，只要不是和我就好）。

這是因為我們的頻率不同。我想要告訴他關於洋基和ＦＢＩ的故事，但他是高科技領域的研究生，希望我就事論事，專注於任務，直接切入正題。

大多數人都喜歡故事，但當時的我以為，這是因為故事能傳達在溝通中很重要的細膩和人味。但是，在餐廳裡的那位老兄不屬於「大多數人」，我當時沒有足夠的知覺，能在他觀點的性格框架之下和他談話。

還記得我的定理嗎？永遠不要為性格框架爭辯。在我愚拙的年少時期，我甚至不知道有性格框架這件事。那是我在餐廳裡和那位老兄告吹的主要原因。

你也有可能不是個喜歡故事的人。如果是這樣，本章是為你量身訂製的。本章唯一的故事就是你的故事，它的起點就是你的此地與此時。

你自己的故事，包括你喜歡別人如何與你應對、你如何能有效與別人應對，都能幫助你採取建立信任的關鍵第二步：尊重對方的性格框架。包括以別人為重，理解如何在別人的性格框架裡和他們溝通，以激發他人的信任，讓他們樂意與你整合他們的使命。

然而，當你要同時與超過一個以上的真人應對時（一如我在這本非小說的書裡曾面對的許多情況一樣），你無法同時與每個人的頻率都相同，因此你的傳達方式必須做些組合，每個人都要給一點東西，以多層次的溝通風格傳達你的想法。我會在本章裡告訴你如何做到這點。

有一件事毫無疑問：本章沒有任何故事，也不會都在羅賓身上打轉。因為那樣的頻率只有一名聽眾，而即使是我自己，都厭倦了聽我自己唱獨角戲。

因此，現在輪到你說出你自己的故事，對你自己說，從你的人生故事開始。

故事，就從現在、從你開始

我知道你的人生故事。每個人也或多或少都知道。現在就來看看，我能否說中幾分。

例如，我知道，如果你在讀這本書，你可能是個企圖心旺盛的聰明人。你知道自己有缺點，但不怕克服它們。你知道信任是雙向道，你渴望信任他人，但你又不是輕易相信別人的人，因此有時候你必須假裝相信別人的程度高於你真正的想法。這讓你依賴別人的認同，但那是你願意為領導團隊所付出的代價。因為這樣，你可能會成功。

為什麼我會猜你是這個樣子？因為大部分人都是這樣，或是希望自己如此。以上不過是讓人對號入座的描述，而你現在應該知道，算命師為什麼能聽起來鐵口直斷。

我為什麼說「如果你在讀這本書」？因為它先建立結論，提供你接受正向評論的理由。所有這些敘述都符合信任守則的第一條原則：因為我把別人放在第一位，一切以你為重，而不是我。

以上敘述所揭露的那部分的你，相當常見，也相當典型。但你的完整故事是獨一無二的，你是唯一知道全貌的人。你是你的先天、你的後天、甚至你的自我（你的內在有一個不是任何人放進去都能與之相符的你）獨一無二、不斷演進的產品。永遠不會有第二個你。

我曾與蘇俄人、伊朗人、韓國人、加州人、間諜、罪犯和執行長交手過，幾乎在每一個人的人格的最核心，都有相當類似的欲望和情感。我往往都能打動他們，只要我能深入那個核心。

那些看似不可親近的人，通常是因為溝通能力不佳而與外隔絕。一開始，我也對這件事感到訝異。我原本以為，人際間的重大障礙是意識型態、國籍和人生經驗。

但是我發現，儘管我們每個人都有差異，但幾乎所有人的心裡，都有相同的基本驅動力、對愛的夢想和對失落的恐懼。即使在個人擺脫不掉的原始孤獨裡（孤零零地出生，受限於一只皮囊和一條生命，注定孤身一人死去），我們多半都受限於自己築構的籓籬。如果你越過那些籓籬，就能窺見我們有諸多的共同點。

DISC人格特質判斷術

人類的共同點就是性格框架的關鍵特質，而尋找人類的共同點是一門古老的科學。但是要到一九二〇年代，這門科學才透過心理學家馬斯頓（William Moulton Marston）的研究，以科技之姿崛起。馬斯頓發現了血壓收縮壓的存在，他後來應用這個發現，發明了他的現代測謊機。在一九二八年的《正常人的情緒》（*Emotions of Normal People*）一書中，馬斯頓介紹了人格類型的概念，把人格分為兩種基本類型（主動和被動），也就是現在通常指稱的A型人和B型人。

你可能是A型人，一如會去鑽研領導力這個主題的大多數人。

如果你不是A型人，你甚至比大部分人都獨特。你之所以與眾不同，原因或許是人生對你丟出很多變化球。人生什麼事都會發生，而命運不會總是善待人。

因此，在馬斯頓指出最基本的兩種人格類型後，又進一步把人生際遇歸納為兩種最基本的類型：順境和逆境。

馬斯頓運用這兩種分類架構，創造出人類行為的四個象限，分別是：

一、支配型（Dominance）：在逆境裡採取主動。

二、誘導型（Inducement）：在順境裡採取主動。

三、屈從型（Submission）：在順境裡採取被動。

四、遵從型（Compliance）：在逆境裡採取被動。

這套他稱之為「DISC」的行為分類系統，簡單明瞭又言之成理，因此成為後來大部分行為分類系統的依據。

馬斯頓的明智在於他不做批判，能看到每種行為類型的合理性以及平等性，在這個沒有人能完全掌控的世界裡，它們個個都是解決問題的合理方式。

例如，他認為處於被動通常包含權力、智慧和創意，即使是屈從型也一樣。他也認為，原則上來說，被動行為在女性比男性更常見（在那個年代，這並不被視為侮辱）。在當時，社會對於偏向被動的特質，如同理心、合作和養育，往往有更高的評價，而這些特質，女性通常較為擅長。

事實上，馬斯頓在妻子的幫助下，創造了一個虛構人物，這個人物至今仍然在美國文化裡，集女性氣質和超能力於一身，那就是「神力女超人」。根據馬斯頓的評價，神力女超人具備「所有超人的優勢，加上善良、美麗女性的魅力」。

馬斯頓的研究問世的時間，大約與歷史上第二知名的精神科醫師——佛洛依德的同事榮格的研究同時。榮格提出了「原型」的概念，以及分析心理學，也就是研究對立特質如何整合成為功能健全的人格。榮格稱最常見的兩項人格特質為外向和內向，這類似ＤＩＳＣ的主動與被動的分類。

同樣的ＤＩＳＣ基本系統，後續還出現其他變化版本，例如英思普出版社（Inscape Publishing）的出版品所定的ＤＩＳＣ分類，分別為支配型（Dominance）、影響型（Influence）、穩定型（Steadiness）和謹慎型（Conscientiousness）；而三寶顧問公司（Triaxia Partners）則稱呼它的系統為「個人ＤＩＳＣ分類列表」（Personal DISCernment Inventory）。

ＣＳＩ讓溝通更簡單

自一九七〇年代起，ＦＢＩ致力於理解人類行為，過程中運用了這些以及其他的人格分類系統。身為反情資行為分析專案主管的我，在開始教授這些系統時，感到這些系統需要進一步改良，於是創造了屬於我自己的系統。

我的系統多了一個層次，因而應用更為廣泛，且一直以來，它不只在ＦＢＩ的全國執法人員學會（National Academy of Law Enforcement Executives）上講授，還在許多企業、軍隊、大學和政府的研討會裡傳講。這套系統也深具價值，包括彰顯找出人們背後原因的重要性，以及打動他們的最佳方式為何。

我的系統加入一個元素，這個元素強烈受到另一位ＤＩＳＣ門徒東尼・亞列山大（Tony Alessandra）博士的研究所影響。亞列山大博士著有《白金法則》（*The Platinum Rule*）一書。他把取自聖經教誨的經典黃金法則「你們願意人怎樣待你們，你們也要怎樣待人」做了進一步的延伸。亞列山大的黃金法則不但與眾不同，而且更具洞澈力。它說：「別人希望自己怎樣被對待，你就要怎樣待他，即使那不是你喜歡的方式。」

我的系統「溝通風格列表」（Communication Style Inventory；ＣＳＩ）綜合了亞列山大的部分元素，以及經典ＤＩＳＣ分類的衍生型。它根植於我認為溝通最重要的層面：「以對方喜歡的方式與他們應對。」

找出如何應對他人是件易事，因為它通常就是別人與你應對的方式。我認為，溝通有四種基本類型。人講話可以分為兩種，一種是講話直接型（想到什麼就說什麼），另一種講話間接型（深思熟慮後才開口）；這兩種分類再與另外兩個經典的特質搭配（以人導向／以事導向），即形成四種通用的溝通類型：

一、直接，以事導向型
二、直接，以人導向型
三、間接，以事導向型
四、間接，以人導向型

我相信，這四種溝通類型強烈影響（或強烈受到影響）四個最常見的DISC行為類型（我取的DISC是支配型、影響型、穩定型和謹慎型）。

因此，我的系統由兩個交疊的象限圖所組成：我的DISC四類型版本，以及我的溝通風格列表四類型。

我稱它為「溝通風格列表」是因為我想要它有個既酷又特別的縮寫：CSI。然後，在我愛上了這個縮寫之後，有人提到那部電視影集《CSI：犯罪現場》，而我一點也不本位的自然反應就是：「太糟了，他們必須活在我的陰影之下。」目前為止，這件事並沒有發生。但是，這本書會改變這件事！（或許吧！）

（關於幽默，短短岔個話題：如果開玩笑的對象是你，你等於身處「幽默」這個走到哪裡都通的溝通框架，而幽默恐怕是人類的認知能力中最具凝聚力的。）

因為我認為CSI比DISC更有力，所以我們會先討論CSI，再疊上DISC類型，讓它更精確。

之後，我們會再加上一層：人口統計特質，如年齡、性別和地點。

許多人在界定一個人的性格框架時，會把人口統計特質列為主要重點。但我認為，人口統計特質的重要性已不如從前。因為我們現在身處一個更包容、更多元的社會，透過網際網路有更多跨文化的分享。

我的溝通系統簡明有趣，多半由你已經感受到、但尚未爬梳出條理的事物所組成。等你學會這個簡明的系統，在以別人的性格框架和對方談話、激發對方的信任，以及整合雙方使命等方面，你會成為遙遙領先的佼佼者。

現在這個練習是讓你找出你自己的溝通風格。人終其一生，對自己的溝通風格幾乎都有一種直覺，現在只是要化模糊的直覺為明確的知覺。當你能夠分類（把它當成啟動程序的開端），就能較善於找出別人的溝通風格。

隨著你對溝通風格的辨識力提高，你可能會超越需要別人總是以你偏好的方式與你應對的階段。你會對用他們的語言說話感到自在。等到這個時候，你會感受到人們在真正建立關係時突如其來的喜悅，還有他們的多巴胺、血清素和催產素系統是如何開始全速運轉。

你是哪一型的溝通者？

所有教師都熟知的一種溝通分類方式，就是依據擅長的表達方式，把人分為：一、視覺學習者；二、聽覺學習者，三、動作學習者。視覺學習者會喜歡本章裡的圖表。我了解，因為我自己就是視覺學習者。對我來說，一個圖像、縮寫或簡短的口語提示，永遠可以衍生成做千言萬語——因此你在這裡大約要多讀一萬字。

當然，我也喜歡另外兩種型式的學習，這多半取決於我要學習的事物是何種類型。我學會駕駛飛機時，沒有什麼能取代機具在手的動作記憶。還有，這樣的概化包含了交錯、漸層和灰色地帶，一如本章提及的所有概化。

根據CSI，溝通有直接型和間接型兩種基本風格，以下就以表格解構。

溝通風格

直接型	間接型	
想到什麼就說什麼	深思熟慮後才開口	
1. 以事為導向　2. 以人為導向		

• 直接型溝通

偏好直接型溝通風格的人，往往暢所欲言，心裡有什麼就說什麼，講完後才會仔細思考。有時候，他們會說他們是「放聲思考」，希望每個人都明白，他們說出口的話並非是不能更動的金科玉律。

講話直接的人喜歡透過語言交流，對別人的想法常保持開放性，覺得如果有人能改變他們對某件事物的想法，才是真正的受益。

在他們看來，對話是一種藝術，即使對話化為一種「為藝術而藝術」的叨叨絮語，他們也樂於陪伴你，而且通常覺得你是他們可以學習的對象。他們認為毫無束縛、不具結構的溝通風格，是通往誠實、透明公開和創意的管道。

他們不會因為對立的觀點而感覺受到威脅，並會以經過考驗與討價還價的折衷風格，樂見能與你的對立意見有相融合的機會。

他們希望你也能用這種方式和他們說話，如果你這麼做，通常就會有場獲益良多且愉快的對話，你們的討論會像古典的蘇格拉底式對話結構，擁有正、反、合三種層次。

• 間接型溝通

偏好間接型溝通的人，在講話之前喜歡先深思熟慮過。他們預期你會十分認真看待他們說的話，如果他們認為你在爭辯性格框架，又或想要誘勸他們改變想法，以適應你自己的觀點，他們可能會變得不耐煩。

他們真心相信，他們謹慎遣字用句，不讓你浪費時間在不必要的遷就妥協上，才是對你的尊重。

他們對自己的精準明確感到自豪，同時也是高度理性的溝通者，不會突然無端討論起其他的事，或是言不由衷。他們熱愛邏輯，尊崇五大信任守則裡的「理性至上」。

如果你採取他們的風格，他們會很感謝，你們的談話也可以簡短、精確而且有成果。

若你偏好某種溝通風格，並不表示那種風格就比較優越，而你也必須謹守此道。每個人都不一樣，如果你不能認可這個簡單的真理，就永遠無法引發信任。

採取對方偏好的溝通風格（所謂的「行為鏡像」〔behavioral mirroring〕），做法簡單，但能產生我和納瓦羅在《FBI公報》上所寫的有價值、可複製的成效。

這項技巧有個花俏的名稱——擬態（isopraxis），它深植於人類心理，因此嬰兒在看到母親微笑時，通常也會微笑，在母親瞇彎眼睛時，也會照樣做。有時候你可能都在擬態，只是不自知。

擬態之所以有用是因為，一如我們渴望個別性，我們也想要有類似點，甚至是共同點。當然，這是個矛盾，但好處就藏在平衡裡。

在下面的CSI檢查表上，簡單評量你自己的風格類型，計算你所展現的直接溝通和間接溝通的次數，以及兩者相等的次數。你的分數能讓你約略明白，自己在溝通風格量表上的位置。

CSI檢查表

直接型vs.間接型
你是哪一型的溝通者

直接型	間接型
❐ 享受冒險	❐ 盡可能規避風險
❐ 決策迅速果決	❐ 決策思慮周嚴
❐ 直接而表達力強	❐ 迂迴而委婉
❐ 沒有耐心，死纏爛打	❐ 有耐性，隨和
❐ 健談，無話不說	❐ 仔細傾聽，提問
❐ 活潑外向，是大家的開心果	❐ 矜持內斂，在一旁欣賞
❐ 自由無礙地提供意見	❐ 謹慎保留意見

直接型的描述項目數量：＿＿＿＿

間接型的描述項目數量：＿＿＿＿

強度同等的描述項目數量：＿＿＿＿

這張量表可能相當準確地勾勒出你的狀況，但你絕對不會因此被定型。你是可以改變的，不論是只有一點或是很多，都隨你願意。

但如果你過於執著於你的風格，而它又會限制你的溝通，或許你應該推自己一把，開始改變。只是，那也不表示你一定得改變。理論上，如果你是死硬派的直接溝通型（或是死硬派的間接溝通型），只要堅持以你偏好的風格溝通，你永遠會遇到某些人和你的頻率相同，還可能會和對方形成屹立不搖的聯盟。

然而，在現實裡，堅守單一風格會降低你廣泛激發信任的能力。你可以在真實生活裡運用這個概念，並留意成效。當你嘗試以不是你自然的方式講話時，你可能會覺得它其實並沒有那麼難，部分原因是因為你具備有利於兩種風格的特質。

如果你極度偏向某種風格，拚命努力調適，以展現另一種風格，你的收穫是拓展智識上的理解力。例如，多語者在說不同語言時，常有轉換思路的現象，而轉換溝通風格也可以視為轉換語言的一種形式。這相當於用口語轉換立場，設身處地去體會別人的觀點。

請注意：即使是採用別人的風格，也要說出你自己的想法。此外，不要濫用這項建立關係的工具用於操縱謀算。如果你這麼做，聽起來會變得虛假。

最重要的重點，是留意別人對你說話時的觀感，以及你對別人說話時的觀感。要達成最流暢的溝通，就要說對方的語言。

你是以事或人為導向？

現在來看一下CIS象限圖的左右兩面：以事為導向型與以人為導向型。這些是最根本的基礎人格類型，對於溝通方式有舉足輕重的影響。

你會發現它們和馬斯頓的「主動與被動」和「支配與服從」人格分類有異曲同工之妙，又與榮格的「內向型與外向型」人格分類如出一轍。

以事為導向與以人為導向也不出我們之前談及的生化層面。以事為導向的人，生化成分的組成較傾向於充沛的多巴胺、腎上腺素、甲狀腺素和其他刺激性、腎上腺性的神經傳導物質和荷爾蒙。

這些人可能是先知先覺、積極有為的人，但有時候他們的熱情很快就熄滅。他們的動作愈快，愈可能遭到挫折。但如果知道適可而止，他們通常是生產力高、有趣而鼓舞人心的人。

另一方面，以人為導向型的人較可能被神經系統中和冷靜與滿足感有關的支系所主宰，介質多為血清素、內啡肽、催產素和γ-氨基丁酸。他們是能夠打敗野兔的陸龜，但有時候他們因為太晚才起跑，所以才贏不了。他們通常對自己所擁有的事物感到滿足，因此相處起來很愉快（但也會顯露自滿）。如果他們能謹慎運用高強的耐力和個人魅力，他們會是名副其實「堅持不倒下的最後一人」，並備受他人愛戴和敬佩。

兩種類型的取向儘管大相逕庭，但若能聰明運用，價值相同。俗話說：「做你自己」——但更好的是，「做最好的自己」。還有一句不常聽到的話是：「你還是你，但試著合群，否則你會被群眾踩踏，或是行至無後援的境地。」

視眼前情況臨機應變也是明智之舉。在危急關頭時，暫時收起冷靜和自滿，但在大功告成之後，就要展現出勝利的姿態。

• 以事為導向型

除了生物化學物質驅動的特質，以事導向型的人在外顯的行為面也有許多特質。他們對於眼前的工作，在功能面的細節上，極為積極主動。此外，他們對於工作所創造的成果，興趣遠高於對與他們共事的人。

這一型的人在規畫行動策略時，往往先化整為零，把計畫拆解為任務、階段和期限，然後再分配每個人的工作。工作分配彷若是一個蘿蔔一個坑式的方式，完全不需經過事前規畫。他們有興趣的是整體目標的達成，對於達成任務的人，相對而言較漠不關心。

以事為導向型的人通常非常務實，往往會準時完成事情，並遵守預算。他們擅長規畫、貫徹計畫、講究細節，面對危機時仍然保持冷靜，擁有決心和信心。這些事情讓他們的書面紀錄看起來很體面，他們通常能在大型或個人關係不緊密的企業爬到高位。

在看電影或電視時，以事為導向型的人更專注於情節，勝於關注角色；他們的談話內容，較多是在傳達事實、數據和細節。

一個有助於察覺以事為導向型者的方法，是觀察他們的肢體語言（開放或封閉，主宰或服從），以事為導向型者往往反映出封閉、主宰的風格，其中包括：手臂環抱、臉部表情緊繃，手掌朝向身體。

以事為導向型者的其中一項挑戰，就是培養良好的人際技巧。他們通常容易利用引發恐懼以伸張自己，而不是激發愛。這會防礙他們激發真正的熱誠、忠誠度和無私的團隊合作的能力。他們偶爾會發現，在他們真正需要盟友時，連一個都找不到。

由於他們確實看重計畫更勝於人，所以通常難以激發信任。但那並不表示他們做不到，只是必須更努力，有時候甚至要勇於逆著天性做人處事。

只要他們的計畫成功，他們通常就能成功；但當事情敗北，他們也會失敗，並很快被遺忘，除非他們能成功軟化「專注於計畫更勝於關注人」的強硬作風。

人人都喜歡贏家，因此有時候，只要他們一旦成功，過去所有的失敗都會被一筆勾銷。即使他們失敗，在表面上往往仍然會維持體面，因此當他們尋找另一份工作時，職務通常會是穩妥實在的水平式調整，甚至會是跳槽升官。

當然，就像所有的特質一樣，不要把它們視為固定的獨立組合，因為講到這些象限，我們都是融合不同象限的奇妙傑作。

- **以人為導向型**

與以事為導向型在另一端遙遙相對的，是以人為導向型，這類型的人最關心的，是透過精挑細選，打造一支一時之選的優質團隊。他們認為，完成任務最重要的關鍵在於完成的人是「誰」，而不是「以何種方式完成」。

他們的優勢通常是協調、授權和激勵等能力，在情境艱困時，他們仍然享有高人氣，能激發眾人士氣。他們通常善於非正式的溝通，可能在生動活潑、又具交流互動性質的對話裡成為主角。

他們通常不搶鋒頭、不爭功勞，也不渴求權力，因此有時候會被忽視，但如果他們待的組織較小，或是身處由軟實力驅動的文化，就不至於被埋沒。

以人為導向型者的「徵狀」之一，就是他們的寫作和講話風格，他們較常用代名詞、個人際遇和故事表達。他們肢體語通常也較開放，特質是手臂和腳不會交抱或交叉，同時具有良好的眼神接觸和出色的表達能力。

他們通常避免言行魯莽、批評，也不會排擠弱者，如此反而能提高他們在組織裡的權力。當公司要找代罪羔羊或縮減成本時，他們多半不會與懲處或裁員沾上邊；不管時機再艱難，他們往往都能保住自己的職位。這是沒有敵人的好處。

因此，以人為導向型者若整個職涯都待在同一家公司，有時最後坐上令人艷羨的長字輩職位，也並非罕事。

即使我們現在以商業世界為對話的主框架，同樣的基本原則也適用於各種型態的群體，包括家庭和朋友圈。儘管社會和家庭關係的功能不同，但是每個人仍具有獨特性，也期待別人能以獨一無二的方式對待自己。

以下的檢查表能讓你明白你是哪種類型的人。請將符合你的敘述項目加總。

誰、誰、誰、誰——你是誰？

（抱歉，我引用了電視影集「CSI：犯罪現場」的主題曲歌詞。在這一章裡，這是個自然失誤。）

請用你在「直接型／間接型」檢查表的得分，與你在「以人為導向型／以事為導向型」檢查表的得分，找出你在CSI象限裡究竟是誰，

你會落在以下四個類型裡的其中一個：

一、直接，以事導向型
二、直接，以人導向型
三、間接，以事導向型
四、間接，以人導向型

當你要決定別人是屬於哪個類別時，先判斷對方是以事為導向或以人為導向，因為那通常是最容易分辨的特質，也是最重要的特質。

接著分辨他們的溝通類型是屬於直接型或間接型，主要的判斷方法是傾聽他們談話，次為觀察他們的肢體語言。如果對方的言辭有條有理，眼神直視你，手臂抱在胸前，他們就是直接型溝通者。你或許會感覺他們太過直接，但如果你自己也是非常直接的人，他們可能可以成為與你聲氣相投的靈魂伙伴：或者，因為你們兩人都過於直接，一個不小心走岔了路，你們可能就會成為牢房室友。

CSI檢查表

以事為導向型 vs. 以人為導向型 你是哪一種溝通類型？	
以事導向型	**以人導向型**
❒ 正式而得體	❒ 放鬆而溫暖
❒ 偏好事實和統計數據	❒ 喜歡意見和細節
❒ 著眼於計畫	❒ 著眼於績效
❒ 感受不外露	❒ 隨時分享喜怒哀樂
❒ 專注於時間和期限	❒ 重視工作彈性和權宜變通
❒ 喜愛邏輯和線性思考	❒ 納入感覺和直覺
❒ 按計畫和目標生活	❒ 隨興所至，自由發揮

以事導向的描述項目數量：__________

以人導向的描述項目數量：__________

強度同等的描述項目數量：__________

本書走筆至此，你應該對我有些了解，現在，藉由以下這項測驗，測試你的溝通類型辨識技巧。答案就在下一段。我是(1)善於表達？(2)冒險者？(3)聽多於說？(4)表達意見，無所顧忌？(5)有耐心？(6)內斂？

以下是解答，依問題順序排列：是；是；否；是；否；是。如果你答對至少一半，代表你已經具備足夠的識人能力。

以上特質的組合顯示我是（一如我之前提及的）直接型溝通者。

現在，請你評量我在以下特質的表現強度。我是(1)邏輯和線性？(2)直覺和感性？(3)專注於人勝於專案？⑷統計數據迷？⑸重視期限並準時遵守？

以下是答案：不見得；是；絕對是；否；根據我妻子的說法——不是，所以這題的答案為「絕對不是」（這還用說嗎？毫無疑問！）

由以上所示，我是以人導向型的人。因此，我是直接、以人導向型的人。以上類型只能顯示我的性格（我是「誰」），但不能代表我全部的行為舉止。我已經學會調整我的溝通風格，以適應與我相處的人，並對此完全感到自在。畢竟：重要的是對方。

因此，接下來的關鍵問題自然是：你是誰？花點時間，做第一六四與一七一頁的檢查表，然後加總項目，找出灰色地帶，你會更了解自己。

我自己的ＤＩＳＣ人格列表版本（把行為分為支配型、影響型、穩定型和謹慎型），類似馬斯頓以及其他ＤＩＳＣ分類的版本。

我的ＤＩＳＣ系統圖示見左頁上方（此表是與ＣＳＩ交疊比對後所得），我認為它是打造卓越溝通能力最重要的工具，這兩套分類系統非常一致，也互相影響。兩套系統整合後，我稱之為「溝通風格指南」（Communication Style Guide; CSG）。

你可以在和不同類型的人會面之前，看一眼這些圖表，很快地，它就會被你內化，成為你的第二天性。

溝通風格指南

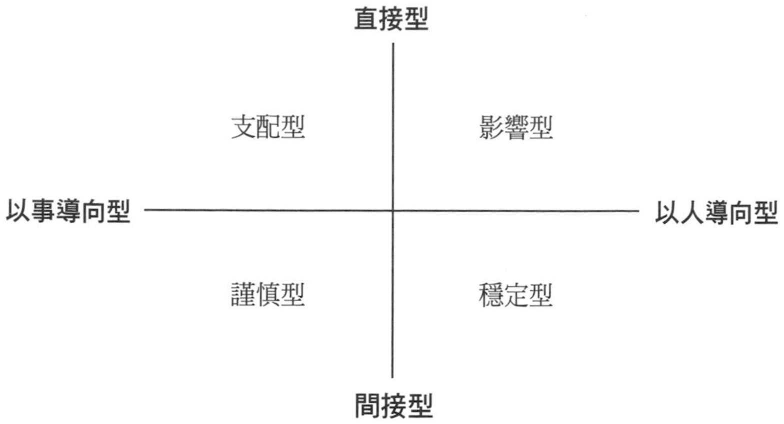

四種溝通風格的應用法則

現在，你知道你所屬的CSI類型，以及你所屬的DISC類型，你可能也已辨認出周遭人所屬的類型。

以下有四張表格，將這四個類型以兩種方式加以解析：一、如何激勵四個類型的人，尤其如果對方是你的部屬，這個部分特別重要；以及，二、如何與四個類型的人應對（用於對上司的溝通）。

當然，對於地位相等的團隊同儕，這些知識也都一樣重要。同樣一套系統，也適用於家人和朋友，在與陌生人相處時，尤其有幫助。

激勵方式的列表指出，不同類型的人想要什麼，以及他們還需要什麼才能成功。應對方式的條列顯示，你在日常生活中，要根據自己的類型，與各類型的人有效共事與往來。

本書的解析方式編排，是為了方便你挑出適用於你自己以及最常相處的人的部分。其他部分不是必讀，但是想要了解人類行為的讀者，讀了一定收穫豐富。

一、如何激勵主要風格為支配型（D）的人

D型人想要什麼	D型人還缺什麼才能成功
*權力和權威	*對組織的認同感
*聲望和地位	*對他人的個人化承諾
*物質獎酬	*重視內在價值
*挑戰	*能夠慢慢來並放鬆
*成就和成果	*艱難的任務
*對所有事都要知道「為什麼」	*清楚理解期望
*運作的寬廣範疇	*透過邏輯理解人
*直接的答案	*同理心
*不受控制約束	*根據先前經驗建立的方法論
*運作的效率	*知覺到懲處的存在
*多樣化的新活動	*偶爾的訓誡

〔支配型人如何與別人應對〕

與支配型人的應對方式

- 做你自己。
- 直接坦白。
- 讓同樣屬於支配型的對方擔綱困難任務，挑戰他們的邏輯和分析能力。
- 授權，允許支配型的人說出自己的想法。
- 盡可能提供選擇。
- 讓支配型的人掌控某些專案。
- 幫助支配型的人認知到自己的唐突對他人造成的影響。

與影響型人的應對方式

- 放輕鬆，慢慢來。
- 友善、民主，願意開放討論事情。
- 對於其成就，務必給予肯定。
- 讓對方與各種人互動，賦予適度的獨立。
- 展現對他個人層面的興趣。
- 幫助對方規劃事情的輕重緩急順序、管理時間，遵守期限。

與穩定型人的應對方式

- 在全公司面前給予充分的表揚。
- 對他們表達關切：除了他們個人之外，還有他們的工作。
- 從個人層面給予真誠的感謝。
- 對於變動，給予許多警示。
- 控制你的衝動，不要莽撞。
- 讓他們以既定且自制的步調工作。

與謹慎型人的應對方式

- 以長期目標，而不是短期目標，評量謹慎型人。
- 明確傳達期望。
- 指派需要精準度、組織力和規畫力的專案。
- 不要過度施壓。
- 面對有壓力的處境，親自參與關鍵策略的討論。
- 藉由刪減過多的檢核與再檢核程序，幫助他們保持專案順利進行。

二、如何激勵主要風格為影響型（I）的人

I型人想要什麼	I型人還缺什麼才能成功
＊人氣度和社會肯定	＊對自己時間的掌控權
＊容許擁有能過奢華生活的金錢獎賞	＊強調客觀性
＊對能力的公開嘉獎	＊以正事為重
＊坦誠直言的自由	＊不要過度講求意識型態
＊獎酬豐厚的工作條件	＊公平而民主的主管
＊工作以外的團體活動	＊結識具有影響力的人士
＊人口統計關係	＊控制自己的情緒
＊不受控制，不拘細節	＊有效掌控進度，加強迫切感
＊明白表示的肯定	＊經仔細分析的資料
＊與公司的認同感	＊密切的監督
＊同僚情誼與對話	＊注重精確的表達

〔影響型人如何與別人應對〕

與影響型人的應對方式

- 容許對方有充分的出鋒頭時間。
- 比平常更講究細節、事實、風險和機率。
- 給予也是影響型的對方有機會表達自己。
- 讓他們的工作保持變化和有趣。

與支配型人的應對方式

- 尊重對方的時間。
- 不要過度概化或誇大。
- 以事實和邏輯支持你的主張。
- 強調成果和細節。
- 指派具困難度的工作，以挑戰支配型人天生的邏輯和分析技巧。

與穩定型人的應對方式

- 注意期限。
- 讓他們以既有而規律的步調工作。

- 不要指派時間緊迫的緊急工作。
- 建構人人都能成為贏家的競爭。
- 提供能創造績效、安全感和一致性的穩定環境。
- 鼓勵對方參與決策流程，即使對方態度頑強。
- 鼓勵對方對各種事務提出反饋意見，即使並不需要。
- 以系統化、低調的態度處理事情。

與謹慎型人的應對方式

- 表現支持，給予回應。
- 盡可能減輕加諸於他們身上的壓力。
- 幫助謹慎型的人看到大局。
- 你對他們的期望，要建立務實的衡量指標。
- 謹慎回答他們的所有問題，即使問題淺顯。
- 給他們的指示要詳細，並追蹤進度。

三、如何激勵主要風格為穩定型（S）的人

S型人想要什麼	S型人還缺什麼才能成功
＊維持現狀 ＊處境的安全 ＊正面的評價和意見 ＊美好的家庭生活 ＊有前例可循的流程 ＊真誠 ＊運作領域有安全的界限 ＊對於變動，延長適應時間 ＊經常溢詞讚美 ＊對於組織有強烈的認同感 ＊隨年資增長，認可也隨之提高 ＊特殊、獨特的成果	＊為即將來臨的變動做準備 ＊能帶來身心享受的報酬，如較好的房子或車子 ＊慷慨施予小惠 ＊協助結識新群體 ＊對於他的職涯有同理心的配偶 ＊協助找出捷徑和速解 ＊別人的深度理解，去除表面虛浮 ＊井然有序、周嚴縝密的報告 ＊安心感 ＊感覺他們的成就是有意義的 ＊能充分反映自身層次的高品質成果 ＊讓同事發揮能力

〔穩定型人如何與別人應對〕

與穩定型人的應對方式

- 鼓勵並支持他們籌畫的努力。
- 以不帶威脅的方式指出問題。
- 鼓勵他們獨立做決策。
- 訴諸他們的忠誠感和團隊精神。
- 解釋各種需求和需要的原因。

與支配型人的應對方式

- 以簡要、直接的方式溝通。
- 有自信。
- 表現專業而專注於正事。
- 提供選項，供他們評量和決策。
- 不要把他們的批評當成私人恩怨，因為很可能並非如此。
- 提出能挑戰他們的選項和專案。
- 協助他們實行可能不熟練的被授權任務。
- 盡可能不要討論私事。

與影響型人的應對方式

- 幫助對方分辨輕重緩急，並組織籌畫。
- 幫助對方遵守期限。
- 對於其成就給予肯定。
- 給他們自由，但要設定清楚的界限。
- 給予他們能激勵工作團隊的任務。
- 允許自由討論，對他們的想法保持開放，即使他們沒有積極說服。

與謹慎型人的應對方式

- 以有效率、有邏輯的態度說明流程。
- 除非你非常了解對方，否則不要把個人評論和專業評論混淆。
- 讚美保持簡明。
- 給予對方為變動做準備的時間。
- 建立合理的期限，除非絕對必要，不要催促他們。
- 即使他們失敗了，也要給予尊重。

四、如何激勵主要風格為謹慎型（C）的人

C型人想要什麼
＊嚴守標準運作流程 ＊有限度的究責或風險 ＊安全與保護 ＊正面評價 ＊沒有突然的變動 ＊成為團體的一份子 ＊個人關注 ＊責任歸屬確實而分明 ＊幫助他們面對變動和挑戰的人

C型人還缺什麼才能成功
＊講究精準度的工作 ＊清楚的計畫、衡量標準與期限 ＊協助他們更有自信 ＊幫助他們拓展觀點 ＊幫助他們在意見歧異時準備反駁論述 ＊在艱困時期得到情感和專業上的支持 ＊針對新任務充分解釋 ＊明確的工作描述 ＊幫助他們避免過於重視細節

〔謹慎型人如何與別人應對〕

與謹慎型人的應對方式

- 讚美他們，但措詞保持簡單明瞭。
- 當你想要改變對方的行為，明確解釋你想要改變什麼，並描述你的做法。
- 隨時知會對方關於即將來臨的變動。

- 在情況艱困時，提供支持和指導。
- 強調期限和衡量標準。
- 幫助他們避免對完美主義的執著。
- 鼓勵他們對自己不要太嚴苛。

與支配型人的應對方式

- 鼓勵他們擔當某些專案，但要慎選專案。
- 確保他們理解時間限制和期限。
- 只要可能，就給予對方選擇。
- 如果對方和你起衝突並批評你，不要放在心裡。
- 多讚美他的專業成就，勝於個人特質。
- 清楚說出你的期望。
- 聽取其建議，即使只是出於禮貌。

與影響型人的應對方式

- 只提供必要的細節。
- 體認到這類型人偏好實務勝於理論。

- 幫助他們分辨輕重緩急，安排優先順序。
- 感染他們的熱誠和樂觀。
- 偶爾給予個人的讚美。
- 由於這類型人通常是右腦發達，且屬視覺型，可以利用視覺輔助他們學習。
- 強化並獎勵其正向行為。
- 向對方提出落實想法的建議。

與穩定型人的應對方式

- 給予穩定型人適當的時間和訓練，適應新情況和方法。
- 保持耐心。
- 讓對方看到自身的行動如何嘉惠於他人。
- 讚賞其團隊工作的成果和可靠性，讓對方知道其他人也很欣賞他們。
- 如果你必須提出糾正，不要責怪或批判，不要把評論個人化。
- 明確告知對方，為什麼需要遵守某些要求和期限。
- 允許他們以一致和自制的步調工作。

以上的溝通準則通常有效，但生活中一個誰都逃不掉的真理，就是世事無常，能隨著事情的變動而做出變通也很重要。因此，以下是另一個簡短的要點彙總，提出如何在不同情況下與對方相處的訣竅。

有效溝通，把想法與做法調整到對的頻率上

不管你自己的溝通風格如何，以下是在不同的狀況、不同的會面階段時，以對方的溝通風格與之溝通的最佳方式。

〔在前置的規畫階段〕

如何與支配型人共事

- 著眼於目標和挑戰，對支配型人強調對於手邊的工作或專案能有的主導和掌控程度。
- 展現尊重，但不要自貶身價或降低自尊。如果支配型人認為你不尊重自己，你會更難贏得他對你和你的計畫的尊重。
- 保持簡明扼要。不要離題。把玩笑話留給別人去說。

如何與影響型人共事

- 著眼於影響型人樂意高度投入於你籌畫的工作或任務，肯定他們的管理和運作風格，也表達你需要他們。

- 讓他們感到自己是在一個有效率、友善的環境裡，並受到大家歡迎。
- 藉此磨練你最佳的人際技巧，但記住你仍然是在與直接型的人打交道。

如何與穩定型人共事

- 以合乎邏輯的進程規畫專案或工作，可適時加入一點故事或見聞。
- 強調在提升績效的同時維持穩定的重要，並對穩定型人在這方面的長處表達欣賞。
- 明確告知你需要他們做什麼，以及這些事為什麼對你如此重要。

如何與謹慎型人共事

- 強調你自身的專業，也強調你需要有人以同等高的專業度貢獻於工作。如此能讓謹慎型人確保不需要參與他們不喜歡的辦公室政治，因而進入一個他們能放心的安全狀態。
- 以合乎邏輯、精確和具體的方式向他們解釋所有事情。

〔開場白的技巧〕

如何與支配型人共事

- 節制社交辭令，不要表現得像是想交一個新朋友，或是為了得到特殊待遇而表現友善。
- 直接切入重點，側重理由和責任，並強調最後的結果：目標和成效。

- 不要畏懼支配型人外張、控制的言行舉止，不要試圖壓制對方，或互別苗頭。
- 永遠讓支配型人當支配者。

如何與影響型人共事

- 隨性而友善，但不要離題。
- 提供一些與目前工作相關的個人資訊，試著了解他們的感覺和抱負。
- 找出他們在過去的經驗裡如何達致成效，並把那些經驗與現在的工作相連結。
- 如果要組成團隊，告知團隊成員具體的事項。

如何與穩定型人共事

- 保持非正式、低度壓力，但務必言歸正傳，只談正事。
- 對穩定型人要有耐心，不要期待他們對新構想或程序立刻感到安之若素。
- 即使你是老闆，也不要端出老闆的樣子。讓穩定型人知道，你明白工作是很好的平衡器：它能擢升謙卑者，也能挫挫得意者的鋒頭。

如何與謹慎型人共事

- 快速但有技巧地切入正題。不要踰越他們的專業領域，甚至也不要入侵他們的空間。

- 讓他們當專家，並展現你極度尊重專業。
- 你可以暢談細節和流程，不必有所顧忌，因為那是他們最擅長的事。
- 和他們交朋友。朋友永遠不嫌多，而謹慎型的人可以當一輩子的朋友。

〔在專案進行的階段〕

如何與支配型人共事

- 每一步都要保持成果導向，你對他們行動的期望和認可要有清楚的理由，不管支配型人在組織階層裡是你的上司、下屬或同儕都一樣。
- 特別關注那些與期望成果相關的問題，尤其是程序面、關乎「事物」（what）的問題。
- 試著預測可能會有哪些問題，並給予直接、簡扼的回答。
- 永遠要有理有據。絕對不要渲染。

如何與影響型人共事

- 隨著計畫的展開，對進展表現熱切關注，不要擔心他們會因此自滿。
- 開放式提問，讓影響型人有機會表達激勵因素和終極目標，並給予肯定。
- 要有心理準備，你可能要回答很多與人員相關、關乎「誰」（who）的問題。
- 對他們的團隊展現關切。

如何與穩定型人共事

- 永遠盡可能保持真誠，因為穩定型人對於虛假的讚美或激將法的批評有直接而敏銳的察覺力。
- 問題的重點放在工作和關係的不斷變化，對此表達你的了解和關心。
- 對於技術面、邏輯性、關於「如何」（how）的問題，要有好答案。

如何與謹慎型人共事

- 只談正事，但不要冷若冰霜。問的問題要讓謹慎型人能夠表達他的專業、計畫和顧慮。
- 他們一定會針對計畫、流程和團隊激勵，問非常具體的「為什麼」（why）。
- 如果他們看似挫折氣餒，要為他們打氣的話，展現同理心會優於精神喊話。

〔提出議案與構想〕

如何與支配型人共事

- 強調效率，以及他們會從提案或構想得到的具體個人獎賞。
- 避免任何看似會挑戰他們既有領域或觀點的事物。要強勢，但不要對立。
- 如果支配型的人有反對意見，你不必接受，但也不要蠻橫地駁回，因為一個自滿的支配型人可能會對爭辯性格框架的人非常沒有耐性。

- 要與支配型人成功達致共識需要圓融，但這值得努力，因為支配型人通常是有權力與影響力的人，他們的績效和保護傘，能讓你的日子好過很多。

如何與影響型人共事

- 強調新構想不只能節省他們的時間和煩心，還能讓他們更開心愉快。
- 向他們保證，他們會得到的獎賞，等同於那些比他們積極尋求獎賞的人，以及那些接手計畫的貢獻者。
- 他們的心情容易影響士氣。

如何與穩定型人共事

- 讓他們確知，即使實施新構想，連續性和主流文化仍然會繼續存在，並明白告知，他們還是能享有沿襲過去和諧與可預測性的環境。
- 不要突然把變動丟給他們，在你投出變化球之前，可以先把他們拉到一旁，協助他們感知到自己也是變動過程的驅策力。
- 當他們對計畫的步調和務實性提出看法時，先假定他們是正確的。

如何與謹慎型人共事

- 向他們傳達構想時，強調它隱含的邏輯和縝密的考量，讓謹慎型人感覺他們的合作是構想成敗的重要因素。
- 給他們比其他三種類型的人更多時間，去接納新概念或方法，並調整以適應新要求。
- 細節的解釋愈多愈好，同時仍然讓變動聽起來合理。

〔當負面事件發生時〕

如何與支配型人共事

- 如果對方反應過度，不必震驚，因為他們已經習慣了動燭機先，並主動掌控一切，而不是等情況失控時才來因應。
- 對他們來說，成功和成就是他們自我價值不可缺的必要元素，因此挫折對他們會是嚴重的打擊。
- 務必忍住衝動，對於他們的過度反應，不要正面衝突，也不要隨之起舞。他們可能會態度魯莽，甚至責怪專案和其他參與者，對此也要加以包容。
- 不要落入過度防衛的陷阱，但要有所準備，以提出客觀、合乎邏輯、扭轉態勢的策略。
- 態度冷靜，但清楚表達你和他們一樣關切。

如何與影響型人共事

- 他們對於未來通常抱持樂觀的態度，因此出現問題時，他們自然會感到沮喪失落，務必注意這點。
- 如果他們轉而採取支配型人的方法去處理問題，也不必訝異。因為影響型人屬於直接型人，他們在計畫順利時會表現得最好，因此如果他們突然顯現支配型人的某些負面特質，不要覺得被冒犯。
- 保持同理心，並試著站在他們整體的全面觀點，以多元面向來看問題，包括：財務、社會、層級、個人等等。
- 準備一些曾經面對類似問題並成功克服的人的小故事。

如何與穩定型人共事

- 不要誤把低調的反應當成漠不關心，他們的內心可能比表現在外的的言行更難過，但他們相信，只要保持冷靜，繼續努力，事情就會有轉機。即使他們沒有表現出來，你也要理解他們的痛苦，並感謝他們展現有助於化解痛苦的態度。
- 展現不斷的支持。如果有必要，探問他們真正需要的是什麼。
- 在危機中，穩定型人可能會是珍貴無比的盟友。這類型的人向來經常在危難時期脫穎而出，成為掌權者：例如艾森豪和歐巴馬總統；這兩位穩定型人雖然政治立場不同，但都在極為重要的時期穩定了國家。

如何與謹慎型人共事

- 主要著重於安撫。讓謹慎型人知道，危機已在不畏衝突或不怕解決問題的人掌握之中，也已經有人去彌補問題的缺失之處。告訴他們，只要他們像以往一樣繼續工作，就是最好的貢獻。
- 如果他們是高功能的謹慎型人，安撫會讓他們更努力工作，最終為解決問題的某些層面創造重大價值。
- 當問題已經解決時，要讓他們第一個知道。

〔在提供選項時〕

如何與支配型人共事

- 在合理範圍內，盡可能提供最多選項，每個選項都有紮實的研究和邏輯做後盾。
- 把決策具體導向他們，彷彿他們的意見是目前最重要的。
- 留意不要強迫推銷特定選項，這樣可能會引發他們出於本能的反對。
- 由於支配型人的性格強烈，要求他立刻做決斷可能是有效的做法。
- 優秀出眾的支配型人，他們的第一直覺通常是最好的選擇。

如何與影響型人共事

- 表現樂觀的態度，提出至少兩個優越、且都不需再詳加斟酌的選項。
- 對於實施或行動的具體構想暢所欲言，不必有所顧忌，因為這可能是影響型人的技能中較為脆弱的一環。
- 由於影響型人的作風不像支配型人那麼絕對而偏好控制，因此會議結束時不一定要有定論，也不一定要根據定論凝聚眾人共識。

如何與穩定型人共事

- 以客觀、包容的態度提出選項，給穩定型人充裕的空間，以系統化的方法爬梳每個選項的影響。
- 在會議中提供愈多資訊愈好，但不要覺得必須透露不必要的資訊，因為穩定型人可能會無法招架。
- 除非是必須解決的事項，否則可以保留一些細節。不需要求他們馬上做出決定，但要對方保證會全力支持是很重要的。
- 如果任由穩定型人自行其是，他們可能會過慮因而遲遲無法採取行動。

如何與謹慎型人共事

- 要極度講理，並兼具理性與諒解。
- 保持耐心雖然會有回報，但沒有必要這麼做。
- 會議不要拖長，因為如果有某些細節變得太過爭議，執著於細節的謹慎型人，可能會因此動搖決心。
- 在散會前，非常慎重而尊敬地要求對方確立決定，否則你可能要費盡千辛萬苦才能得到一個決定。

〔結案並提交成果時〕

如何與支配型人共事

- 抱持在創造產品或服務時所具有的活力，專注於成果呈現。讓結案的訊息簡短而動聽。
- 遵守你的期限和預算。
- 在結案前，犧牲你自己的時間和金錢修正小瑕疵（一定會找到瑕疵）。即使沒有瑕疵，支配型人可能也會雞蛋裡挑骨頭，因此要準備好B計畫。
- 表現得好像你預期所有事情都會很好，但不要誇耀。
- 把功勞歸給支配型人，讓對方知道你會宣揚他們的成就。

如何與影響型人共事

- 以流暢、巧妙的方式展現成果，但要保持低調，把重點放在最後的成果。
- 表揚讚美他人，從讚美此類型人開始。
- 回應對方提出調整的建議，且不要因此生氣，你要理解，影響型人雖然是以人導向型的人，但仍然是直接型溝通者。
- 慷慨允諾後續的協助，部分是為了你自己好，藉此與他們多些接觸，能建立你與之的關係。
- 此類型的人關係通常堅定踏實，禁得起波折，不怕困難障礙與失敗計畫的考驗。

如何與穩定型人共事

- 突顯你所呈現的產品或服務的可靠度，清楚表明你只是要讓穩定型人的生活更輕鬆愉快。
- 對他們的耐心表達感謝，因為穩定型人以自身深厚的耐心感到自豪。
- 強調你會對他們持續保持關注，自然流露你的穩定能力。

如何與謹慎型人共事

- 不要期待他們會高調地表達謝意，感激萬分地收下成果。光是知道你的工作成果能討謹慎型人的歡心，就應該覺得感恩：因為他們的性格是以不易討好、也不會去討好人而聞名。
- 你對此類型人表達感謝時要直指對方特有風格的價值。讚美永遠不嫌多。

- 無論是個人或專業層面，給予他們真摯的承諾，保證你會密切保持聯繫，因為你的工作結束之時，可能是謹慎型人工作的開始。
- 透過定期檢討，與他們互通消息，並繼續提供支援：口頭或書面都可。嚴格來說，口頭的約定就有約束力，但悲哀的是，現在一般人都直覺認為，口頭約定的分量就像話語的重量——是零。

第7章
第三步：安排成功的會晤

建立信任的第三個步驟是應用一套可靠的系統方法，準備如何與人們會面。

當你和重要人士會晤碰面時，必然會想要創造或維持真正的信任關係，能夠無拘無束地跨越性格框架、生物化學作用和相衝突的計畫等常見的障礙。

你為會晤做的準備，具有極其關鍵的重要性，不容你放任隨機緣、魅力、話題或擅自而為。要成為企業、組織或家庭的成功領導者，你就必須思慮周延，為每一場意義重大的會面做好準備，一如軍隊領導者必須為戰鬥做準備。

成為敵人也會信任你的人

在FBI，我們稱此階段為「安排成功的會晤」，這是個藝術項目，意指許多簡單而平常的行動，包括為會面做準備，雖然通常被視為理所當然，卻可以透過系統整合和個人化的幫助，形成一門真正的藝術。

等你精通為會晤做準備的藝術後，你身邊的人也會透過模仿、潛移默化或訓練等方式，幫助你進一步擴張信任圈。

在我成為行為分析專案主任不久後，就發展出籌畫會晤的系統方法，它很快成為我所學過、以及後來所教導過最寶貴的一課。

我有部分工作是幫助探員與國外間諜準備會晤的進行，這些間諜多半不只多疑、防衛心重，而且在識破詭計方面具備無可匹敵的專業。要克服這些障礙，得藉助這套具備高層及能力的系統。

我的探員也以同樣的系統召募自己的美國間諜，這項工作甚至比吸收外國線民還棘手。探員必需要求這些公民，為某個抽象的理想（美國的安全）奉獻自己，不但未收取分文報酬，還要承擔可能的風險，以及絕對保密與完全隱姓埋名的沉重負擔。

在這兩種吸收間諜人員的情境下，唯一強大到足以零瑕疵運作的準備系統，它的核心正是你已知的建立關係鐵則：信任守則。而這也不會是信任守則最後一次觸發另一套系統。在下一章，你會學到一套確立信任關係的系統方法，信任守則將會搖身一變，成為溝通守則。

信任守則其實無所不在。在你追求崇高且終生擁有的領導力時，信任守則同樣能化為助力，在建立關係的下列三階段指引你：

一、確實理解自己、他人和一般人的行為。
二、規畫你的階段性目標以及終極目標，找出需要你幫助的人，以及想要幫助你的人。
三、適當執行激發信任的系統，目標是建立信任的四大步驟。

雖然我的準備系統是獨一無二的，但它所根據的基礎乃是一套典型的軍隊程序，用於統籌戰鬥和支援任務的規畫，以縮寫「SMEAC」表示。以下就解析這套系統，你會明白我如何把它從「衝突領域」，轉化應用於「人際關係領域」。

SMEAC軍事規劃系統，漂亮搞定會面

S＝Situation（情境）

在軍隊裡，準備工作的起點是檢視大局及主要參與者。你必須了解你的目標對象、了解你自己，以及了解你們會面的場所。

這個準備階段相當於我激發信任的第二個步驟：尊重對方的性格框架。

M＝Mission（任務）

第二個階段是建立你的主要目標，通常是有助於達成最終目標的階段性目標。這個軍事階段相當於我激發信任的第一步驟：整合彼此的目標。

在我的信任系統裡，把「設定目標」放在「情境」（或「性格框架」）之前，因為我相信，如果是明智的選擇，「目標」甚至會高於「追求目標的人」，崇高的目標，能鼓舞所有參與其中的人。

把目標放在比自己優先地位的人，符合第一條信任守則，也就是：放下自我。它也符合本書的主題：領導就是一切都要為別人著想。

E = Execution（執行）

第三階段是根據前兩個階段，建立行動的初始計畫：了解參與者各方的性格框架，並找出他們的使命，然後準備結盟。這個階段相當於我激發信任的第三步，也就是我們現在所學習的：安排成功的會晤。

在戰鬥任務裡，交戰勢力一開始的關注焦點是第一發砲彈的發射計畫。在建立關係的行動裡，首要關注的焦點則是開場白的設計。

A = Administration and Logistics（管理和後勤）

在開場白之後，會晤就算展開，你也要盡可能為隨時產生的變數做好準備。

但遺憾的是，很少事情會按預想的計畫上演。不管你的對象是誰，對方多半會先預測你最可能採取的行動。如果他們對你有所警戒，或是不信任你，他們可能早就針對你的行動擬定了反制計畫。

在海軍陸戰隊，我們把這個後續階段簡化成三個基本面向：「豆子」、「子彈」和「繃帶」（也就是食物、武器和急救品）。在交戰激烈之時，即使是像這麼簡單的準備工作，都可能會失敗。因此，計畫要有創意，也要靈巧而迅速。永遠都得保持彈性！

C = Coordination（協調）

在某些時點，你可能需要他人協助。雖然一人獨當一面會成為傳奇，但不管任何時候，我都寧可兩人合作，如果三人一起那更好，團隊共事是上上之選。

在啟動和發展團隊合作方面，ＦＢＩ已經成為全球之首，尤其是在現任局長的領導下。ＦＢＩ的運作還立基於另一個客觀事實，那就是：沒有任何人是局外人。

ＳＭＥＡＣ是我在數十年前學習的原則，它現在仍然在所有軍隊單位裡、甚至在軍隊以外的地方實行。上週在我的民防巡邏機（Civil Air Patrol; CAP）中隊會議裡，有位見習校官就在黑板上寫下這個縮寫，做為ＣＡＰ任務的基礎。

ＳＭＥＡＣ極度有效，許多人的生命都仰賴它的功效。然而，對於非軍事的心智交會來說，我這套相當類似的「安排成功的會晤」系統，甚至更有效。而這套技巧可以簡化為下面兩個重點：

- **準備開場白**。

稍後我會提出一套包含七個要點的系統方法，讓你知道該怎麼做。

- **為開場白可能獲得的回應預做規畫**。

我在這裡採用的系統，是以經典的５Ｗ提問模式為核心所構成，即Who、What、When、Where和Why。

善用信任這把玻璃槌

第一個項目，也就是準備開場白的技巧，能有效幫助你把陌生拜訪變成溫馨拜訪。

然而你必須知道，每一次拜訪，不論是打電話或親自登門造訪，其實都是陌生拜訪。因為人會變，情況也會變。每一次短暫的交會，信任都宛如新生。

信任恐怕是所有人類互動裡最強大的力量，甚至勝過愛，但它也如此脆弱，只要摻雜絲毫懷疑，甚至只是存在於形而上的認知層面，耗費多年心血培養的信任，就會分崩離析。你可以把信任想成是一把玻璃槌：運用得當，會是有力的工具；但若使用錯誤，就落得毫無價值。由於信任如此纖細脆弱，所以你要精心琢磨開場白，讓它有如能打動人心的詩篇。

在會面裡，你可能是唯一言行恪遵謙卑、尊重和自制的人，但那沒有關係：因為你會因此成為領導者。

創造伙伴關係最有效的方法是秉持堅信守則，讓程序順其自然發展。有正確的根基，你的夢想即使不見得會成真，但也永遠不會崩塌，你絕對不會因為一時受到引誘，而做出稍後會後悔、或是令別人永難忘懷的事。

在這個討論如何影響會面走勢的章節，我給你的建議是「放手」，這聽起來可能相當矛盾。但一如我經常提到的，所有的人際關係都蘊藏禪機，你不得不放手。每一段關係都會牽涉到另一方，沒有人喜歡被壓迫或矇蔽。脅迫只會走入自我侷限：壓迫＝以壓迫反制；矇蔽＝閃避。即使投入許多心力，你們的交流通常會歸零。

放手之後，通常必須保持耐心。耐心具備高貴的特質，包括創造安全的避風港，在他人出於恐懼的直覺告訴他們應該閃避時，牽引他們靠近。

壓力會矇蔽大腦，有如掀起神經層面的戰爭煙硝，而這是神經路徑（即導向思考與相互連結的大腦細胞）因過度活動（除了A計畫之外，還有B、C、D……）發生阻塞所引起。它造成像說繞口令時的大腦當機。繞口令引起大腦當機，問題不在舌頭，純粹是大腦正確發出發音類似字詞的能力不足，因此占用了類似或相鄰的神經路徑。

在軍事戰鬥中，這種認知現象非常危險，因此軍隊的教育和訓練，最重要的一課就是：不要慌張。不管是軍旅生涯或平民生活，這種可靠系統形成的保護結構，自然清除阻塞在神經路徑的想法。在解除強迫執行的壓力時，你的前額葉會開心歡呼，理性成為主宰，IQ和EQ都立刻急遽增長。

一開口就吸引人！準備開場白的七要點

要點一：設定時間限制。

時間是如此珍貴，連生命多半都以時間做為度量單位。在會晤一開始就藉由保證你不會浪費他們的時間，表達你對別人時間（也就是生命）的尊重。

你可以用類似以下的話做為開場白：

- 「我知道你很忙，所以……」
- 「我很感謝你撥出時間，所以我會簡短扼要。」
- 「我不會花你太多時間……」

這些話可能也意味著你很忙，撥時間給對方是肯定對方的價值。

即使雙方都不忙，設定時限仍是明智和禮貌之舉。時間限制能推進會面速度，同時化解不知何時結束的壓力。「可預測性」是抗壓的有力工具，那就是為什麼現在有很多高速公路都會有數位標誌顯示交通阻塞會延遲你多少時間。它能防止你壓力過大，也防止你做出蠢事。

如果你看到對方變得焦躁，想要結束會面，你可以主動傳達趕時間的訊息，不只是口頭上，還可以利用肢體語言，如看錶，或拿起你的公事包或外套。

若你在造訪他人前並未事先告知，設定時間限制將更極有價值，尤其在對方是陌生人的情況下。我把這項技巧傳授給很多需要拜訪素昧平生的陌生人的ＦＢＩ探員，這項技巧一向都能讓場面更放鬆、降低防衛。

如果對方認為你會霸占他們的時間，他們就會閃避；但如果你給他們愈多自由，他們就會留得愈久。

要點二：請求對方幫忙。

我們在生物本能上都樂於助人，甚至對陌生人也是如此。這是源自人類最早期的天性。演化心理學發現，這個元素現在已經崁入我們的神經元。這股原始的衝動是人類ＥＱ和ＩＱ的要素，它使人類有別於大部分的動物，並與我們打從心底認同「值得信任」這項特質密切相關。

有些人對求助裹足不前，因為他們認為這樣會欠下人情，或是被視為無用之人或惹人厭。然而，奇怪的是，如果你向別人提出合理的要求，例如請對方提供資訊或片刻空檔，自然能激起他們的熱心，願意隨時向你伸出援手。

一如我之前曾提及的，演化心理學家把這個現象稱為「富蘭克林效應」，得名自美國國父富蘭克林的著名事蹟：藉由請求敵人幫忙，終結一場宿怨。富蘭克林體認到，「我們對於自己曾經幫忙的人，會更樂於相助，甚至還勝於幫助那些曾幫過自己的人。」

最近的研究顯示，富蘭克林是對的。研究人員表示，即使是你不喜歡、或素昧平生的人，一旦你幫助了他們，要是你對他們感到厭惡或冷漠，你就會覺得這不合情理，因此大腦會不斷出現干擾，也就是所謂的「認知失調」。在這種情況下，大部分人會寧可接納對方為朋友，而不願去面對這種心理衝突造成的混淆狀態。

然而重要的是，你的請求要是對方能輕易做到的。富蘭克林的要求，不過是借一本書。讓對方幫你只是舉手之勞。你可以問他們知不知道今天的天氣，或附近有沒有咖啡廳，或是他們能否等你一下，好讓你完成某件事情。如果他們願意配合你的要求，在你向他們道謝時，就等於開啟了建立關係之門。

要點三：主動給予。

與富蘭克林效應相反的行動（即給予，而非求助），也能產生同樣的效果。

乍聽之下，這話或許矛盾，但也很容易理解：人們喜歡收到禮物，也同樣喜歡送別人禮物。你一定有很多類似的經驗。

施和受的衝動，打從人類的原始狩獵採集時期就開始相互交織，當有人願意分享成就時，會在你的大腦會產生安全感和歸屬感，那是源自多巴胺和其他與滿足感相關的神經化學物質。幾千年過去了，我們在生物層面和心理層面都已被制約（即使是潛意識裡），認為人與人之間應該要禮尚往來。

當施與受的雙方，大腦都沉浸在滿足感裡時，關係的建立會變得自然，信任也指日可待。在我的研習會裡，我把這種建立信任的方法稱為「投桃報李」。

你給予的禮物可以是物質的，也可以輕盈如一句讚美。物質的禮物，即使商業價值微薄，也能蘊藏深厚的意義。我喜歡送人ＦＢＩ的紀念品，因為雖然它一點都不貴重，卻能讓別人有機會與著名的美國官方機構沾上邊。其他我會贈送以心意為重的禮物，包括手部消毒噴霧和薄荷口含錠。當我提供這些貼心小禮時，即使是素昧平生的陌生人，也能以友善對話做為善意的回應，幾乎屢試不爽。

然而，互惠贈禮的關鍵在於，不要尋求、也不要預期對方會予以回報，否則這樣做就不是真正的給予。如果你心無掛礙，自在給予，除了自身短暫的多巴胺分泌外，當你對獎賞不忮不求，對方還是可能會給予回報，由此開啟甚至能延續一生的真摯交流。

然而，還有一個真理是，確實有給得太多這回事。最明顯的例子是給予的物品過於貴重，有意在操縱、甚或是明目張膽的賄賂之嫌。遵奉信任守則之輩一個較常犯的錯誤，是高度關注他人（以關注做為善意的禮物），以至於自己相對隱晦，或讓對方覺得自己赤裸裸被攤在陽光下。對方如果不明白你的為人和目的，或是認為你是在伺機而動，就會因此覺得不舒服。

因此，有適度相對應的表示，才是明智之舉。當人們透露關於自己的訊息時，你也要有同等的回應。對方會因此感到他們更了解你，了解你的期望為何。不過，即使這時，也要以對方為關注的焦點。

要點四：重點放在對方身上。

大部分人在對話時都無法不用到「我」這個字。但你不同於大部分人：你是領導者（不論是天生或後天），因此你說的第一句話，應該要與他們的目標、他們的期望，以及他們的生活相關。直接切入最重要的主題：他們的想法和意見。對話改為以「你」開場。

關於他們表達自己「應該」有何感覺的陳述，你都予以乎略，你要做的是找出他們真正的感覺。即使人們掩飾內心的信念，只要你不斷探尋，就能看到他們內心的真實，因為人們其實都希望你能發現他們真正的想法。他們之所以隱藏真正的想法，只是不想讓自己看起來過於強勢或不得體。

如果你知道對方屬於以人導向型，你可以問他們過得如何。如果他們是以事導向的人，你可以問他們最近在做什麼。

不要藉由顯露自己的優點和成就，說服他們成為你的盟友。你愈不去試著讓他們佩服你，就愈能讓他們對你留下印象。你與人建立關係的能力，遠比你寫在履歷表上的任何項目，都更能讓他們印象深刻。等到你讓他們有足夠的安全感，願意對你敞開心房，你很快就能確知，你們能為彼此做些什麼。

重點五：充分賦權並給予肯定。

不管是暗中或外顯，許多人都試圖藉由獲得競爭優勢以建立關係。他們專挑別人的錯誤，著眼於你的弱點，他們相信「老大哥」或惡霸式的方法，能脅迫他人與自己站在同一陣線。但這種方法永遠不可能得到持續一輩子的信任關係。因為信任不是寄託於階級的高低，而是互惠的平等。

到了安排會晤的這個階段，你至少已經具備一項肯定和賦權的技巧，那就是：肯定他人時間的重要。因此，大步跨出下一步，發現他們認為重要的事項是什麼，以及你與他們能如何統合資源，在你的能力範圍內，讓你的給予相對開放，讓對方有選擇的餘地。

表面上看，這麼做彷若是自願任人予取予求，但如果你的給予是一般開放選項，別人的要求通常不會超過他們真正所需。沒有人是笨蛋，他們也知道，你不會因為他們開口，就想辦法摘月亮給他們。人也都夠聰明，明白要求太多最容易落得一無所獲。

要盡可能幫助對方，當然要先知道如何回答以下這個問題：「你願意幫我一個忙嗎？」「你需要我幫你什麼忙？」是錯誤的答案。正解是：「沒問題！」

不管你的怎麼回答，對方接下來一定會說：「我需要……」如果對方的要求太多，或是超過你的能力範圍，打退堂鼓或是只做你能做到的，完全是再自然不過的事。

人們都能理解，他們的要求可能是你不願意或做不到的事——這是「幫忙」之所以是一種「優待」（a favor）的原因。可是，不管你為對方做了什麼，他們都會永遠記得，他們要求你幫忙時，你的第一個反應是一口答應。

重點六：做好期望管理。

一如我的絕地大師史拉德教導我的，最好的態度就是對任何人都不抱任何期望，那也向來是我的目標。

然而，參加會晤時，如果對會晤結果完全不抱任何想法，這種態度有時候並不切實際。因此，務必謹慎做好你的期望管理。當你告訴某人，他們可以如何幫你達成目標之時，你的要求不可超過他們的能力範圍，否則，他們就會打退堂鼓。

我們都看過這樣的電影情節：暴躁易怒的導師提出不可能的要求，卻不知怎麼地把主角推向勝利。電影裡用剪接表現整個故事，還配上超勵志的主題曲。但在真實世界中，成功不會來自矯飾或精神喊話，而是來自經過驗證的過程。

你可以假定別人有能力達成某些標準，也可以假定對方和你有某些相同的夢想，這些都合乎常理。但是，擁抱能力和志向，與夢想的實踐，兩者之間差距有十萬八千里，因此不要期待奇蹟。最有效的做法，通常是退一步，放手讓對方決定他們想要給予什麼。因為無論如何，他們一定會做到。

如果你遇到某人的目標完全與你背道而馳，你要為浪費他們的時間道歉，祝福他們，然後離開。只要你堅守信任守則，他們或許還是會視你為異己，但不會把你當敵人。

一個敵人所造成的損害，要十個朋友才能控制。

重點七：有技巧地解釋自己的想法。

只有把心放在對的地方，是不夠的。你的口也要到位。許許多多的善意都是因為詞不達意而折損。你的用詞、語調、語速和非口語語言，都必須與你的意念相稱。若非如此，即使表達得再漂亮，只要是壞念頭，人們早早就可以察覺出不對勁。

在數位時代，這點尤其真實。精湛的簡報技巧不斷翻新，訊息的傳遞已經超越個人發展的演進。在懷疑主義抬頭的年代，真誠是黃金標準。

即使是開場白的琢磨，都必須留意外在的表達方式。以下是基本原則：

- 說話不要急促，否則可能會讓你聽起來像是有所隱瞞的騙術家。
- 忘記你學會的所有操縱技巧。如果你要靠操縱技巧才能推銷你的構想，那麼你需要的是換個新構想。
- 以正向語言呈現你的正向意念，不要藉由推翻別人的構想讓你的想法有立足之地。
- 如果你沒有太多關於對方的資訊，不要設想自己是對方時會想要什麼，然後給他們那些事物。你不是他們。這時候，第一件事是「找出對方想要什麼」。
- 要預期對方會有戒心，並試著以邏輯突破對方的心防。
- 如果對方以嘲諷、侮辱或屈尊回應你的開場白，務必以真誠、讚美和尊重應對。這是證明他們的顧慮是莫須有的唯一方式。

- 逗對方微笑。如果你做不到這點，他們不會想要與你為伍。只要他們跨過孤島的橋，越過鴻溝，就會和你站在同一邊。
- 表現友善，即使遇到最嚴重的情況也一樣。做事從來不可能只是就事論事，而是永遠和「人」有關。

為變數做好萬全準備

為了避免心驚肉跳的意外，你必須針對在合理範圍內會發生的變數，準備好因應資訊。套用軍事用語，這些資訊相當於非軍事版的「豆子、子彈和ＯＫ繃」。

合宜的開場白可以為會晤定調，建立正向的基準點。但是在第一次會面時，對方幾乎不可能和你有完全相同的頻率，因為他們不是你。那正是人際相處的重點。他們有自己的方法、背景和目標，因此變數在所難免。

心智的交流需要細膩的手法，需要行動從容優雅。而其中的細微層次和流暢，往往取決於你投入準備和練習的心力。

在相當太平的非軍事任務領域，你大部分的練習只需模擬可能發生的變數，並知道在對的時機應該說什麼。為變數做準備的核心就在此：累積知識。

但知識並非一堆未經過濾的內容。在最根本的意義上，知識就是真實。例如，在知識面，你不可能說地球是平的（儘管它有時看起來是平的），因為那不是真的。根據定義，知識不是「你的想法」，而是「你確知的事實」。而真實會產生信任，你對知識的追尋必須認真踏實。當你得知別人真正的面貌，以及真正想要什麼時，你可能已經知道與對方結盟所需的所有事物。

要得知這些，簡單好用的最佳系統方法就是不偏頗、客觀新聞學的核心機制：5W，即Who、What、When、Where、Why。這個挖掘事實的模型，可以追溯到西元前時期的希臘，只不過是以不同語言的同義字表達：quis、quid、quando、whi、cur。

為變數做好準備，就是要得知別人的5W，也認識你自己的5W。

現在，就讓我們剖析這套古老的系統，尋找真實。

讓人信任你的5W提問法

變數一：Who?

如果有必要多研究對方，要找出對方的身分和目標細節，社群和專業媒體是當今最好的管道。這些並沒有什麼花招，都是你已經知道的網站，如Facebook、LinkedIn和Twitter等，加上電話簿和其他線上目錄。

如果是重要會晤，研究可以更進一步，像是找對方的朋友、同事或主管打聽，尤其若這些人是你們都認識的人。這時候，相信你已經知道，應該如何進行那些對話：「我要和某某見面，我想要了解他們重視的事情和面對的挑戰是什麼。」這樣做能去除被詢問者的防衛，進而獲得你想得知的資訊。但如果你的詢問聽起來像是審訊，措辭像是：「我到底能不能信任這個人？」對方就會嚴加防衛，守口如瓶。

除非有充分的理由，否則我通常避免進行有如罪犯背景查核或任何高度個人、私家偵探式的調查。你打算怎麼做？質問對方，把他們逼到像電影情節般來場聲淚俱下的告白，由此生出真愛或兄弟情誼？

不必。你可以找到更好的做法。我有一次擔任一名ＦＢＩ探員的諮詢顧問，當時他要為一場會晤布局，會晤對象是重要的學術界人物，對方已經拒絕聯邦政府其他名字是三個字母縮寫的單位的邀約。我告訴那名探員，花一週時間，讀遍那位教授寫過的每本書和每篇文章。他照做了，而在他向教授提出會晤邀約時，他提到教授著述裡的幾個重要部分。結果，教授不但答應與他見面，兩人後來還成為好朋友。

性格框架的所有層面都很重要，但我現在相信，最重要的層面是，對方究竟是屬於以事導向或以人導向的人。你可以藉此判斷，適合用哪種方式與對方談話，談話方式通常甚至比談話內容更重要。如果對方是以人導向，你必須展現你自己的個性，並運用說故事的方式，盡可能將對話個人化。如果對方是以事導向的人，你就要側重於他們的目標、活動和成就，而不是他們的意見或個人興趣，直接切入重點，讓對話保持線性脈絡和邏輯。

理解對方的另一個重要憑藉是，設想自己是與他們同世代的一員。這個時代主要有四個世代，即傳統世代、嬰兒潮世代、Ｘ世代和千禧世代，各世代在思維、價值和標準上各有差異，因此要分別找出欣賞他們的角度。

如果你對某人的世代展現尊重，他們會更自在地跨越年齡的界線，把你放在人際相處的平等基準上。

關於各世代的關注主題和態度，以下是快篩經驗法則：

一、傳統世代，也稱之為「偉大世代」，以家庭、榮譽、禮節和歷史觀至上。他們欣賞得體的對話步調、理性重於感性、風度翩翩，對於能體認到「現代化不見得等同進步」的人，會比較願意認同對方的觀點。

對於讓美國和世界改頭換面的變遷，他們深具遠見；而對那些不太具備大局觀點的人，他們沒有耐性。

他們所歷經的重大事件為大蕭條、第二次世界大戰、冷戰、戰後經濟與工業的繁榮、勞工運動、一九七〇年代之前美國信任氛圍濃厚的輝煌時代，以及美國中產階級的興衰。

他們現在主要的個人框架來自退休人士、父母、祖父母以及面對老化挑戰的經驗（包括失去摯愛），以及其他因身體衰老病痛而來的考驗。

與他們打交道最好的方式，是確實肯定他們伴隨著年歲而自然流露的智慧，向他們請益，並表達你的感謝。

二、嬰兒潮世代推崇並重視工作和生活的經驗，會回應尋求他們的想法和意見、以及重視他們廣博觀點的人。他們的觀點不像傳統世代那麼廣博，但通常與今日的特定議題更為直接相關。

他們歷經的重要事件是越戰、民權運動、一九六〇年代的政治暗殺、一九六〇至一九七〇年代的文化變遷、女權運動，以及新經濟的崛起，而新經濟正慢慢把他們推擠出局。

他們占居一個同時理解較年長者與較年輕者的獨特角色；在漫長的大衰退時期受到重創，卻沒有時間復元；他們面對採納新科技的必要，卻沒有後來世代理解科技的那份直覺。

三、X世代的人重視創意構想，通常不喜歡微觀管理，比嬰兒潮世代更有警戒心，更小心護衛自己的時間。

他們的大事件包括他們在數位科技與日常生活的整合中扮演領導角色；水門事件；雷根執政時期；國家與經濟的全球化；以及以科技為基礎而誕生的創業活動。

強烈影響他們個人生活的是，從身為較年輕世代到為人父母世代的身分轉變。他們能夠敏銳地感受到，身為在全球化經濟裡工作的第一個世代，所面對的壓力；在他們這一代，雙薪家庭變成毫無餘地的必要選擇，而他們也是承擔這個重擔的第一代。

他們是能同時悠遊於高科技產業和傳統產業的一代；他們也是跨工業時代與數位時代的一代；而他們應該為這樣的獨特角色感到自豪。

四、千禧世代是美國歷史上最沒有偏見的一代，特點是能夠包容幾乎所有人；除了好做批判的那群之外（這些人實在讓人無法忍受！）。

諷刺的是，他們是最不信任別人的一代，卻又是最富理想主義的一代。

他們享有青春無敵的無限能量，但相較於其他世代，也相對被動。

雖然他們接觸的人面遠比之前的世代還廣，他們的人際關係通常以科技為界限，部分受限於政治正確。

由於這些感知力，對於其他世代不明白的細微層次和矛盾，他們卻極度敏銳。但他們的見解有時候受到目前充斥於社會的二分法所主導。

理解他們的一個方式是：借用自己年輕時的思維方式。從一九二〇年代的新女性「輕佻女郎」（Flapper）到一九六〇年代的嬉皮，再到一九九〇年代的浪人（Slacker），不管哪個年代，只要是年輕人，骨子裡都有同樣的根本特質。

與他們最為相關的事件是社群媒體的成長、無所不在的行動裝置、氣候變遷的威脅、九一一事件與反恐戰爭、性別平權運動、學生貸款的負擔和買不起房，以及大衰退之後機會的缺乏，陰影仍徘徊不去。

重點是：要在各世代間找到共同立足點的不二法門，就是傾聽。如果你傾聽，你不只能學到東西，也會交到朋友，你還能激發信任。

變數二：What？

What有點類似Who，只是不觸及個人性格框架中最核心、無法改變的元素，例如你的核心人格或終極目標。

你的身分組合裡偏向暫時而可變的部分，包括工作職位、居住地、外表和有興趣的主題。由於人都尋求族群的接納（若有人以彼此為同族群的態度對待我們，這時我們會感到最自在），因此如果你和對方有共同的身分認同，會有所幫助。我不是建議你要假裝，或違背自己，因為改變身分並無法改變本質。這只是為了塑造你成為一個具備多重面向的人，並且懷抱高於自我的目標和使命。

一個人的工作職位是身分的主要面向，因此一個明智的做法是讓自己與對方的工作同化，以對方的層次去理解對方。如果你是執行長，對方是業務員，你要回到當初擔任業務工作的時期，從那個觀點去理解對方。如果你是業務員，而對方是執行長，那就試著努力像一個未來的執行長般去思考和行動。

如果雙方都採用同樣的技巧，你們應該會在兩人距離的中點碰面。如果只有你在運用這項技巧，那麼你會到他們的地盤和他們見面，那甚至更好。

另外，如果你要出遠門，試著涉獵當地的文化、習俗、風格、語彙和時事。翻閱當地報紙，查看他們的運動隊伍，看一下最近的天氣是否有值得注意的地方，聽一下當地的電台。如果你的旅館有接待櫃台，問一下這裡最近的熱門話題是什麼，當地有沒有什麼特色。在ＦＢＩ，我們稱這種做法為「地面實況調查」。

地面實況調查的最後一項，是決定你該怎麼穿著打扮。為成功加分的衣著，可能是要價一千美元的套裝，也可能是皺巴巴的牛仔褲，這完全取決於你希望給別人什麼樣的觀感。如果你想讓人覺得不具威脅感，就穿便裝，即使對方穿得較為正式也沒關係。如果你想要看起來是組織裡具有高度威望的人，就穿正式服裝。如果想創造共同點，就穿你認為他們會穿的服裝（但不要看起來像是要去參加化妝舞會）。

在此提一下我的個人經驗，雖然不保證你也適用：我的衣著打扮感覺最像自己時，我的表現最好，那樣的衣著通常極為休閒，像是牛仔褲和毛衣。為什麼說你不一定適用？因為我所處的人生和職涯階段，讓我已經有了特定身分，因此任何無法反映我身分的衣著，看起來都會變得造作不自然。如果你的人生和職涯還在起步階段，或剛起步沒有多久，有如一張白紙，按照你渴望自己成為的樣子來穿搭，可能比較明智。

你也可以戴著配飾出席會面，藉此建立你的身分。如果你對會晤對象的背景瞭若指掌，你可以配戴讓人一眼就可以看到的東西，例如領帶；但如果你不確定對方會有何觀感，你可以戴可隱藏起來的東西，如手錶或個人裝置，在感覺適當的時機再顯露出來。

如果你想看起來不那麼盛氣凌人，就戴塑膠錶；但如果你想看起來是大有來頭的權勢人物，就配戴能夠彰顯成就或權力的東西，例如鑽錶。如果你尋求「大家都是同一國」的情誼，在波士頓要戴塞爾提克隊紀念表；若是在科技展SXSW上，則要戴智慧型手錶。

雖然衣著和配飾做隨性打扮無傷大雅，但是不賞心悅目仍是大忌。有項心理學實驗顯示，人對於素昧平生的陌生人，會完全根據某些表徵，認定對方是否具備許多優良特質，例如聰明、仁慈和值得信任，這稱之為「月暈效應」（halo effect）。啟動月暈效應的頭號表徵就是外表的吸引力。

因此，擦亮你的月暈效應。不管是什麼風格，都要以你最好的樣貌上場。邋遢是死路一條。髒臭絕對沒有活路。因此，我之前提到的皺巴巴的牛仔褲，不用說，我指的當然是那種要價上百美元、設計師品牌的皺巴巴。

最後、也最重要的是，記住媽媽的話：「只要面帶微笑，不管穿什麼都好看。」

變數三：When?

如果你問一個以信任為本的領導者，他們想何時見面，對方的回答幾乎一定會是：「你方便的時間就好。」

如果對方請你訂定時間，明智的說法通常是你一般而言都方便，對方很樂意配合他們的需要安排時間。這並不表示你必須隨時有空，只是表示你把對方的感受擺在第一位。即使他們提出的頭幾個建議，你都無法配合，即使你必須婉拒前三或四次建議的時間，別人仍然會記得你讓他們對時程安排有主控權。

約好時間後，務必準時。這不只是合乎情理，更是對對方的認同和尊重。如果你是會面裡顯然地位較低的那個人，準時就更加重要了。充分展現尊重，能讓其他變數較容易應付。

準時到的最佳方法是提早到，尤其是意外的阻礙通常會吃掉額外的預留時間。在等人時安排一點事做，這樣就不會浪費你自己的時間，然後開始埋怨對方。在你早到加上對方遲到的情況下，這很有可能發生。即使你力圖掩飾你的情緒，觀察力敏銳的人還是會有所知覺，可能是一些細微的小事，例如加快說話速度，或是急著切入正題等。

如果對方遲到了，不要認為對方是針對你。設想他們的性格框架：他們會故意遲到，要惹你生氣嗎？不太可能。那麼，事情就是這樣。對方遲到和你無關。只要告訴你自己，你能和這麼忙的人見到面，已經是多幸運的事——或是任何可以讓你不把對方遲到看成是對你輕慢的想法都可以。領導者都知道，有時候，人就是會遲到。

如果見面地點是在對方的辦公室或家裡，而你早到了，在附近找個地方先等一下，不要讓對方因為你早到而覺得有壓力。給對方壓力，即使只是因為提早到，都能讓對方對你產生抗拒。

若見面地點是在公共場所，例如餐廳，提早到達無妨，還可以順便挑個好位子。

如果是臨時起意的會晤，不要直接切入你的訊息核心，先詢問對方現在適不適合談。如果時機不對，而你沒有讀懂他們的暗示，會晤也不會順利。

在臨時約見的會晤裡，要特別尊重對方的性格框架，尤其如果他們是以事導向型的人。

例如，我上週在飛行學校，遇到飛行學校的老闆，他不但是西點畢業生，也是優秀的工程師，屬於非常直線條、以事導向、直接型的溝通者。他現在的人生重心就是現在這項要求嚴格的工作，也就是幫助有抱負的飛行員飛行，並毫髮無傷地回到地面。

如果你曾經從事那種任何一個差錯就能致人於死的工作，你就知道我有多麼信任、敬佩這個人，他現在也是我兒子的飛行教官。

我和他有過許多啟發人心的對話，即使我們兩人的溝通風格南轅北轍。我們之所以能溝通順暢，原因一如有句話說，我不必在每個情況下、面對每個人時，都「做本來的自己」。就像大多數人一樣，我也有各種特質，而我已經學會對不同的人展現不同的面向。我這麼做，通常能讓對方覺得愉快，這不在話下，但是我也覺得很好，因為我喜歡讓別人開心，而當我讓別人開心，別人通常也會想讓我開心。

我看到他時，慢慢地聊起他最喜歡的話題之一。但我立刻感覺到他心不在焉，於是我問：「現在方便聊嗎？」

「不方便，」他坦白說，「有事需要我專心。」

要是二十年前的我，可能會想：「是哦，你在專心打發我啦！」

但現在我明白，如果一個人用藉口打發別人，那表示他在用藉口偽裝自己的不安全感。

於是，我信步走到另一個房間，有些人在那裡閒晃，其中一個直接問我，老闆怎麼了。

「沒什麼。他有事要專心。那是好事。」我回答，講得好像我知道內情似的。

此外，由於這位老闆是個標準的直接型、以事導向的溝通者，他通常很難「換檔」，也就是不擅長在不同事物間做切換。或許是因為這類型人格的人較講究按部就班和嚴格規範，那也是為什麼他們對於準時完成事情如此在行的原因。

像我這種以人導向型的人，較容易配合臨時約定的會面。我的時間充滿彈性，可彎折，可交錯，有時候還可以取消，不過通常處於開放狀態，以備別人臨時約定之需。

這個故事的啟示：時間是相對的。對你是一件事，對我可是另一件事。但還有很重要的一點是：和別人共處時，我們都要遵守對方的時間觀念。

變數四：Where?

答案很簡單：選對方想要的地點碰面。這個地點往往是他們自己、個人專屬的舒適區，他們也會認為，你選擇那個地點是為了符合他們的最佳利益。

而他們的最佳利益，就是你的最佳利益。他們愈自在，你就愈容易了解他們，了解他們的目標、建立關係並整合彼此的目標。

根據超級秘密間諜法（Superscret Spy Method，S.S.S.M.），要找出位於對方舒適區的理想地點，方法就是詢問他們。

然而，人通常會禮貌性地表示由你決定，尤其是如果他們對你所知不多時，也會想要展現同樣的配合度。這時，請使用S.S.S.M.的第二選項（secondary option, S.O.），改為詢問對方，他們喜歡哪種類型的地點。然後，做些研究，找兩、三個屬於那種類型的地點，把決定權留給對方。

如果他們對S.S.S.M. / S.O.沒有回應，先暫時擱下這個話題，再多去了解對方，運用新資訊，提出新選項。

〔很抱歉，本書用了許多縮寫字，但是根據聯邦遣散小組委員會（Federal Committee on Redundancy Committee）的說法，如果沒有縮寫字，政府甚至無法遞送你的垃圾郵件或是向你課稅。〕

大約一年前，我有名探員正在與一名中東的重要HUMINT協調一場會晤，但對方不肯答應任何特定的會面地點，這顯示他完全不想和我們見面。

但是，我的人員發現，HUMINT對家鄉最懷念的，是馥郁醇厚的咖啡和茶，以及與他的父親一起釣魚。

於是，那名探員打電話給HUMINT，提供三個會面地點，讓對方選擇：一家是位於碼頭的星巴克；一家是當地海邊渡假區的高檔茶屋；或是在日落時分，乘魚釣遊艇出海。

我們那名富有到可以包機飛回家的HUMINT，被探員的貼心深深打動。他選擇了星巴克，因為他自己有船。後來，在敘利亞內戰期間，他成為無價的助力。在一場危機裡，那杯咖啡挽救了超過一千個平民免於被轟炸。

有時候，能讓人把防衛心降到最低的地點，是讓他們最自在的地方，也就是他們的地盤。那通常若非他們的辦公室，就是他們的家。

以事導向的人往往在自己的辦公室感覺最強勢，以人導向的人則在自己家裡感到最有力量，即使（尤其）有家人在身邊。

這種升高的權力感不會形成阻礙，而是製造機會。人在有安全感時，會說得更多、展露得更多，在他們覺得背後有依靠和屏障時，比較能保持公允。

我在西岸有個聯絡人曾告訴我，關於協商，他所學過最好的一課，來自一個當時公認在好萊塢最能呼風喚雨的人。這個在權貴階層舉足輕重的影響力人士告訴我的聯絡人，在與嚴肅的人談論重要的事情時，「我做的第一件事，就是讓他們看到我的致命點。」

這句話聽起來或許有違常理，但你很容易可以想像得到，他打交道的都是些什麼樣的高階經理人：聰明、堅毅，與他不相上下的人。他知道，不管怎麼樣，對方遲早會發現他的弱點。於是，他先自曝其短，然後以此為協商的起點，如此一來，若有任何人想要偷襲他的弱點，這些計謀對他都不會構成限制。

這類人偏好的會面地點是哪裡？就是他自己的辦公室。為什麼是那裡？不是因為那是他的權力中心，而是因為在那裡，他有能力讓對方感到賓至如歸。

變數五：Why?

在會晤布局公式裡，最重要的「Why」就是：「為什麼對方要和我談？」而隱含在這個問題裡的問題是：「為什麼對方要信任我到願意和我談？」

你現在應該知道，正確答案和你如何看自己、你的聲譽或你的意圖都無關。一切都關乎對方。

你要給一個合情合理的理由，打動對方和你談話。你的理由要清楚、簡單，足以讓你在三十秒內完整表達。為了發揮最大的效果，你的理由應該和對方的優先要務一致。如果你不知道對方的優先要務為何，就用你的開場白去找答案。

如果你只想用冰冷的電話和對方聯絡，不想下功夫尋找其他更好的管道，那你不如乾脆不要打電話。如果你願意嘗試，你還是有機會能讓他們答應和你見面，即使可能只是出於禮貌；但更有可能的是，他們會禮貌地拒絕你。

如果他們想抽身迴避，他們給你的理由通常不會是：「因為這對我沒有好處。」拒絕有如刺人的匕首，而在這個會用絲絨包裝匕首的政治正確年代，我們都學會隱藏內心的邪惡天使，並以不傷人的方式婉拒別人。以下是最常見的五種說詞：

- 「是我自己的問題，和你無關。」
- 「我們可能不適合。」
- 「我們的方向不同。」
- 「這跟我想要的有一點不同。」
- 「我很樂意，但我沒有時間。」

這些話背後都是同一個意思：你沒能把你的提議變成機會。之所以如此，最常見的原因是：這是你的機會，不是他們的。

如果你不知道你的提案於他們何益，那就繼續去尋找，直到你找到為止。如果找不到，那就創造，即使只是請他們在碼頭上喝杯好咖啡也可以。

但你還可以做得更好。務必做足功課，挖出至少一件是他們想要的事物，並設法幫助他們如願以償。如果你們身在同一個產業，甚至在同一個城鎮，你或許可以幫忙提升他們的職涯或個人生活。即使相當微不足道，但仍然足以吸引他們抽點時間和你見個面。

你可以給予的事物，最明顯也通常最有價值的，是結合你們彼此的使命。即使如此，光是說「我聽聞過你的優良事蹟，我想我們或許可以互相幫忙」仍然不夠。那聽起來可能像是一般的操縱話術。要更具體些，還要讓對方堅信無疑，認為你是極其誠實、透明而直接的人。

如果是過去信任你的人，你甚至可以更坦誠直言：「我想我可能已經找到資源，可以幫助你面對現在的挑戰。」不必提到你自己的需要，或是任何互惠的對價關係。但若對方是陌生人，說話就不要這麼直接，原因只有一個，那就是大部分人不習慣信任守則的行為，會因此認為你在隱瞞困難。

當你告訴別人，你或許可以幫助他們，這不是承諾，因為這時打包票還太早。這是誠實表白你的意念。

如果對方不想要你給的東西，或是他的要求你給不起，那也沒有關係。你已主動伸出援手，你仍然做了對的事。即使在你意念的細節都被遺忘很久之後，他們還是會記得你主動幫忙。

這是利他主義，也是成為優秀業務員的立足點。因此，他們做銷售時，第一件事是推銷自己，讓對方知道自己深信，得到顧客、留住顧客的上上策，是解決買方的問題。

這種態度能創造合作的氛圍，因為買賣雙方的焦點都放在同一個問題上。如此能緩解賣方大部分的銷售壓力，以及買方大部分的購買壓力。因此，傑出的業務員，與其說他們的成功來自他們推銷的是什麼，不如說來自他們推銷這些東西的原因，也就是：解決顧客的問題。

我們為什麼要把信任守則應用於生活中所有的人際關係？因為信任的感覺很好。業務員的優良典範也強力支持這個理由。

在下一章「建立關係」裡，我會講述另一個間諜故事給你聽，讓你看到，我如何應用這套方法。下一章的敘述脈絡，看似有點不如前文那麼有次序。在真實世界，事情絕對不會按照劇本走，世界上有七十億人口，就代表會有七十億種變化。

有些部分可能看起來非常不同，你甚至會想：「這不是羅賓的系統。」你是對的。一旦我把一套系統傳授給別人之後，它就屬於學習的那個人。

安排會晤的這套系統，現在已經是你的了。

第8章 第四步：建立良好的關係

舞台一切就緒。

你已經確立你的終極目標，找到能協助你的人，也準備好毫不保留地整合你和他們的使命。你已經確定他們的性格框架，也找到理由予以尊重和理解。你已經為你們的會晤精心做好布局。這是建立關係的連結時刻，你們的目標將要融合成為一項使命，改變你的生命，也改變他們的生命。在你學習信任的這個階段，你幾乎已經把全部或部分的信任守則與你的人生整合，因為信任守則不能光是理解而不去實行。

關係的建立指的不只是和某人相處，看看他們的模樣，然後希望能成就什麼事。那種關係不過是沾醬油：是無心認真經營領導力、長期聯盟或終極目標的人才會做的事。

關係的連結絕對必須以建立鋼鐵般的信任為條件：直視對方的靈魂，體認到他們能帶你更接近你的目標，而最重要的是，體認到你對他們有所價值。

我是一個講究系統化方法的人，不管是開飛機、規畫軍事行動，或吸收間諜人員，都是以數字為根據。那麼，第四步要如何開始？它開始的方式，和它結束的方式相同，也就是盡可能本於人性，有效溝通。

接下來我會講述，建立關係的溝通類型所包含的五大主要原則，而你會覺得它們聽起來很熟悉。然後，我會教你落實這些原則的三項重要技巧，並在現實生活裡發揮作用。

菜鳥探員的求助

一如我提過的，在某個國家的身分高度敏感而必須有所戒備時，我們FBI通常以「Erehwon」（無名地）做為這個國家的代稱（也就是「nowhere」的反寫，意為「無處」）。我現在要告訴你一個從無名地來的人的故事，他的國家是地球上最極權專制的國家之一。為了在這裡方便敘述，我們姑且把他想成是北韓的前國民。

我只能告訴你，他現在已經成為南加州的居民，你可以從這裡開始讓你的想像力開始馳騁。

陽光普照、沙灘處處的洛杉磯盆地是美國航太業的心臟地帶，加州的多倫斯（Torrance）位於它的南端，是吸引全國最多、最博學的韓國人口的地方之一。他們當中有少數人，是在逃離北韓的壓迫後來到這裡，不然就是為了逃避生活在極權統治下殘留的陰影，以及因叛逃而徘徊不去的隔絕感。他們當中很多人都保持低調，以免因引人側目注目而能招致壞事。但是，他們並非全都如此。

多倫斯，加上附近富勒頓（Fullerton）的北韓移民社區，有時候看似國中之國：一種孤立、分裂的文化的聚居地，擁有因政治因素而偏向極端的傳統主義，如此與眾不同，幾乎無法滲透。

我擔任行為分析專案主管時，單位裡有個菜鳥反情資探員，為了北韓的情資人力來源，來徵詢我的建議。這名菜鳥探員（我們姑且叫他「新血探員」），是加州柏克萊大學畢業生，聰明又認真，在局裡升遷快速，有如火箭般竄起。

「德瑞克先生，」身穿海軍藍西裝、看起來犀利精明的新血探員，走進我在匡堤科的辦公室，說道：「我想要開發一個HUMINT，他有成為北韓飛彈科技情資來源的雄厚潛力。他是多倫斯一家私人航太公司的工程師，我在一份地方性報紙裡讀過那家公司的報導。這個人聰明得嚇死人，擁有工程和數學雙博士。我覺得他不是金氏王朝的鐵粉，因為他離開北韓去參加國際研討會後，從此一去不回頭。但他是個複雜的人。對北韓政府，他沒說過一句壞話。我曾主動接觸他，但他不肯和我談。」

「他為何應該？」

「他為何應該……蛤？什麼？」新血探員一臉茫然，一如我早期經常出現的情況。

「想要和你談。」

新血探員列舉他覺得很好的理由。他告訴我，他待人很好，他韓文和中文都流利，還有他在接近目標人員和其他情資來源耕耘的人面有多廣。他說，對於他的北韓飛彈實力情資蒐集工作，那名工程師（在此稱為「黎博士」）可以成為關鍵人物，提供優質資訊。

我看過新血探員的履歷表，知道他說的都是事實，但是那些漂亮的資歷，現在看起來沒什麼太大的幫助。因為在這件事上，它們確實毫無價值。要建立關係，最重要的是：不管你有多麼了不起，都不要表現出一絲一毫的自負。那只會壞事！

自負甚至是不合邏輯的。沒有人是完美的，就連接近完美都不可能，因此謙卑才能回歸真實。這不是社交禮儀，這是人生的真實面。

為了讓新血探員覺得自在，也為了讓他遠離拖累他的自我沉溺，我微笑並點頭。總部有時會讓人產生壓迫感，而當人愈有安全感，就愈不會稱頌自己的功德。

「你對於你的想法表達得很好，」我說，「但是為了助你一臂之力，我必須知道更多他的想法。」

「但我不知道他的想法。那就是問題所在。」

「我不確定黎博士是不是一個身處複雜環境裡的複雜的人，但如果你穿透人的表相，看到他們的內在，人其實同多於異。」

「我想，這話說得對。」

「你可以做得到的。」

「但他完全不接我的電話。」

「你可以留言。」

「我有。我留了兩次。我根據他的文化遣詞用語，還特別挑選不具威脅感的字彙。我非常直接而簡潔，留下姓名、頭銜、電話、電郵信箱。我只要求他給我回音。」

「聰明。做得好。但我們似乎必須給他更能激勵他的訊息。」

「我想你是對的。」當關鍵反饋的傳達方式得當，聽起來往往輕描淡寫。

我告訴他的第一件事，就是不要那麼專注於他的用字遣詞，而要更關注於訊息所傳達的意義。

如果你把心思放在對的地方，就不太會說錯話。

「人人都會擔心訊息表達不當，」我說，「但是，得當與否，完全取決於訊息本身。」

「但是，我的訊息應該是什麼？我需要他，但他不需要我，這樣可能會有風險。那……？」

一通電話，擄獲人心

我想你已經知道，尤其是從前一章的「安排成功的會晤」得知，他應該傳達什麼訊息——應該是符合信任守則的訊息。信任守則也是溝通守則。

以下是我告訴他的內容摘要，做為他的電話留言藍圖，以及自此以後幾乎也可以成為所有訊息的藍圖。

依照順序如下。

一、**放下自我：讓對方發現對自己有利而願與你對話**。

我告訴新血探員的第一件事就是：那位工程師才是最重要的。要讓黎博士有動機為了他的利益和你談話，而不是為你的利益，或是為任何其他人或主體的利益。

那個理由也不應該是因為你是個可靠的探員。這裡只有一個主角，但那不是你，也不是韓國、航太業或美國。而是他。

二、放棄批判：對方不願吐實，可能是因為不能說或不敢說。

忘記對或錯、好或壞。不要因為他不想和你談話就批判對方。如果他不想談，那也沒關係。甚至不要批判北韓，那也是他的選擇，更不要揮舞美國國旗。

你要體認到，除非他明白自己不會說錯話，否則在那之前，他可能什麼都不會說。等到他願意談的時候，你們之間只會有唯一一種有價值的對話，那就是：誠實的對話。

三、肯定他人：你不需要「贊同」，只要「明白」。

把你的不批判原則提升到下一個層次：理解。不管黎博士說了什麼，都要從他的觀點來解讀。他不需要你的贊同，他只需要你明白他為什麼會那樣想。

假設黎博士說，他敬愛金正恩。告訴他，你覺得這個想法很有意思，而且你想聽聽他的想法。如果他對你說明時，請謹慎傾聽細節，在他的性格框架裡尋找合理的想法，並具體告訴他，為什麼他那些想法有道理，謝謝他讓你得到新觀點。如此，他會解除防衛，美好的對話將就此展開。

四、理性至上：不要把人逼入絕境。

以事實為依歸，避免任何類型的操縱。不要誇大、隱藏負面訊息，或說任何可能聽起來像是辯論的話術。給他合乎邏輯、禁得起驗證的理由，讓他可以信任你。並且那些理由要包括為對方安排一條容易退場的後路。

偉大的領導者都知道，不要把對方逼到無路可退或不得不背水一戰的境地，才是明智之舉。

五、樂善好施：施與受是一體兩面。

不要「只取不予」，而且要「先給予」。給予對方選擇，做為禮物，提升對方的賦權感，讓他覺得對情況有掌控權。賦權生自由，自由生誠實，誠實生理解，理解生信任。

讓他享有大部分時候都是他在說話的愉悅。找出你喜歡他的地方，並告訴對方。如果你們一起用餐或喝咖啡，把付帳請客視為你的榮幸。

我告訴新血探員，像以下這麼簡單的話語，怎麼說都不可能犯錯：「我真的很想和你談談，我們談話的重點都和你有關，而不是我。我想了解你，而不是批判你。我會誠實、講理，也會心存感激。」

有時候，最簡單的做法是平鋪直述，講述信任守則，也就是說明並闡述你所練習的事物。

但是，這名年輕的探員不曾聽聞這些，他似乎一臉茫然。

我們模擬了一則答錄機留言，我建議他用韓語講。這時的你，應該知道為什麼。以下是它的英文版，是我盡我所能從筆記裡重新整理出來的：

「嗨，黎博士，我是新任探員，駐地的ＦＢＩ探員，從事反情資工作，我在富勒頓的韓語報紙讀到一篇關於您的文章。我想告訴您，您所說的那些高深的知識，我很感興趣，如果您願意讓我請您吃一頓飯，我將深感榮幸，如果您能從百忙中抽空的話，我們可以談談您有興趣的話題。我曾在這裡以及灣區，與一些航太業人士聊天，如果有您想見的人，如果您願意讓我介紹給您認識，這會是我的榮幸。此外，如果您有興趣，我會很樂意對您詳述我對北韓的聽聞。第三，我有很多分析師同事，他們會很想知道，您對北韓的見解。或許您會想向有影響力的人表達你的見解。若是如此，我們可以約在一個您喜歡的地方，享用美味的午餐，或是找個您一直想去的地方，聊聊我覺得很迷人的韓國文化。如果您覺得我說的這些聽起來有些意思，請打電話給我。如果您沒有興趣，我為我的要求感到慚愧，我很抱歉浪費您的時間，尤其是讓您忍受我的爛韓語，我以後也不會再打擾您。不過，不管如何，都謝謝您，也祝您一切順心如意。」

新血探員逐字寫下這些，並翻譯成韓文。真是聰明的傢伙。在建立關係的關鍵階段，當然很容易忘東忘西。但是，他看來仍惴惴不安。

「我們是不是把太多事情任憑機遇去決定？」他問道。「這樣做，他太容易就可以跑掉，我這個人又有點控制狂。」

「我也跟你一樣。但我剛入行時，有位老鳥探員帶我，教我一套你可以稱之『間諜技術禪』的哲理。」我告訴他關於偉大的傑西．索恩的事，你可能還記得，他在第一章出現過。「絕地大師傑西告訴我，『控制狂』本身就是個矛盾詞，因為『狂』是指失控的人。他常說，『要拉，而不要推。因為沒有人會被拉進他們不想要去的地方，也沒有人會停留在他們被推進去的地方。』另一句格言是，『人生中，你唯一可以控制的事就是你的期望。』」

他面露猶疑。「要是這麼做沒有效怎麼辦？」

「從某個角度看，會有效的。如果黎博士想要和你聊聊，他就會找你，如果他沒有找你，你也可以提早尋找其他願意和你談的人。和不想與你談的人會面，他們就絕對什麼都不會說。一直在會晤安排的階段目標裡鑽牛角尖，是浪費時間，因為唯一重要的目標是找到能幫助國家的HUMINT。」

「好吧，但這則留言讓我聽起來有點像個優柔寡斷的脆弱傢伙，不是嗎？」

「沒錯！」

「那也沒關係嗎？」

「你喜歡和無懈可擊的人打交道嗎？」

他顯得洩氣。他或許想要飛回家時能和他妻子講一些緊張刺激的間諜故事，感覺像是〇〇七情報員龐德，讓她讚賞道：「哦，詹姆士，你的冒險犯難故事，實在太精采刺激了！」（這句話有沒有讓你想到誰？）

不過，新血探員顯然明白，這項任務不會帶來他渴望的多巴胺刺激，而且可能會走入間諜這一行乏味更甚於他所想的情況。引用龐德的話：他是在發抖，不是興奮。

他的反應，一如我所料：他想成為眾人關注的焦點，以及高談闊論自己最喜歡的話題（像是自己的想法、意見和人生，簡單講，就是關於他們自己的點滴），能讓多巴胺的分泌衝到頂。

但你顯然懷抱更崇高的訴求。整合自己與他人的使命、獲得由此而來的正向生化反應，這是領導者的大腦感受到強烈滿足的時刻：信任的化學作用和人我的凝聚有關。

「我們就試一下吧，」我說。

「現在嗎？」

「趁你聽起來還沒像是排練過的。」

他拿起電話。

「不過，練習一次也好，」我說，「這也能讓你聽起來不像在排練。」

他從頭到尾講了一遍。

「好極了！」我說。「什麼都別改！講慢一點就好。人們不信任講話快的人。」

他打了電話。電話還是沒人接。他留了言。

「現在呢？」他緩緩地說，「我腦中一片空白。」

我確定他有自己的想法，但他很聰明，閉口不提。這讓他看起來謙卑，而謙卑一向是應該自豪的特質。（沒錯，更矛盾了，但那是人際關係的秘方。）

「我們現在要做的就是保持彈性。在海軍陸戰隊，我們稱這條守則為『永遠保持彈性』。」

「沒錯！」他開始懂了！

與人建立良好關係的三大溝通技巧

接下來，我們要學習啟動五大守則的三項重要技巧。一旦學會這些技巧，建立關係的藝術這門課，你就畢業了。

只要有這三項極簡單、泛用型的工具，你就能和幾乎各種性格框架裡的所有人建立關係。這三件事，你可能一輩子都在做，只是沒有採取系統化的方法。

我曾把這些技巧傳授給FBI探員、銷售團隊、高階管理團隊、海軍陸戰隊、執法人員、社會工程師，還有我自己的朋友和家人。

上週，我在加州教導一群海豹部隊人員這些技巧。他們所參加的是一套內容吃重、為期好幾個月的人際技巧密集訓練課程。我答應在兩天內教會他們，建立每個人都會喜歡的互動類型。

我告訴他們，這件事比他們想的容易，因為那門課的重點只繞著一個人生的簡單事實打轉：人際關係的連結，也就是信任的終極徽章，而不帶批判的肯定就是其中的主導力量。以此為待人之道，就能知道對方的目標、辨識他們的個性，並在資訊充足的情況下，對如何連結你和對方的使命做出決斷。

你要如何做到這點？就是運用以下三項效能卓著的技巧。

一、**以問題引導對話。**

在與他人討論正事，例如將雙方的使命加以連結時，放下你平時宣告式的溝通風格，以「發問」而不是「告知」的方式，也就是運用提問的力量。

「兩名海軍陸戰隊員在一起，負責計畫的一定是領導者。」這句話可以引伸如下：「兩個人在談話時，主導對話的一定是提問者。」這就是提問的力量。

領導者會以對話的方式流暢提問，不怕聽到任何答案，因為他們只想聽到真話。不管真實是什麼，它都能帶你走最好的路，達到你想要的結果。

二、**專注聆聽**。

傾聽可以像閉嘴那麼簡單，但主動傾聽是運用一套方法，有系統地展現你的值得信任、引出你需要知道的資訊、展現你的想法，達致你要的成果。

伴隨主動傾聽而來的舉止，能讓對方解除防衛、暢所欲言，吐露許多真實資訊，也讓他們樂於提供資訊。

對話結束時，你了解他們，他們也信任你。這能確保你對於目標的整合，以及如何達成目標，盡可能從最好的角度，做出妥適的決策。

三、**解讀非口語溝通訊息**。

言談時的肢體語言、臉部表情和實體元素，包括語調和速度，都能建立或破壞關係的連結。

溝通這件事，一向是心智與肢體兼具，即使是最善意的訊息，也會因為負面的非口語溝通，或是因為未能正確解讀對方的非口語溝通，而破壞殆盡。

＊＊＊

在「關係連結三部曲」的第一個部分，利用提問的力量，解決了新血探員的難題。留言後沒多久，他告訴我（難掩興奮之情，可惜還是夾雜某種程度的自我），他的北韓消息人士不但回他電話，還同意見面。

可是第二天，新血探員報告說，黎博士並沒有赴午餐之約。他覺得失望，多少感到受辱，也準備放棄，另外尋找目標。

我給他出了一個更好的主意：不要把對方的行為看成是針對你而為，再打個電話給黎博士，讓你的訊息（即使只是在機器上留言）仍然完全以對方為重。尤其要問他是否一切安好。他遇到什麼問題嗎？身體不舒服嗎？工作過勞嗎？感覺矛盾糾結嗎？以真誠關懷做為訊息的架構，而且，是真正心存真誠地關懷。

在別人辜負你時，你沒有理由自動對號入座，認為對方是針對你。事實上，背後的原因確實鮮少是和你有關，而是和他們自己有關（這才是最重要的原因！）

一天後，黎博士回新血探員電話，說他只是記錯時間，所以錯過了會面。那可能是真的，只是新血探員的不安全感在作祟。又或許，黎博士確實懷有戒心，只是為了禮貌而編個藉口。如果是這樣，那也沒有什麼不對。無傷大雅的推諉被稱為「白色謊言」，它們通常點出一個事實：說白色謊言的人確實在意你的感受。

黎博士回新血探員的那通電話，劈頭就問：「你想和我談什麼？」他聽起來語帶疑慮，一如所有被FBI找上的人通常會有的反應。

我知道新血探員想談什麼：韓國最近發射的衛星，以及這是否表示北韓已經準備就緒，可以發射彈頭。黎博士可能也知道這點。但是，新血探員已經胸有成竹，準備了一個完美的答覆：「黎博士，你願意談什麼？」

兩個聰明人之間的細膩對話裡，第一件事通常不是打開天窗說亮話。事實上，太快揭露嚴峻的真相，會比白色謊言造成更多誤會。（因此，幾乎所有優秀的間諜，以及與間諜應對的人，都是風度翩翩的君子。你可能還記得，在〇〇七電影「金手指」那集裡，〇〇七被綁在雷射金屬裁床上，雷射光就在他兩腿之間，即使在這樣的生死關頭，〇〇七仍然保持良好的風度，問金手指：「你在等我說話嗎？」金手指回答：「不！龐德先生，我在等你死。」這時，龐德沒有加碼回嗆金手指的妙答，甚至不去搶白最後一句話。那才叫風度！）

新血探員的良好風度，讓他得到他想要的會面。這再再顯示提問的力量令人難以抗拒。

我對於他們之間的往來也愈來愈感興趣，因為我透過大部分人都接觸不到的政府用搜尋引擎，對黎博士做了一些研究，發現他的專長是火箭重返大氣系統。因此，他在民間部門太空企業極具身價，因為缺乏NASA雄厚資金的私人企業，全都在嘗試打造可以再使用的衛星搭載火箭。

我的顧慮是：非燃殼體的重返大氣，也是發射核彈彈頭最難的挑戰。

溝通技巧一：以問題引導對話

唯一比「你說什麼」更重要的，就是「你問的問題」。要判斷你對信任語言的精通程度，絕佳的評量方式就是你的問題（或是進行陳述的比率）。問最多問題的人，大家都會想再和他談話，因為那是他們信任的人。

如果你問別人關於他們人生的具體問題，只要不是白目侵犯個人隱私的問題，人們向來都會給予溫暖的回應。

提問的人也是主導對話的人。這是雙贏。

以下八項簡單的訣竅，可用於以提問引導對話，有效溝通，並快速建立穩固的關係，大致按重要性排列如下：

一、有效提問，深入了解對方。

經過澄清的真實和誠實是達成終極目標的正道。不貼近真實的計畫，比令人分心的雜事更糟糕，注定會失敗。即使只有一名伙伴沒有完全誠實，就不是伙伴關係，而是剝削。

沒有什麼比清楚明白的溝通更能揭露真實，也沒有什麼比提問更能創造清楚明確的溝通，而且問題要愈簡單愈好。你可以按照在安排會晤過程中所採用的5W系統，它們會幫助你找到真實。

真實的全貌通常需要後續追蹤問題。即使那樣，絕對不要以為你完全理解全部的真實，尤其是在探詢的早期階段。海豹部隊對於「自以為是」（assume）有句俗話說：「自以為是讓你我都變成蠢蛋。（A-S-S-U-M-E makes an ass out of you and me.）因為「assume」可以拆成「ass」（蠢蛋）、「u（you）」（你）和「me」（我）。

很多人都會隱藏自己的想法和感受，而且多半是出於善意和合理的顧慮，但即使如此，如果你問他們真正的想法是什麼，他們很少會覺得受到冒犯，因為人都渴望被理解。

此外，大部分人並不真的確知自己對於各項事件的感受，提問有助於他們爬梳清楚。對於理解自己和別人，提出一系列的問題是非常好的工具，因此兩千四百年來，提問法被學者尊封為「蘇格拉底法」，以此向歷史上第一位最偉大的思想家之一致敬。

提問之所以能解惑、讓事情明朗化的另一個原因在於，提問通常不具威脅性，因為從基本架構來看，問題本來就是不帶批判的，而且反映出你想要肯定提問對象的觀點。想確保你的問題符合這些標準，只要堅守信任守則即可。當別人明白你想要了解他們，就更能接納你的想法，也更願意接受妥協。

人之所以不願意妥協，一個主要原因是他們認為你沒有看到他們在一件事情裡的立場，而且他們認為，如果你與他們感同身受，你應該會為他們付出更多。若你能讓別人深信你理解他們，他們的抗拒就會消退。

澄清事實也是信任守則第四條的實踐：理性至上。深具智慧而誠實的問題顯示對理性的追求，能提升討論的層次，防止你和談話對象因為誤解而被情緒綁架。

以澄清式問題為主的對談，也能讓討論變得單純，讓事實容易辨識。人在害怕自己的想法不夠有智慧，或不夠確鑿，禁不起思考縝密的嚴格檢驗時，通常會把事情複雜化，以掩人耳目。如果人們願意卸下恐懼，勇敢跨入信任，保持單純，由此揭露的真實就會成為一片沃土，讓合作可以在其中開花結果。

只要你問的問題夠多，清楚了解別人真正想要的事物時，你幾乎都能找出方法，滿足他們的期待，或是可以告訴對方為什麼你做不到。即使你無法幫助他們，他們仍然能強烈感受你對他們的理解，因此仍然會認為你是一個他們可以信任的人。

二、以提問卸除對方心房

蘇格拉底喜歡用提問法。他可不是尋常的好奇寶寶：他心裡有一套劇本。他希望他提問的對象不只能理解自己的觀點，也能發現人類的基本真理。

當人透澈理解這些基本真理，據以理解真實世界時，他們通常會根據真實行動，也往往會採取最正面、最有成效的行動。

如果你能幫助某人進入頓悟的澄淨時刻，擺脫由恐懼而生、由自我驅動的幻覺，你不只幫了他們一個忙，也讓他們能在連結他們和你的使命上，做出明智、正向的選擇。

你可以經常運用這項技巧，讓對方相信你所支持的想法，從一開始就和他們的想法相同。尤其當你必須面對缺乏安全感、掌控欲又強的人時，這是有效的方法。你對他們的肯定和賦權，能幫助他們解除防衛，放鬆控制。

美國的司法體制，尤其是審判制度，結構多半是以提問挖掘真相的溝通方式。你一定在上百部電影裡看過這點。一個問題帶出另一個問題，層層疊疊，直到真相大白（或至少是律師觀點裡的真相）。

但是，你可以懷抱更崇高的目標，高於想要打贏官司的律師所懷抱的目標（有時候是詭辯或歪念）。你的問題有助於引導對方理解真實，不管對方的回答是否符合你的需要。如果不符合，你也能學到新東西。學習是好事，因為知識就是力量。

當別人教你新東西時，你可以保持彈性和適性，朝你的終極目標邁進，走一條不太一樣的路也沒關係。臨機應變，永遠保持彈性！

三、**根據白金法則提問，完全以對方為重。**

聖經教誨的「黃金法則」是：「你們願意人怎樣待你們，你們也要怎樣待人」，「白金法則」是更進一步：「以別人希望的方式對待他們，即使他們想要的和你的風格不同」。提問也是一樣：以提問賦權，引導他們到他們想去的地方。

這項技巧類似以提問影響行為。差別在於：在這個情況下，當對方的答案顯示他們不想朝你的方向走時，你就改變你的提問路線。

我最近把這項技巧教給一支以登門拜訪方式推銷的銷售團隊。他們有些不錯的規定，能讓顧客覺得自在，包括：把車停在路邊；進別人家門前先脫鞋。我建議他們可以更進一步詢問顧客：「我們公司規定我們在路邊停車，但如果你不希望我這麼做，可能是因為社區規定，或其他原因，你希望我把車停在哪裡？」還有：「我們公司規定進屋前要脫鞋，但你希望我怎麼做？」

此外，這支銷售團隊有多種不同等級品質和價格的類似產品，因此我建議他們詢問顧客：「你使用這項產品的時間和頻率如何？」由此能引出另一個問題：「你覺得哪個做法比較好：是多付一點，還是少拿一點？」我知道這個問題可能會削減他們的獲利，但這能讓他們創造最高的顧客滿意度，更有可能培養常客。

白金法則的成分是百分百「完全以對方為重」，而在銷售領域，這個觀念特別有效。

四、提問，但不要爭辯。

當意見分歧演變成爭論時，有哪一次是你贏了？

先別急著開口回答「昨天」。我們為「贏」做出定義。所謂「贏」，不只是在某一天達到你的目的。那通常很容易，直接下一道命令、提高音量、大發雷霆、冷酷拒絕、威脅恐嚇，或利用其他宰制手段或操縱技倆，都可以達到目的。

可是，「贏」指的是每個人對結果都覺得滿意、信任，且沒有想要報復或疏遠的念頭。「贏」就是維持你滿檔而正向的力量，朝你的終極目標靠近。

你無法靠爭論達成這個境地。聰明人會當個「好輸家」，先收斂他們的不滿，等著改天再戰，他們是你最應該害怕的人。他們具備足夠的自制力，能夠為日後贏得一場戰爭而先輸掉一次戰役，而如果你選擇和他們爭鬥，你可能已經開啟了一場戰爭，而且在你還不知道有戰爭之前，就已經先輸了。

產生意見分歧是在所難免。問題在於：接下來該怎麼做？

領導者在面對衝突時，會從提問著手。他們以不批判的態度，肯定對方有自己的看法是天經地義的事，藉此挖掘歧見中理性的真實論點。他們解除對方的防衛，讓資訊浮現。

接著，最優秀的領導者會小心分析他們得到的資訊，尋找雙贏的機會。例如：對方的最終目標為何？對方的階段目標又是什麼？什麼會壞事不成局？對方允分理解領導者的目標和想法嗎？對方有他們自己的雙贏構想嗎？

另外，假設對方無法理性回應，變得憤怒而不講理。領導者會做何反應？他們當然不會以其人之道還治其人之身，因為跟著發怒無異是提油救火。他們會讓失控的人宣洩一下，然後溫和地提點他們，回到現實世界。領導者唯一的焦點就是自己的終極目標。其他都是虛浮表象，都是日常瑣事。

對方最後是否會冷靜下來，變得明理？或許會，或許不會，但這多半並不重要。你如果把你的命運和一個管不住自己的人連結在一起，你所能成就的也有限；如果你偶爾忍受別人耍脾氣，是為了排除那些不值得你花時間的人，這樣也無妨。你已經為理性的人營造了更多空間。

如果對方慢慢冷靜下來，體認到自己失了分寸，你的反應也不致於毀了關係。

如果對方顯然難以控制對事物反應過度，或變得太情緒化，若你和他之間沒有密切的關係，或許對你們彼此都好，你不必因為他們的不安全感而遭受池魚之殃。不管你有多謙卑或真誠，要他們接受別人的建議，以更正向的方式處事，或許也會讓他們感到非常不舒服。

你要保持你的目標和自尊完整無缺。如果你失去潛在的盟友，不要擔心，因為你總會找到另一個。幾乎在所有情況下，你一定會比與你分道揚鑣的那個人，更快找到盟友。

五、針對對方的性格框架提問，建立關係。

理解一個人的基本性格框架是必要的，而透過詢問對方關於他們自身、具體、個人的需要和經驗，就是最好的方式。

例如，如果你是ＦＢＩ探員，你可以這樣問：「你以前曾和ＦＢＩ的人講過話嗎？如果有，你感覺如何？」同理，汽車銷售員可以問：「你開過克萊斯勒車嗎？如果有，你覺得如何？」

你或許不會得到正面評價，但你會得到全世界最有價值的資訊：真實。真實是建立關係最重要的支點，它也是分辨何時要孤注一擲、何時該全身而退的最佳準則。

若說真實是指在一般定義下，人盡一己所能去理解的事實，那麼唯一比真實本身更有價值的是真實的面向，也就是ＦＢＩ所說的「地面實況」。它一如標準定義的真實，是事實的表彰；但還要再加上一個重要元素，那就是在別人的性格框架裡，什麼才是他們認知的真實，而不是只在我們自己的框架裡。

有時候，我們自己的地面實況是難以接受的真相，因為我們並未看到自身的不足和面臨的挑戰，旁人通常比我們有更洞澈的見解。即使如此，地面實況是最具啟發力的真相，不但能引領我們與他人建立關係，也能與我們最好的自己連結。每段持久的關係都是從真實開始。

六、提問，但不要指控。

宣洩是擺脫負面感受的好方法，這是有益情緒健康的淨化，但宣洩要看時間（等一下）和地點（獨處時，或與有同理心的第三方一起時）。

領導者不會發洩情緒，至少不會在公開場合，也不會在正面對決時。他們知道，這麼做反而會引發別人的防衛心，讓別人封閉自己，為自己樹敵，也會毀滅信任。

領導者也不會因為基於禮貌而「客氣地」與人產生正面衝突，除非他們確定對方有錯；而即使真的錯在對方，他們也不一定會這麼做，除非必須保護他人。切記，我們通常很容易懷疑錯人，因為嫁禍他人可能早就是真正犯錯者算計的一部分。

提出中性、非怪責的探問才是王道，這樣做最有助於各方明白事情始末。讓大家只聚焦於究竟發生了什麼事，以及如何修正。

著眼於找出解決方案、而非追究責任的好問題包括：造成事情演變至此的因素有哪些？再次發生的可能性有多高？我們該如何預防？是否能因禍得福？每個人都獲得什麼教訓？

正向問題能讓每個人都覺得，自己是團隊的一份子，為尋找解決方案時貢獻一己之力。人們的所作所為不再是出於害怕遭受報復，並解除防衛心。當解除防衛，資訊流通時，解決方案通常也會隨之出現。

有些人就是太缺乏安全感，因此無法有效實行這套正向且富有生產力的系統；有時候，請他們離開專案或團隊，是對大家最好的安排。如同之前所說，這也是一切都以他人為重：如果他們對於以信任為基礎的風格無法感到自在，也希望中斷信任關係，他們仍然是自己命運的主宰。祝福他們，也幫助他們找到對他們更好的事物。

七、以開放式的提問取代是非題的問答。

在ＦＢＩ以及在一般生活裡，最好的面試官通常不會問是非題，或任何可以用一個字或一句話回答的問題，因為他們希望面試對象的回答盡可能廣泛，如此對話內容才能轉移到面試對象身上，不但大多數人都開心，還能鼓勵對方提供更多資訊。

我有個朋友是體育記者，他告訴我，教練和運動員多半爭強好勝，而且樂在讓體育記者出糗，看起來像個傻瓜。所以體育記者採訪他們時，最常使用的提問方式，就是完全不用提問形式，只說「談一下……」，例如：「談一下你們隊今晚的防守表現。」這類能讓他們暢所欲言的發話方式。這樣的問題能創造留白，對方幾乎不可能幾句話輕描淡寫或搪塞打發。

八、用好問題代替直述句。

總會有你要談談你自己的時候。如果你讓對話一直維持完全倒向一邊，反而可能讓對方有所警覺。他們會懷疑你真正的面目，以及你真正的目的。

如果你已經運用了我目前提及所有的關係建立工具，你就能讓別人防下防衛。他們才是對話的重點，但矛盾的是，你愈是以他們為重，他們就愈喜歡談你。

如果他們是高EQ的人，他們很快就會挖掘你的相關訊息，想要知道你的欲望、需要和目標。如果你找到這樣的人，你通常已經找到一個你可以和他連結目標的盟友。但是，即使真的遇到，以對方為重多半仍是明智（也是仁慈）之舉，即使只是問他們對於你自身的行為或意見的看法。

例如，你或許可以說：「我想要修線上MBA，你知道有什麼好學校嗎？」這個問題一方面透露你自身的資訊，一方面仍然是以對方為主。這樣比較親切一點，而且如果你讓對方覺得愉快，你們兩人都受惠。

用問題引介你的意見，是非常聰明的做法，特別是談到可能挑動情緒的爭議話題。例如：「我覺得單一所得率還不錯。你覺得呢？」一個更好的版本是：「你覺得單一所得稅率如何？」這樣能給予對方更多空間，說出他們的想法，也極不可能挑起防衛或分裂。你先得知他們的意見後，他們通常會較願意接納不同的意見。

另一個以問題代陳述的形式，是問一系列的問題，漸進而間接地展露你自己的立場，一如蘇格拉底的做法。這麼做仍然可以傳達你的感受，但也能點出你知道事情的利弊得失，以及你尊重其他的想法。

我知道有位FBI的傳奇探員，他鮮少直言無諱地表明他的意見，也從來不違逆或批評不同意他的人，但他堅定的信念，是出了名的。每個人都樂於向他學習，並和他分享自己的想法。幾乎每場正式的討論會，他的開場白都是：「請幫我個忙，讓我理解為什麼……？」

＊＊＊

黎博士和新血探員在這位航太科學家建議的地點見面，新血探員告訴我，那是他去過最糟的韓國餐廳。即使以南加州海岸區的高標準來看（那可是個高階企業經理人密度極高的地方，連路上的流浪狗都有可能是某家企業主管），黎博士都算是生活優渥的人。但黎博士說，那家餐廳讓他想到北韓。

「那是好事嗎？」我問新血探員。

「顯然是。因為這是個開端。他和我見面是因為他想要我幫他一個忙。」

「很好！互惠的給予。」

「他想要我幫他返回北韓。」

我是個樂觀主義者。不管什麼事，我都可以找出它的好處。通常如此。

「為什麼？」

「他告訴我，北韓必然會跟隨中國的腳步，逐漸透過中產階級的興起而減輕壓制。他說了『我能幫助他們明白，武力不是權力，財富才是權力』之類的話。他認為，他和其他科學家。能幫助北韓政府重新思考自身的角色。」

合理，沒錯——如果是在一個合理的社會裡。但也絕對天真。「然—後—呢？」我追問。

「他還說，他個人在人造衛星輸送系統的技術，和武器的應用無關，只是『和平地球人造衛星』的和平發展。但是，你猜猜看，他們上次火箭爆炸時，誰用了完全一樣的說詞？玄光杜（音譯），」他用韓文發音說出這個名字（有點流露自滿）。「北韓太空署的科學研發總監。」

我茫然不知所措。如果要說什麼時候該做期望管理[1]，這個時候就是了。「這個嘛，哇！」

「我知道。我不懂。」

「不要和他斷了聯絡。」

溝通技巧二：專注聆聽

提問是有效溝通的第一部曲，而第二部曲則是主動傾聽，不但要聽懂別人說的話，也要掌控對話的方向。如果做得好，你就能有效影響對話，並且讓結果也在你的預測中。

幾乎任何人都可以聽別人講話，並至少藉此隨意交個朋友，但精通於主動傾聽的人，則能擁有建立堅固信任關係的力量，有時候幾乎是在彈指之間就完成。這樣的人經常會成為領導者，不管那

1　在消息公佈之前，不要讓人產生過高的期望，因而對外放風聲，將人們的預期帶向一個既定的方向，當結果公佈後人們發現比原來想像的好時，自然就會覺得喜出望外。

是否是他的終極目標。

幾年前，我在一場大型家族企業主的研討會演講時，對於主動傾聽的力量，有所頓悟。在研討會開始前的傳統週日夜交誼晚會上，我站在一位極富有、極美麗的女士旁邊，她的眼神空洞，不必問我也能感受到她心中的痛苦。

我悄悄潛入她的黑暗世界。「要應付這樣的場面一向不容易，是不是？」她勉強擠出一個悲傷的微笑。我說：「我寧可待在家裡，和我太太一起看『反恐危機』（Homeland）電視劇。」

她先用謹慎的眼光看了我一眼，接著很快就放鬆了。當別人感知到自己的痛苦時，痛苦的人會立刻察覺到此事。這簡直就像第六感，能讓人不致於淹沒在由痛苦而來的孤寂而瘋狂。「我可能會讓你覺得無趣。」她說。

「為什麼？」

她嘆了一口氣，淚水湧上來。我安靜等她開口。

「我在這裡只是因為我先生過世了。就在去年。他知道該怎麼應付這個場面，但我不知道。他認識這些人，但我不認識。」

在找話講的痛苦時刻之後，我吐出一句：「那一定糟透了。」（沒錯，我知道這不是符合政治正確的「很遺憾你失去摯愛」，但這是我的真心話。）

只要是從內心油然而生的話語，就沒有所謂的說錯話，傷心的人一聽就知道，什麼是從心底來的聲音。

她只說：「沒錯，糟透了，」但她的表情透露出，我的話穿透了她的保護盾。

接著，她喝了一大口她杯裡不知是什麼的飲料，然後開始告訴我她的故事。那是個極其悲傷的故事：生命最甜美的童話故事，加上人生突如其來最苦澀的課題，也就是在終將死亡的人生裡，沒有什麼是確定的，也沒有萬無一失的保障。

以那位女士現在在美國商界的地位，我如果再多提一點細節，就會侵犯到她現在僅剩的一點隱私。

我仔細傾聽，出於本能地運用許多我接下來要告訴你的方法。只是那時我還沒有意識到它們可以建構為一套系統。

大約十分鐘後，我說了類似以下的話：「所以說，你知道你父親可能會想修正某些問題，但如果他這麼做，就會與你丈夫的想法有出入，而那是你無力調和的衝突？」

她張大了眼睛，她的淚水似乎乾了。「你是個好聽眾。謝謝你，羅賓。我還以為你只是讓我盡情地說而已。」

她看起來好像沒那麼無助了，比較能走出喪親的孤獨了，那種感覺宛若新生。

她喝了一口她放了很久的飲料。「裡面有你認識的人嗎？」我問。

「有一些。」

「可以幫我介紹嗎？」

「當然可以。」

在引介的過程中，她也周到地為我牽線，拓展人際關係，而由於她過世丈夫的地位，她為我打開的門，多過我為她所做的。我對她的仁慈並不訝異，因為仁慈最哀傷的地方就是，它常是痛苦的產物，遠遠超過來自安適。

她後來告訴我，那場傷心的聚會和問候，是她人生跌落谷底、開始反彈的一天，而由於她從那麼高的幸福之巔跌落，後來的人生比她預想的更好。

那天，我們也建立了彼此都記憶深刻的堅固連結。我現在很少和她聯絡，雖然我有時候會在商業期刊裡讀到她的消息，但我知道，如果我需要一個朋友，我已經有了。她也知道。

主動傾聽的十二條守則

在這個有太多不必要的隔閡築起圍城的人生裡，關係的建立需要的只是一顆開放的心、積極主動的心智，以及消除一點點孤單也好的欲望。如果你有那些特質，你就是天生的主動型聽眾，也是把那項特質提升到一門藝術境界的優秀候選人，或至少能升級為一套系統。

一、**聽最重要的事**。

幾乎在所有情況下，我們都要永遠以要對方為重。即使對方和你談的是抽象主題，也要保持專注，思考那些抽象事物對他們個人的具體性。

其中一部分的重點是不斷自問：「他們為什麼應該要和我談話？」甚至更進一步，不要問自己為什麼認為他們應該和你談，而是思考「他們為什麼認為他們應該和你談」。這對他們有什麼好處？我可以給他們什麼？他們最終目標是什麼？他們的階段目標是什麼？

你要如何找出這些事情的答案？就是開口問對方。

二、**把你的意見留在心裡**。

信任守則第二條：放棄批判。它適用於傾聽，也同樣適用於述說和提問。

如果別人想要知道你的意見，他們會問。如果對方沒問，你的意見就與對話無關。

如果你知道自己的意見是什麼，那很好，因為在你朝著終極目標直線前進時，你只需要知道自己怎麼想。

如果你不確定自己該怎麼想，試著藉由探問別人，找出明智的見解。人都喜歡別人詢問他們的意見，不論是哪些方面的事物都可以。

例如，你最近一次向別人問路是什麼時候？對方的態度會唐突或粗魯嗎？（當然，正宗紐約客通常要被排除在這個概述之外。但如果你能理解他們的性格框架，也可以避免碰釘子，因此你可以換個說法，例如：「不好意思，你知道中央車站往哪個方向走嗎？或是我應該滾開，自己想辦法？」）

三、仔細傾聽，並給予真誠的肯定。

努力從對方的觀點來看事情，不管他們的觀點對你有多陌生和歧異。這是信任守則第二條「放棄批判」的實踐。

跨越自己的邊界看世界，也能拓展你的水平線。肯定對方不代表贊同，只是理解，而理解不同的觀點能豐富你的智識、情感，甚至心靈。

四、不要為對話設限。

我多次提到的海軍陸戰隊格言，正說明了這個道理：第一發砲彈發射之後，戰火煙硝開始瀰漫，場面亂成一團，什麼事情都有可能發生。

在對話裡，你的第一發砲彈就是你的第一個提問。在那之後的所有事，只要執行得宜，都是追加問題。因此，要展開優質的對話，回應比發表更重要。

如果你堅持對話要按部就班以線性方式進行，你或許還是能抵達你想要的目的地，但是你永遠不會知道，你是否可能去到另一個更好的地方。更糟的是，你可能無法充分建立關係。你若是按自己的選擇為對話設限，牽著別人的鼻子走，別人也會感受到，而這種感覺絕對不會舒服。

五、把自己的故事留在門外。

這是最難做到的事，因為那些都是你熱愛的故事。它們能彰顯你的洞見，證明你適性的人格。

很好。但是，這些故事關乎什麼？關乎你。因此，把它們留在家裡就好。

六、批評不要附帶免責聲明。

你不會永遠贊同別人的意見，即使告訴對方你不贊同，那也無妨。但主動傾聽有個極為關鍵的重要條件是，對於你不贊同的陳述，務必適當回應。如果處理不當，別人會覺得被否定、誤解與批判。

可惜，一個是最常見的回應方法，恰好也是最無效益的，那就是：在說出批評之前，先說出意在撇清責任的免責聲明。

人們通常會說類似以下的話：「我絕對沒有批評的意思，但是……」他們接下來說出口的，就是批評。你會因此感到他們其實顧及到你的感受，甚或因此緩解怒氣嗎？通常不會。不管再怎麼包裝，否定就是否定。

以社會工程術語來說，試圖緩和侮辱是「否定框架」（negating the frame），這代表一種比「侮辱」更過分的行為：否定對方感覺被侮辱的權利。

如果你必須表達反對的意見，讓你的語彙框架保持正面，例如：「你的想法非常合理，而我認為我還知道另一個層面。」或是：「整體而言，我欣賞你的構想，我只是有些建議，可能會有幫助，也可能沒有。」如果你認同對方的看法，一定要具體表示認同點為何，否則你的肯定聽起來只是虛話。此外，一定也要詢問對方對於你的回應有何看法。

七、在完全理解後仍繼續傾聽。

這樣做是因為人會改變想法，有時候就發生在一場對話裡，甚至是在一句話之間。如果你沒有發現對方的想法在轉向，他們在你停止傾聽的那一刻，就會立刻知道。

切記，不管是與新朋或舊友，和他們之間產生的每一次連結，都是新的連結。如果來訪的人過去與你的關係不錯，千萬不要自以為是，以為這次會面仍然會一如既往，於是就把一切交給本能反應去主導。

此外，情況的變化有時甚至比人更快、更頻繁。

以對待陌生拜訪時規格無上限的禮儀，面對每一次拜訪。若你以對待陌生拜訪的方式應對所有拜訪，關係會與時俱進，通常也能保持熱絡。

八、讓對方確知你在傾聽，並無所存疑。

有人覺得，只要知道自己正注意傾聽，就是主動傾聽者，但那是不夠的。你必須在過程中隨時讓對方知道你在專注聆聽。

以下有幾個簡單的傳達技巧。

- **極簡短的鼓勵**。

你可以用鼓勵的字詞或口語線索，顯示你在傾聽，如「哦，真的？」和「嗯哼」，也可以用非口語線索，如點頭、微笑，或揚眉。有技巧地運用這些簡潔形式的鼓勵，有益於對話的節奏、調性和品質。

你可以從電視上的優秀訪問者身上找到許多絕佳例子。他們幾乎沒有隻字片語，就能帶動對話的流暢度。

• **重述**。

藉由用自己的話語重述對方的想法，讓與你說話的對方看到，你明白他們的觀點。

重述要簡潔有力，足以讓對方繼續掌控對話的進行，可能像是：「感覺你真的很迷惘。」這樣做也能幫助你在事後回想對話，因為你不但是在鋪設聽覺記憶（聽覺），同時也在建立所謂的「產出效應記憶」（productive-effect memory）（講述）。

• **反問**。

你可以用問題形式重述對方的話，如「你真的很迷惘吧？」，以促使對方補充更多資訊。反問通常能誘發人在教導別人時所獲得的那種大腦獎勵。

• **對話串連**。

如果你想不露厭煩、不著操縱痕跡地改變話題，把對話引向另一個與目前主題類似的平行主題，這是有技巧的。

例如，如果你想把話題從高空跳傘轉到更個人的話題，你可以說：「高空跳傘聽起來像是大膽、幾乎什麼都不怕的人所從事的運動。你是這樣的人嗎？」這樣一來，他們仍然是對話的焦點，卻不會聽起來像是你對他們所說的話感到厭煩。

• **定錨提問**。

這些通常是開放式問題，能幫助你發現你們的對話深度如何。它們能引出的答案，不是表面的，就是深入的。

例如，你可以問：「你覺得『愛』最重要的元素是什麼？」如果答案是：「愛通常是一種蠻美好的感覺」，你就知道你們的對話並不十分深入。如果答案是：「愛就是在對方身上看到最好的自己」，你會知道對方能對你敞懷暢言，你們能建立真誠的連結。

隨著對話的進展，定錨提問通常能引出更具深度的答案。如果不是這樣，你就知道若不是你沒有問對問題，就是和你談話的對方不願打開心房。不管是哪個原因，你至少知道你的處境如何。

如果回答停留在表面層次，不要因此誤以為你在和一個膚淺的人談話。世界上沒有哪個人是真正的膚淺。問題在於：你在和他們說話時，深度足以觸及那些真理嗎？

•辨認情緒。

唯一比「了解別人的想法」更重要的，就是「理解他們的感受」，同時也讓對方知道你理解此事。我之前提到的那支YouTube影片「問題不在釘子」，影片裡的那個傢伙在什麼時候得到他想要的反應？就是當他讓她知道，他了解她的感受時。

有時候，建立關係最好的方式，就只是提出「你今天是不是過得不太好？」之類的關心，人對於能了解自己感受的人都是無法抗拒的。你可以稱之為同理心、EQ或任何東西，重點是只要能表明你了解對方就好。

•為對話做出總結。

在對話結束時，若你能重述別人的講話要點，這不只能讓對方知道你了解他們所說，也通常能發現你遺漏了一、兩件重要事項。

了解最後的事實，雙方都能得到滿足感，因為它能補綴起零碎事項，建立強烈的連結感。

如果對話包含協助的請求或承諾，這麼做尤其有價值，因為它能幫助你記得這些事，也是下一次對話一個很好的起點。

九、避免有「絕對意味」的用語。

主動傾聽的主要目標是讓別人覺得被理解，因此受到肯定，但如果你不只觀點與對方不同，也絕不妥協退讓，還要讓對方覺得自己被理解，這是幾乎不可能的事。你的不妥協表現在運用所謂的「絕對用語」上，如「絕對不」、「一定要」或「所有事物」。

絕對用語是誇張的極端表現，也是一種謊言的形式，你每誇張一次，你的信譽就少一點，然而這卻是很多人會非常頻繁出現的習慣。絕對用語通常不會完全屬實，尤其是用於描述人類行為或個性時。例如：鮮少、通常、有時候、偶爾、經常，頻繁、不時、幾乎、將近、常見、可能、幾乎沒有、很多、接近、難得、一般、典型、相當、原則上、據稱、顯然、似乎……等。

有些人把這些稱做「模糊字」，但它們經常用於法律訴訟裡，就是因為它們能為精確度保留空間。（你會注意到，本書充斥著修飾語，因為這能幫助讀者專注於訊息本身，而不是它的傳達方式。它是以理性為重。）

倘若你說出「你從來沒有稱讚我」之類的話，極不可能讓對方讚美你，反而很可能引起那些用來反擊的老話，例如，「從來沒有？你胡說八道！」（即使最近一次的讚美已是早在一年之前）。即使「從來沒有」是事實，你或許還記得，但對方可能早已忘記，因此不相信你。你們只會陷入爭辯中。

有時候，反誇飾甚至可以最有效地表達你的觀點。例如，如果有人上週每天上班都遲到，而且也發現你知道此事，你或許可以說：「你上週遲到了好幾次。」這句話傳達了兩項訊息：一、你這個人講話委婉寬厚，以及二、即使「好幾次」也表示太多了。將這個說法和下面這句對照一下：「你總是遲到。」你覺得哪句話聽起來讓人比較舒服、不具有防備心呢？

前一個例子裡，有個更好的說法是：「我注意到你上週有幾天遲到了，這對你來說，實在很不尋常。有什麼事我可以幫忙嗎？」

使用修飾語一個立即可見的效果就是，由草率馬虎、自私自利的言語而引發歧見、終至失控的情況，將會大幅減少。

十、不要使用辯論的技巧。

如果你使用操縱謀算表達觀點，或是操控對話方向，別人會知道你不是真的想聽他們的想法。大部分人會認為你對邏輯和理性大剌剌的藐視，是在侮辱他們的智商。

可惜，許多新聞節目現在都採取辯論形式，因此在日常對話、甚至在商業上，採用辯論技巧，似乎比以前更加普遍。

最常見的有：

- 謾罵
- 曲解他人的話
- 藉由變換話題以閃躲問題
- 指責怪罪
- 貼標籤，而非定義

- 玩弄恐懼或偏見
- 誤解他人的立場
- 恐嚇脅迫和侮辱
- 影射和諷刺
- 把事實稱為個人意見，或把個人意見偽裝成事實
- 諷刺、嘲弄或排擠

十一、不要用指控的方式道歉。

若你傷害了別人，甚至僅僅只是有人覺得你傷害到他們，你都很難不擺出防衛姿態，否認自己犯錯。但是，領導者能超脫這一切，他會說：「對不起」。

英語有超過一百萬個字彙，但只有三個白話詞語被認定具有神奇的魔力，那就是「對不起」、「請」和「謝謝」。這三個詞彙，以及它們傳達的價值，具體展現出建立信任的重要本質：以別人為重。

說了「對不起」之後接的話，也一樣重要。如果接在「對不起」後的字是「但是」，你一樣會搞砸。「但是」之後免不了是藉口，或是否認，通常是把罪過推回去給控訴者：「我對你大吼大叫，對不起，但那是因為你做了〔某事〕，所以我才生氣。」簡單說，你的意思是對方才是壞人，但其實你和對方通常是半斤八兩。

當你放下那顆「但是」炸彈，不朝著對方丟去，對方反而更可能做你希望他們做的事：自己承擔部分過錯，或是告訴你「沒關係」。如果你應該道歉，明白表達你知道確切的原因，才是明智、仁慈之舉。

一個有助於別人無條件接受道歉的絕佳方法，就是設身處地，站在對方的立場，告訴對方你為什麼認為你的行為傷害到他們。這是肯定他們的感受其來有自，但不見得是為他們的感受背書。

然而，如果指控不但完全不正確，甚至無法合理接受，你就必須更正澄清，但不要增加衝突。這件事的難度較高，但也有一套好方法可以做到。

首先，你可以說：「我很遺憾你有這種感覺，我了解。若是我，我也會有一樣的感覺。」藉此把對話的焦點保持在對方的感受。然後先停頓一下，讓這些安撫的話詞暖化氣氛。

接著，以純粹提供資訊的方式說出你的理由，或你的否認。你要展現真正的領導者所具備的層次，徵詢對方的想法和意見，了解他們在類似情況下會怎麼做。不要用防衛式的質問，而要保持謙卑。這會讓對方想要聽你有什麼話要對他們說。

此時再停頓一下（運用沉默的力量），讓對方決定，是否接受你所說的，或是否決你的理由。

可是，如果有人緊抓著衝突不放，即使是對於不重要的爭論，也勢在必得，或是想找代罪羔羊，而不是專注於他們的終極目標，那麼，你至少可以對他們有足夠的了解，在連結你們的使命方面有所撙節。

十二、放下你的手機。

這是我從新血探員身上學到的，以下就是事情的始末：

他與黎博士建立了堅實的關係，開始每週二在同一家廉價餐館共進午餐。

當時，新血探員非常投入這段關係，但黎博士想要返回北韓的心願改變了一切。黎博士不再只是有潛力的資訊來源人士。事實上，他是美國公開敵人的潛在叛逃者，而他左前額葉儲藏的智慧財產，力量足以扭轉國際政治氣候。但是，我們這位一天比一天聰明的新血探員，不允許性格框架的轉變毀了他們的關係。

奇特的是，他們結緣於洛杉磯快艇隊（L.A. Clippers）。他們兩個人都是明星大前鋒布萊克·格里芬（Black Griffin）的粉絲。

有一天，新血探員瞥視著放在桌布上的手機，問黎博士他最不喜歡美國的哪一點，藉此試探他想要回歸母國背後的原因。

「美國人看似相當友善，」他說，「但是他們似乎就是不可能放下他們那該死的手機。」

這時，新血探員立刻拿起他的手機，握在掌中，在黎博士眼前舉高，大喝一聲：「布萊克三分線外投籃！」接著是一記完美的後投長射（這是根據新血探員的說法），手機無聲無息、穩穩當當地掉進一個無蓋垃圾筒裡。「手機不過是垃圾而已！」新血探員高聲說道。

當然，他後來把手機撿了回來，因為手機裡有敏感資訊，不過他之前的舉動已經表達了他的意思。

黎博士和他擊掌——接著，他們展開第一次毫無保留地暢談。

新血探員提及這件事後，我問了一些我最信任的情資人員，手機這件事是否讓他們感到困擾。除了其中一位外，其他人都說會。他們都習慣了別人看手機，但如果正當是他們為國家犧牲奉獻的時候，對方卻頻看手機，他們會覺得自己沒有被當成一回事。

科技革命一個悲哀的諷刺就是，原來意在拓展人際交流的溝通裝置，現在反而通常變成一種限制。

人多半渴望關係的連結，但是化解孤立的辦法，不是在虛擬世界擁有一長串的朋友名單，你與這些人的溝通往往受制於推特的長度、一串縮寫和表情符號的表達力，或是終會遭致自毀的自拍。沒有真實就無法建立關係，真實包括實地與對方共處，而且不是從事兒童心理學家所說的「平行遊戲」（parallel play），也就是幼兒排排坐一起玩，但是各玩各的玩具，極少互動。

＊＊＊

我和新血探員廣泛講述提問和主動傾聽的力量，內容正是我在前文由和你描述的那些課題，因此他已經成為推測言外之意、以及挖出隱藏在人內心的真話的專家。

一直到手機射籃事件之前（這是展現尊重的精采即興之作），黎博士都堅稱他是基於地理政治原則而想要回家。

從廣博的歷史觀點來看，他的觀念有道理。但是，新血探員不相信這個說法，我也不相信。

總而言之，這是一道簡單的風險／報酬比例計算題，而算這道數學題的人，是一個最不可能算錯的人：數學家。

在還沒到轉折點之前，新血探員不宜去戳黎博士說詞裡的漏洞，因為冒犯他有風險，可能會永遠結束這段關係。

但是，試探的時機到了。

那個下午，新血探員得知了（一如常會發生的事）比故事表面更可怕的內情。

黎博士嘆了一口氣，說道：「我必須回去的原因是，在我離開前不久，我的父母因為一項非常小的罪名，被當地一個非常低階的黨職官員軟禁在家。那成為我追求自由的主要動機。我是個幸運兒，但我的雙親所遭受的傷害，讓我痛恨自己的幸運。」

黎博士說，如果他尋求自願回歸，政府可能會對他雙親的制裁網開一面。當然，那是當他們的懲處沒有加重到入監，或陷入更糟的情況時。

黎博士真正的動機，遠比邏輯哲理更深的動機，是最強烈的個人動機：這是家事，是所有框架中最強的一種。

「我覺得你足堪信任，」黎博士說，「因此，我想要請你幫忙，能否至少確認一下他們的……狀況。」

「我不知道該怎麼做。我們和那裡沒有外交關係。」

黎博士彷彿沒有聽到他的話，繼續說：「如果他們還在，有沒有可能可以……麻煩你……或許可以幫我回去。」

「我不能那樣做。」

新血探員告訴我這次會面的事時，而我給他的建議，你現在可能會認為理所當然。「保持友好，」我說，「維護他的信任。藉由提問讓他明白他的計畫有漏洞，而且非常危險。也讓他知道，你理解他的感受。」

「好的。可是他現在不單純是潛在的HUMINT了。」

「沒錯，太可惜了。他是個好人。」

「比我更好。」新血探員說。

這名探員學到了人生最苦澀、但也最救贖的一課：謙卑才是真實。光是這一點，就能讓他從那一天起，成為更優秀的探員。新血探員說：「我現在見到黎博士，就覺得有點感傷。他好像都沒有把我的話聽進去。」

「是的，但你還是要保持微笑。那是他需要的。」

「我要怎麼知道我和他已經建立了關係？」

「因為他會對你報以微笑。」

溝通技巧三：解讀非口語溝通訊息

讓對方真心微笑，是與人建立關係的ＦＢＩ最高機密法則。成功的非口語溝通（完成建立信任關係的第三部曲），微笑就位於金字塔頂端。

以正面的肢體語言反映你的訊息，有時候和正面訊息一樣重要。如果你的訊息正面，卻用負面的肢體語言傳達，就會產生一種不調和，扼殺了信任。

在破解非口語溝通訊息方面，我的前FBI同事、非口語溝通領域的大師喬・納瓦羅，是我的師父。在他的推廣下，肢體語言被定位為一門科學，而他也針對這個主題廣泛著述。

我從喬那裡學會的頭幾件事，有一件就是，只要你放下過多的思慮，退一步，順應靈感而為，非口語溝通會是最犀利的技巧。

為了精通非口語溝通，我假想自己又回到巴里斯島，揣想擔任海軍陸戰隊新兵總教官時的心境。我走進軍中營房，看著一群新兵坐在置物箱上，擦著靴子或做任何事，而我透過直覺和感官認知的奇特組合（我的「蜘蛛人超能力」，你也可以這樣說），發自內心感受他們當中發生了什麼事。如果感覺不對，我會我會到營房辦公室找像霍維爾上士那樣的人，說：「我不知道你的人究竟怎麼了，但拜託你把事情解決。」他會問：「上尉，你怎麼知道的？」我會答：「我的蜘蛛人感應器響了。」

如果要把這項能力解析成基本原則，那會是：尋找微笑，或尋找皺眉。這兩者是自在和不快的標準表徵，也是宰制關係建立最原始的兩種情緒，它們各自有其表現在外的一套特質。

自在的基本訊號：

- 正向的臉部表情。

- 角度略偏的肢體姿勢，而不是正向面對面或全面迴避。
- 露出大部分行為科學家所稱的「腹部」，這是人體最脆弱的部分，包括肚子、胸部、下顎、手掌、鼠蹊、足脛和腳底。
- 尤其是露出腹部時，這裡儲藏著重要器官，在肢體攻擊中可能會遭受重傷。

不快的基本訊號：

- 負面的臉部表情。
- 直衝著你來的肢體語言，或完全躲避你。
- 阻擋或保護腹部的舉動，例如雙手抱胸或雙腿交疊。

以下是一些你已經看過很多次的訊號。未來，試著把對它們的知覺融入你建立關係的意念裡。

自在的常見具體表現：

- 微笑。
- 揚眉。
- 靠近，但不是推擠。
- 偏著頭。

- 呈四十五度角站立。
- 平靜而溫柔地觸摸頭髮。
- 舉止優雅從容而放鬆
- 在觸碰他人時，手會稍微停留。
- 保持眼神接觸，但不是瞪視。
- 專注於別人的話時，微微瞇眼。
- 一手叉腰。
- 坐時往後躺仰，感覺有興趣時身體會往前傾。
- 肩、頸和下巴保持舒緩和放鬆。
- 音調低柔，或講話輕聲細語。
- 表情生動，包括驚訝也是如此。
- 講話速度相對緩慢。
- 手肘保持稍微離開身體兩側。
- 站直。
- 雙腿和雙臂較常分開，而不是緊靠。
- 點頭，彷彿同意或理解。

不快的常見具體表現：

- 皺眉頭、咬唇，或咬緊牙關。
- 眉毛、嘴唇、額頭或雙手緊縮或緊繃。
- 肩、頸或下巴緊繃。
- 下巴揚起。
- 雙臂緊緊環抱於胸前，或交叉雙腿。
- 與對方的位置呈九十度角，或完全背對著對方，或正面相對。
- 動作急促、僵硬、突然。
- 掌心朝下，或是不露出掌心。
- 雙手叉腰。
- 極靠近對方，會讓對方往後退。
- 瞇眼，眼部肌肉極為緊繃。
- 瞪視、避免目光接觸，或翻白眼。
- 低頭，垂下目光。
- 眼光上下打量對方。
- 抬起下巴，呈一個誇張的角度。
- 揚起上嘴唇，但下嘴唇保持不動。

- 高聲、快速講話，或是語調非常謹慎、短促。
- 搖頭，仿若不同意或不相信。

這些舉止往往會有好幾種同時出現，結合臉部表情、姿勢和動作。大部分行為學家都會培養解讀一串訊息中特定項目的高超技巧，如臉部表情。

臉部表情的解讀向來是我的強項，或許是因為我極度專注於別人說的話。臉部表情能透露最多訊息，我一定會觀察嘴唇、頭部傾斜的角度和眉毛。我認為，若一個人的言詞與內心真正的想法不一致，這些部位特別容易顯露蛛絲馬跡。

如果我可以讓對方微笑（即使是哀傷或嘲諷的微笑），我通常會相信，他們是開放而誠實的，而且認為與我相處融洽。

走進滿滿都是人的場合時，人臉上浮現微笑的那群人，向來最能吸引我加入他們。他們的發言通常最踴躍，也最能熱情接納新加入者。如果我自己就身處於這樣的一群人裡，我通常也會邀請其他人加入，也讓他們微笑。

一如建立關係的其他要件，對非口語溝通的個人化層面有所體認也極其重要，因為有些人具有其獨特的表情，姿勢、動作和語調，很容易被誤解。因此，找出一個人非口語溝通風格的「基準線」會非常有幫助，也就是他們在自然情況下的反應。這樣一來，你就可以更精確地發現，在觸及不同的主題時，反應會有何變化。

例如，在我的某些訓練課裡，我會播放我在兒子一年級時剛好拍攝到的一段影片；內容可以充分說明何謂基準線。當時，我兒子正在掩飾他所遭遇的一個問題。我聽說他和校車上的某個男生處不好，於是想知道他是否真的為此感到困擾。

一開始，我先問他一些中性的問題，接著問他喜歡的事物，例如看「星際大戰」電影，或玩積木。在回答中性問題時，他顯露了他的基準生理特質，在談到像「星際大戰」等主題時，則顯現正向特質。

接著，我說：「那，凱文，可不可以告訴我校車上的事。」突然間，他說話的節奏和語調從活潑生動轉為空洞單調。他的口語溝通仍然保持正面，但他的非口語溝通透露出，其中有我必須解決的嚴重問題。

如果我先問校車上的事，一如父母憂心時通常會採取的問法，我或許會被誤導。

在犯罪戲劇裡，測謊員也會採用相同的技巧。他們會先問一些中性問題，例如你住哪裡。接下來才問屍體埋在哪裡。

時下流行一種非口語溝通技巧，是一項用於創造融洽氛圍的技巧，稱為「比照與鏡像」，即採取與對方相同的基本肢體語言。我認為它太過操縱，因為它不是出於真心。你只需要做自己，理想上，是做最好的自己：一個把對方放在第一位、不帶批判、肯定他人的人。

不管是哪一種正向非口語技巧，「假裝」都不是明智之舉，因為太容易看起來流於虛偽。如果你的訊息是正面的，你就不需要假裝。

＊＊＊

新血探員再次見到黎博士時，黎博士已經坐在他們的老位子等他。新血探員告訴我，他臉上掛著一抹他見過最悲傷的微笑。

當時第六感立刻告訴他，想要回歸祖國危機已經過去了。但即使如此，他仍然為此感到哀傷。

「怎麼了？」新血探員問道。

「我不能回家了，」黎博士說，「回家會引發無窮的變數，變數多到會讓最後的情況遠比現況還糟糕，而且對每個人而言都會如此。我想我只是在自欺欺人。」

新血探員把手放在他朋友的肩膀上。「你非常有智慧，」他說，「我真的很遺憾。」

「我很聰明，但我沒有智慧。」

「但你做了對的決定。」

「這都是你的功勞。」黎博士說。他伸出手來，把手放在新血探員的手上。

新血探員不知道該說什麼，於是不發一語，在某些情況下，沉默是唯一恰當的話語。

他們在幾乎完全的靜默裡吃完午餐。這是在信任裡令人自在的沉默。

七個月後，他們再度見面，黎博士看到新血探員笑意盎然的臉龐時，他知道，他的朋友一定為他帶來了天大的好消息。

新血探員聯絡了一個大學時的朋友，那個朋友在國務院工作。他動用了與一名學術界人士的私人關係，因為對方與北韓有聯繫管道。黎博士的雙親已經在一年多前取消軟禁，現在過著安全而平靜的生活，也知悉兒子目前的動向，為他感到自豪，甚至還對於他沒有和他們一起留在北韓感到很欣慰。

這項私下運作、不為人知的外交活動，對於新血探員的職涯發展絲毫沒有價值。他要求我不要再和他提到這件事，在我任何與此有關的討論裡，要讓他保持匿名，隱藏他的身分。

把別人放在第一位，不見得一定能讓你更接近自己的終極目標。但有時候，如果運氣好，伙伴也對了，它能帶來更珍貴的事物。那些事物，或那個境地，甚至超越信任四大步驟的範疇，存在於人心。

第三部

信任的力量

第9章 信任，是數位時代的基礎

現今所謂的現實世界，通常是虛擬世界：一個由電子通訊構成的迷宮，探索起來經常遠比我們身處的真實世界更變幻莫測。

這個流傳甚廣的去個人化現象相當新穎，它是我們社會對美國企業、政府、媒體，甚至社群關係缺乏信任的主要驅動力。

政治機關、企業、職場、友誼、婚姻和家庭，在固有的本質上，全都仰賴信任，現今卻經常遭受傷害，甚或被抹滅，禍因就是電子世界錯綜複雜、經常不盡完善的機制而衍生的錯誤。儘管人各有不同的背景，但這些電子災難對大家都一視同仁。

受到電子災難波及的人包括：

- 年輕人。有時候，他們對於電子產品的理解，甚至多於對人類行為的了解，不管他們如何保持敏銳，都易於犯下人為錯誤，但無法自立即的反饋裡獲益。
- 年長者。人際技巧通常勝過科技技能，他們因為低估或完全忽略數位互動的力量而吃虧。

- 男性和女性。我們姑且說（一如第3章所提），問題不在釘子。或者釘子真的是問題？這是一個難以消弭的鴻溝，在電子通訊相對較為死板、非實體接觸的環境裡擴大。
- 以事導向型的人。有時候在數位溝通裡過於暴衝，冒犯了他人而不自知。
- 以人導向型的人。成為冒失鬼的機率也一樣高，這是出於過度重視個人化而造成的，常忽視手邊的重要事情。有時候也會因為在社群媒體偶爾隨性的貼文而惹上麻煩。

數位時代的人際聯絡，不是親自會面，也缺乏及時回饋，以及實際對話的細微層次，因而放大了人與人之間的差異。

數位媒體的力量，可以名副其實地賦予一個人新的人格。任何人的地位幾乎都可以在轉瞬間竄升，成為真正的名人，或意見發表者，但也可能以一樣快的速度隕落。

人們在推特上發布自己的日常活動，彷彿發布最新新聞；市井小民在社群媒體的曝光度，以量來說，有時候等同新聞媒體的電影明星報導。我們也能對規模龐大的閱聽大眾散播我們的構想和意見，其中有些人變得像政治人物或權威專家一樣有影響力，也能帶動類似的反應和過度反應的批評。

然而，在一個日益失去個性、消除匿名的世界，人們會貪戀成為聚光燈的焦點（即使那是他們自己拿來照射在自己身上的燈光），但他們對後果卻沒有完全的掌控權，連想逃離目光的焦點時，甚至也無法全身而退。

真正的名人都會說，名氣為雙刃劍，這不是虛假的謙虛。名人的地位得來不易，而要不斷維持一開始創造名氣的種種條件，包括：努力、才華、才智、出眾的外貌，以及魅力等，這也是種挑戰。現在，這些條件可以落在任何人身上，即使他們的名氣只存在於自己的家族、企業或朋友圈。對大部分人來說，即使只是盡力對自己保持正向態度，也都要千辛萬苦才能活出他們在社群媒體所展現的崇高自畫像；如果他們失敗了，即使是最忠實的支持者也可能踩他們一腳。這是個世界歷史上的怪時代，我們都面臨真正的名人要永遠忍受的現象：被推崇，是為了被打壓。

數位傳播能力賦予人們不可能的期望，也把這些期望向外傳播到許許多多同心、交錯的圈子，以指數成長。到那時，你就不可能符合期望。

現今，要擺脫你的缺失，改頭換面，也同樣不可能。你今天和某個朋友分享的秘密影片，明天可能就會在YouTube上瘋傳；你兩年前發送的那封怒氣沖沖的電子郵件，可能會成為你在某個具影響力的商業部落格上的正字標記。

當你的個人意見出現在公開的場合時，不要預期它們會在原來的框架裡，或是能獲得精確的呈現、有見地的評論，也別想它們在網路世界會有船過水無痕的時候。

E時代挾著「永遠留下紀錄」的威脅來勢洶洶。在數位溝通的永久紀錄裡，抹黑的評論會永遠糾纏你，某個已經不再是你所主張的意見，甚至可能成為死扣住你頸項的軛。在過去，這多半是政治人物獨有的毒藥，但如今部落格圈已經讓所有人都變成政治人物。

在電子時代與網路世界根據信任守則表達你自己，不只能避禍，也能大幅提升聲望，這些信任守則是：一、放下自我；二、放棄批判；三、肯定他人；四、理性至上；五、樂善好施。

因此，信任守則又再度重生，成為數位行為守則。

數位行為守則一：放下自我

我們在寫作時，幾乎無法克制想要展現自己最好一面的企圖。這是算客氣的說法。較不客氣的說法是：我們往往會讓自己變成每一句話的主角，陶醉在自己的專注裡、打點自己的形象、裝模作樣一番，而這一切在當下都看似自然，但這麼做會讓我們偏離現實、過度簡化、隱蔽真實、迴避自謙，只留下很少的空間給所有讀者真正想聽到的一個重要主題，那就是：他們自己。

如果你想要寫一本讀者真正會讀的書，內容一定要以讀者為重。了解你確切的讀者群，直接與他們對話，談論他們的問題，以及如何解決那些問題。運用你最強的直覺能力，預卜他們對你要談的主題的感受如何，仰賴原型概念和人格特質，傾盡你所有的同理心。

若要進一步拓展你的讀者群，你可以在書中運用一個人物，反映讀者的人生旅程，其中有缺憾、有趣味、有奮鬥掙扎，也有愚蠢笨拙：這段旅程的名字就叫做「你」。

練習這條守則的方式之一，就是寫一封全文沒有一個「我」字的電子郵件、簡訊、推特和貼文。這件事是有難度的。可是，等到你精通這個單純的形式，別人會告訴你，你真是溝通大師。真的要談論自己時，就以自曝己短彰顯自己。你表現得愈愚鈍，看起來就愈有智慧。

數位行為守則二：放棄批判

不帶批判地接納他人，最重要的一個層面就是：不要爭辯性格框架。因為爭辯性格框架，基本上就等於在說：「你這個人是錯的，如果你能多跟我學學，你就會明白，我才是對的。」

有位在ＦＢＩ總部與我同一層樓工作的女士，最近與某個和她同部門的同事在網路上鬥嘴。這場紛爭都在不斷累積的一長串電子郵件裡被紀錄下來，他指控她向別人透露他告訴她的一個秘密，背叛了他的信任，毀了他的職涯。

她來找我，尋求我的建議，同時提出有力的證據，證明她不是那個大嘴巴。她已經給對方看過她的證據，但對方毫不理會，只是一直在那個秘密會造成多大的傷害上鑽牛角尖。

在信件往返接近尾聲時，他的怨恨到達巔峰，他甚至還質疑她是否適任探員。

我知道那個同事缺乏安全感，有時候會對他認為的委屈與不滿反應過度，但這次的情況，即使用他的標準來看，都顯得奇怪。這個秘密是芝蔴綠豆大的小事，不可能傷害一個人的職涯，甚至連要造成他的難堪，都嫌不夠有力。

當她發現自己無望證明自身的清白後，她換個角度，試著說服他相信和我一樣的看法：那個秘密根本微不足道；而且他真正的問題在於，他在為沒有必要擔心的事憂慮。這兩件事都是真的，那位女士和我都心知肚明，但他卻完全無法領略。

他的性格框架是：我受到傷害，而這是你的錯——不管怎麼樣都無法改變這點。

我問她，她對這個人的期望是什麼，她說她只是想彼此能成為友善的同事。她是個看重職涯的人，她的終極目標是在局裡建立有益的人際關係，建立合理的工作流程，為職涯開創坦途。

我給她的建議是：不要成為對方不安全感的無謂犧牲品。她可以試著告訴他，他是一個非常優秀的探員（以真誠的態度，並提出具體細節加以說明）。我說，這也是一個鍛鍊記憶力的好機會，可以練習如何發現別人的優點。

我還提醒她，務必要清楚地向對方表明，他的顧慮是可以理解的，而她很遺憾出了這樣的事。她照我說的做了。結果，對方幾乎立刻就回信了，信中這樣寫著：「沒關係！我知道妳不是故意造成傷害。我很抱歉我反應過度。謝謝妳的讚美，我們一起吃頓午餐吧！」

這件事就此平息，從此沒再被提起。

很多人可能會想：她居然自己束手就範，向對方繳械投降！她等於是承認了自己做了那些事！但我不是這樣看的。對方早就已經有武器在手了，那就是他對這件事的框架。她給他的，只不過是不要開火的理由。

除非你在司法訴訟裡已經沒有退路，或是事情涉及法律制裁，否則不要在每場爭端裡都執著於自身的完全清白。通常，你無法從讓別人變成更好的人來化解問題，也無法用口語說服他們走出自己的感受，當然也不可能利用電子郵件言歸於好。

我知道，要讓別人放棄眼界狹隘的小小獵巫之旅，是件難事，尤其對我們這種進取不懈的A型人更是如此。但是，如果你真的心懷壯志，你會接受別人的本相，根據他們的性格框架與他們應對，同時著眼於大局，並為你的終極目標努力。特別是整件事情從頭到尾都是用文字表達！

你真的以為他人在讀到你寫的東西，都能冷靜而客觀地分辨其中的真假虛實嗎？如果他們那天很不順，或太忙而無法爬梳其中的條理呢？即使他們能明辨虛實，你會仍想為了一場意氣之爭的永久紀錄，賭上你的聲譽、甚至命運嗎？

領導者有更大器的事要做，那就是整合自己和他人的目標，並把自身的目標置於日常情緒之上。而這也是他們之所以能成為領導者的原因。

數位行為守則三：肯定他人

僅靠理解就能肯定他人，這需要同理心，但這種情感特質可能難以透過書寫表達。在電子溝通裡，肯定他人的第一步、也是最立即可見的一步，就是保持簡潔，意在尊重他們的寶貴時間。他們會立刻注意到這點，因為沒有什麼是比訊息或郵件的長度更醒目的了。

如果你的訊息是一封給祖母的信，你應該寫長信，展現你的貼心；但在所有的商業溝通裡，即使社交屬性再強，言簡意賅才是為對方著想。

只是，簡潔扼要也是現代溝通的詛咒，因為有太多的細微層次會在其中流失，因此務必以「清楚明白的簡潔扼要」為目標。

編輯你所發送的每則訊息，刪去多餘的贅字。特別要小心的是，如果你想要讓你的行為顯得正當，又或你是要向對方解釋，記住：不要加入不必要的細節。添補細節通常只是為了讓自己更有安全感。事實上，這只是用文字在自我安慰，而且還占用他人的時間。

數位溝通的當代大師克里斯．哈德納奇（Chris Hadnagy），是我的朋友兼同事；他是社會工程師、安全顧問，也是暢銷書作家，他幫助我理解寫出引人入勝的電子郵件的藝術。

他曾經為了讓企業成功破解釣魚詐騙郵件而尋求我的協助，因為徵得信任是網路釣魚大業的核心目標。

他和我最近到一家大企業，在網路釣魚研討會裡擔任講師。他在會中以下面這封成功的網路釣魚詐騙信做為教材。這封信件內容完全是子虛烏有的假事件：

「親愛的【收件人名字】，如你所知，下一次的董事會議即將來臨。我們把議程連同待討論的新事項放在一個安全伺服器上。請點擊以下連結，鍵入你的【公司名稱】身分驗證資訊，以登入查看。」信末的署名是：「大學董事會」。

這封信沒有任何具體的指示（這通常會被視為警訊），只是利用了最明顯的操縱工具，那就是好奇心。它也用「安全伺服器」這樣的字眼暗喻安全性。

這封信的登入率是三十五％，成效極佳。

接著，克里斯和我加進三個元素。第一，我們加入郵件主旨——「您的最新議程」，讓它對於收件者更有專屬性。第二，在「新事項」那句，我們加上「與您特別有關」，強化以收件者為焦點。第三，我們在信中加上一句：「如果目前打算參加會議，才需登入」，藉此讓收件人可以有所選擇。

成功率是：一〇〇%。

在設法破解看起來可疑的電子郵件時，不要只停留在字面上的文字，而要探究字詞背後隱含的行為。如果你無法把這封電子郵件與你生活裡的真實事物連結起來，就不要回應。

換個角度來看。要磨練有效的寫作能力，上述提到的釣魚技巧可以改用於正當的目的。例如，確保你的電子郵件和訊息全都以別人為重點：保持謙卑，肯定他人，並讓別人有選擇的餘地。保持理性，明白向對方展現你是什麼樣的人，以及你想要什麼。此外，還要樂善好施：給予別人一些東西，即使只是一句讚美，或是份簡單的小禮物。

即使如此，一如我之前所說的，信任猶如移動的標靶，關於信任的課題，永遠沒有學成出師的一天。讓我告訴你一件連我最近都受騙的詐騙事件。

我的 iPad 上出現一則通知，說我女兒發了一則臉書通知給我，於是我一看到通知就立刻就點閱。就在點開通知的那一剎那，我馬上明白我被騙了。於是，我只好在接下來的半個小時，把我全部的密碼都改過一輪。

沒錯，我知道，我是FBI的超級間諜先生，而他們用「女兒」這個詞逮住我了。操縱者透過你信任、愛的人和群體找上你。（因此，要騙倒我，又或是其他的父親，不必管什麼謙卑、肯定或慷慨了，只要寫這樣一封電郵就可以：「爸爸，可不可以請你在今天下午，把你退休帳戶裡全部的錢都轉到我在開曼群島的新帳戶？這件事很重要！」）

從另一方面來說，想在電子郵件裡激發真正的信任，就要問候對方的家人，藉此也能引帶出詐騙者所誘發的那種信任感，以及大腦的生化獎勵物質，只不過你是本於同理心和體貼而運用這股力量。

在純粹的社群溝通裡，肯定別人更重要，因為那樣的場合通常繞著情感打轉，這點要在書寫裡表達，難度更勝於面對面。

例如，我有個朋友最近想要用電子郵件和女朋友分手（叮！叮！叮！警示訊號響起。對不起，打擾了！因為那幾個字觸發了我從一個叫做「危險動作」的網站下載的程式）。但是，他寄出的郵件卻毫無效果，因為對方所有的回覆都充滿了迫切、迷惑，請求他再重新考慮。

他來找我，說問題出在他是「一個糟糕的溝通者」。

「你要挺身面對，」我告訴他。「只要承認因為你拙於溝通，因而對她的生活造成很多壓力就好，並說些好話，不只肯定她的溝通技巧，也肯定她是個難得的好人。」

第二天我收到他寄來的信，上面寫到：「羅賓！她想要只當朋友！」

難道這是「他被甩了」的另一個說法嗎？但這次並不是這樣。原來，對方也想要分手（但因為她先「被分手」而覺得深受打擊），也真的想維持友好的朋友關係。當他勇敢承認自己的缺點，並提醒她，她絕對不需要為此有任何的不安全感時，她才能夠對這段愛情放手，而不至於讓她的自尊也跟著陪葬。

注意：如果你採取這個方法，必須比光是說「問題不在你身上，問題在我」更有創意的話，表達出你自己就是那個問題的想法，並且真心肯定對方，具體說明你應該為這段關係破裂而負責的做法。

數位行為守則四：理性至上

數位溝通最大的優勢之一，就是給予我們時間和資源，可以進行精確而誠實地表達。

大部分人都以為，說真話基本上只是道德議題，但事實遠遠比此更為複雜。「對與錯」是耐人尋味的詞彙，因為它們有兩個涇渭分明的意義：「道德與不道德」，以及「正確與不正確」。而道德通常比正確更困難。

要分辨何為道德、何為不道德，通常比分辨何者是事實、何者是虛構，以及何者為真實、何者又是「你希望的真實」來得容易，但這是我們都必須做的事。如果你自以為你知道事實，但其實你知道的是錯的，你其實根本無法分辨真實，這在邏輯上就是講不通。

有些人相信，「只要我認為它是真的，那就夠了。」但這種大概只有小孩子才會說的不成熟的藉口，和「我不是故意的」如出一轍。遇到這種孩子常說的理由，家長的理想回應是：「你必須注意讓自己不要犯錯。」

為了激發信任，你務必辨別真實；但更難的是，要精準傳達真實。真實不會永遠清楚分明，但即使你不確定，仍然可以直言坦誠，藉此保持誠實。那就是前文提到的修飾詞的目的，例如：幾乎一定會、通常、經常、有時候、很少，和幾乎從來不會。光是這本書就有上千個修飾詞。將它們運用自如，你的寫作會更接近真實。

好消息是：數位溝通其實更容易表現誠實，因為在我們書寫時，通常有時間、也能掌握所需資訊，爬梳其中真、偽、可能和未知的謎，並適切地傳達。

而壞消息是：每個人都知道你有時間和資源把事情做對。

有些情況確實發展得太快，無法適用上述原則，但大多時候，我們要接受更高的信用標準的檢驗，而且甚至還高於過去所有的標準，這多半也是拜網路之賜。

但最好的好消息是：理性至上的原則，能讓周遭的人或輿論更具包容性。即使你犯了一個誠實的錯誤，如果你的陳述合情合理，讓人覺得你是個思慮周到、真誠無欺的人，就值得從寬看待。

空前的大好消息是：如果你經過自我調適，成為審慎的人，再三確認你的主要論點精確無誤而且清楚明白，你很快就會建立誠實、可靠和值得信任的永久紀錄。這項「一寫永流傳」的紀錄，會跟著你一輩子。歷史上不曾有這樣一個時期，能有這種永久並無遠弗屆的背書形式。

用於表達真實的最後一個篩選器，就是了解對方的性格框架。事實上，無論對方是誰，你都不可能用對方不懂的語言，向對方解釋任何事物。

一個經典的例子就是，一個認為半杯水是杯子半滿的人，在對一個認為杯子半空的人談話時，仍然會堅守杯子是半滿的觀點。

你所說的每個字，都必須加入同理心調和。這個真理有個苦甜參半的類比：對別人的同情多半源於自身類似的痛苦。我們幫助別人的能力，往往與我們曾經受傷有多重直接相關。這說來哀傷，但並不可悲。可悲的是一個人受過傷，卻無法藉由幫助別人，從痛苦中鑄造價值。哀傷能夠深化、豐富你的行為和態度，卻不會毀了你。

數位行為守則五：樂善好施

在數位時代，尤其是社群媒體蓬勃發展的國度，你一定要遵守外交人員與政治人物的行為守則，過去這些守則只限於對公眾人物，但是現在，幾乎人人都是公眾人物。

在這方面，最重要的就是對於出現在各種媒體上對你的攻擊表現出超然的態度。這些攻擊最常出現在社群媒體裡的評論、電郵串、企業內部溝通、小型企業的顧客評論，以及線上或印刷媒體的廣宣或文章。

這些攻擊，有時候是明顯的錯誤和毀謗，有時候則是讓人坐立難安的精確事實。不管是哪一種，都請自問：在這種情況下，如果是外交官，他會怎麼做？最像政治家的政治人物通常會回答：「謝謝指教，也請不吝再次賜教。」

如果運用這種最終極的外交手腕，你會做到兩件事：

一、藉由拒絕筆戰，你能讓反對者得不到他們想要的東西，也就是激怒你的機會。有些惡意攻訐者只是想發洩自己內在的滿懷怨憤，如果他們能編造可靠、可預測的言論園地，他們會不斷攻擊，而你會成為他們攻擊的對象。

二、藉由禮貌地婉拒捲入戰局，你能提高自身的公眾形象，擴大你的力量和善意的光環。能夠承受打擊、卻不把這當成一回事的人，必能獲得大家的敬佩。

由於我是「萬惡政府」的代表，同時也是作家和顧問，你可能會以為我曾歷經許多負面的互動，但我沒有。我通常在對方開第一槍後就立刻化解攻擊，我的做法是告訴對方，「那個觀點很有意思。謝謝分享，因為我以前從來不曾從那個角度看這件事」，或類似的話。接著，反對者就會像一陣煙般消失無蹤。

但要是對方完全匿名，一如今日常見的狀況呢？拜網路之賜，這個空前未見的現象，也激發出許多人最醜惡的一面。

這時，信任守則再度派上用場。它能以非常實際的方式，穿透無名氏的面紗，因為它的作用源自於原始且無法根除的人類驅動力、特質和神經功能。當你切入一個人最基本的內在元素時，你不必知道他們的名字，也能洞察他們。對於傳達給所謂的「人性中的天使」（即人性善良面）的訊息，這尤其真實。

我根據信任守則的良性原則回應匿名攻擊時，不只制止了攻擊者的怒氣和諷刺，甚至更為有力的是，能給他們真正想要的東西，那就是：不要成為笨蛋。

絕大多數的人真正想要的，是滿足舉世皆然的人性需求，那就是被接納、被理解、被認可，和被合理和慷慨對待。

在短期來說，那些美好人生的禮物，能帶來由多巴胺所驅動喜樂的大腦洗禮，讓他們想要再次見到你。長期而言，這能把他們從無邊孤獨的人生裡解救出來。

根據我的經驗，某些匿名的攻擊者不只放棄了他們的憎恨，也放棄了匿名，並與我建立了隨緣偶然卻真誠的網友關係。

權謀的人或許會說這是「用仁慈殺人」，但我不認為。我認為這是「以禮待人」。這種做法的歷史悠久，可遠溯及騎士時代之前的「禮」有一種魔法。遺憾的是，數位時代去個人化的層面嚴重衝擊到禮，包括溝通採取的機械化態度，如寄送電子賀卡等。

然而，當前「禮的流失」是問題或是機會，要怎麼看，是你的選擇。

真空不見容於自然，這是物理學的事實；每個缺口都是一個機會，能夠補足缺口的人就能得到獎賞，這是人類行為法則。因此，如果你在別人生日當天會親自打電話祝賀對方，而不是用一則推特或簡訊聯絡，你會是那個在別人心中留下體貼周到印象的人，而且也會獲得信任。

給予禮物（這只是個比喻）是信任守則第四條的必要元素：樂善好施。人都喜歡拿到禮物，即使只是象徵性的。如果你能透過禮物讓彼此的關係更進一步，對方也會特別喜歡你的禮物。

因此，我在我給的每份禮物裡，都試著附贈體貼的心意，因為「重要的是心意」這句話後來淪為陳腔濫調是有原因的。有條原則是（我在本書最後一章〈信任的十五道練習題〉會提出許多原則，這是其中之一），我盡量避免送賀卡。如果你給對方的東西，能顯示你理解他們、接納他們，魔法就會出現。

如果運用得宜，現代數位科技能拉近建立關係從開始努力到最終實現之間的差距。但是，數位科技只是一項工具，而它對生活的改變，遠遠不及輪子的發明，或電力的問世。跟人類所有的不完美相比，這項工具甚至有更多內在的缺陷，以及完全無能為力之處。因此，在追求領導力時，不要把困難的工作留給機器人。信任不是機器能夠製造的產品。

第10章 擊敗負能量，修補信任裂痕

信任會產生權力，但權力也是負擔。它是以信任立足的領導者所不喜歡的嚴峻責任，他們之所以接受這份責任，只因為他們顯然能比他人更能正向地運用這份權力，而運用權力無疑也是卓越領導者最難採取的一項行動。

立足於信任的「愛」會戰勝「恐懼」

受信任的領導者對權力的觀點異於常人。在大多數人眼中，權力就像古羅馬皇帝以姆指朝上或朝下操控生死的特權。那種古老形式的權力（現在仍然常見）從來不會自然地開花結果、呈指數成長，或無限延續。

以信任立足的領導者不會對自己的權力沾沾自喜，因為他們最深的關切和投入都繫於他人身上。他們知道，從助人而得到權力，通常是一個筋疲力盡的過程，主要的報酬是讓身邊的人能享有更好的生活。但即使如此，他們仍不會停止幫助他們關心的人；即使是未曾謀面的人，他們也本於人類大愛而助人，因為助人就是愛的具體實踐。

而受到幫助的那些人會寄予領導者珍貴的信任，一個個加入領導者不斷擴張的信任族群，積累共享的資源。

相較之下，為了權力而追求權力的人（此舉或許是為了撫平自覺不夠格的恐懼）很少能達到這個境地，因為他們唯一的焦點就是自己。即使這些人自認握有權力，但他們握住的，通常只是權力虛浮和空洞的幻影，一場以為自己有控制權的華麗白日夢。

玩弄權謀的領導者通常陶醉於別人的恐懼中，把它與尊崇和敬愛混為一談。他們相信，如果操縱算計做好做滿，權力就會永遠長存。但事實並非如此。由操縱強加的恐懼是短暫的，因為它是有害的感受，是一種經由學習而來的反應，絕對不自然且違逆人性。

恐懼，以及它的社會元素（也就是不信任），是人類最常見的感受，但兩者都不是普世皆然，也不是某地特有。沒有人生來就會害怕，或不信任人。當我們在嬰兒時期，不管是被誰抱著，我們都能在別人的臂彎裡安然滿足，甚至在還不能思考時就能感受到，所有的擁抱都是協助、關懷、情感和安全的具體表現。

由於恐懼完全違反自然（它不過是對一再出現的傷害和背叛的原始反應），年復一年受到恐懼操縱的人，必然會反抗。悲傷會累積，勇氣會成長，人會爆發，即使有時候徒勞無功，也會屢仆屢起，一試再試，為了夢想而努力，即使要犧牲生活安適、財富、自由和生命，也在所不惜。然後會有那麼一天，他們會為倖存者把恐懼煉成自由的精金。

愛和恐懼仍然是生命唯二的原始情感，位於兩個對立的極端，各有許多面貌，不斷轉移和翻攪。當恐懼占上風時，感覺它彷若會永遠宰制世界。但是，愛永遠會戰勝恐懼，雖然不見得在這輩子看得到，但是根據人類的經驗，這是必然的絕對法則，理由再簡單不過：我們都偏好愛，因為愛是我們的一部分。

當愛的勝利來時，不管是新朋舊友、素昧平生的陌生人，甚至是死對頭，使命都會自然連結，因為信任的凝聚力永遠隨著愛而來，一如愛是從信任油然而生。

強者以火攻火，智者以水攻火

強者以火攻火。智者以水攻火。

謀者對敵人比對朋友更親。智者對朋友比對敵人更親。

智者不必強勢，也不必謀算。智者不必滅一場又一場的火，或比敵人搶先一步。在智者的世界裡，火災極其罕見，敵人的數目少到不足取。當機緣降臨，和平占上風，智慧強化，信任開花結果，領導力自然點到你。

一般來說，生活在如此良善的順境，能讓你省下無可計算的時間。你在這個世上的時間就是你的生命，這種深具智慧、向信任借力的人際互動方法，能真正為你的人生爭取一天又一天的時光。它能把你推上創造新價值的人所在的平流層，不論財務面、情感面和社交面都是如此，而不只是管理一開始就存在的事物。

內建於信任守則裡最強的積極答辯機制，就是它不只能讓你融入毀滅式的險惡環境，也能在裡頭生存。它不但讓你有能力（也會驅使你）保護自己，不受環境中不健康的層面所害，或是修正它們，或是遠離它們。

達成三項行動的任何一項後，你就能創造一個能反映出你善良本質的世界，並納入正面積極的人，他們會讓你覺得富有，不只是因為你能獲得友誼和支持，更好的是，還能給你更多機會，幫助信任圈裡的人。

即使如此，真實人生一個令人心碎的事實就是：對有些人來說，信任就是遙不可及。有些人曾經被嚴重霸凌、痛打，以致於看不到別人的理智和仁慈。要他們想像一個由信任治理的新世界景象，有如告訴視障者只要他們更仔細看就能看得見。

即使如此，我仍喜歡和有這種感受的人聊聊，因為只要方法適當，他們多半可以親近。我會問他們的終極目標以及階段性目標是什麼，並探問他們會怎麼做，以深耕這些目標。通常，他們會打起精神，並更努力嘗試。

即使被推到極限的人，仍然會保留幾分意志力和樂觀，以超越眼前的生活，尋求一個我們知道可能成真的世界。他們找到這個世界時（秉持著人心的韌性，他們通常會找到），所見多半是好人、公允的交易，還有以尊重和熱情為基礎的關係。在那個世界，信任是它的法幣。

即使在冷漠、殘酷的虛擬世界，大部分人都會盡自己最大的努力，展現良善和公平，當他們失敗或做了蒙羞的事，原因幾乎都是因為走投無路。沒有人的童年夢想是成為蠢蛋，甚至生活艱辛的人也很少去想今天可以害誰，還有要害多慘。

不過，走投無路是常有的事。人在幾乎失去花一輩子積存的一切後，很容易變得不擇手段。在經濟大衰退期間，這樣的悲傷故事一點也不稀奇，我們至今仍然活在它的陰影裡，活在一個即使犧牲慘重但仍然難逃資產泡沫化、做更多卻賺更少、地理政治動亂更加層出不窮的世界。

有的人失去摯愛（這是人生中打擊最慘痛、也不可避免的悲劇），願意付出幾乎任何事物，只求填滿那個失落的空洞。有時候，他們的絕望誘使他們與不值得往來的人為伍；有時候，他們因此受到驅使，以任何看似有用的麻醉劑來麻痺自己。

還有無數的人在絕望裡，心靈因為虐待烙印的記憶，或偏差的大腦化學作用，而糾結而成一團亂麻；有時候，他們會屈服於沒有行動、只有被動的人生：而他們的被動反應，鮮少是合宜適當的。

冷漠、殘酷的世界確實存在。最令人沮喪的是，這樣的世界可能是因外力而起，但卻在我們的思想和行為裡生根，日久之後，它們仍然繼續存在，那多半是因為我們自己所造成。

我喜歡啟發人看到新的可能，我的夢想之一是幫助你創造一個世界，讓你在那裡感到安全、被了解、能夠得到許多人的信任，因此不再感到自己是孤獨一人。

這樣的世界不算要求太高。一方面是因為恩典和幸運，我身邊圍繞著對我最好的人，另一方面是因為我努力達成我的終極目標（這是我的活水湧泉，是所有其它事物的源頭），那是個與身邊的人擁有健全、快樂的關係的理想狀態，而我已身處其中。對於絕大多數人來說，包括受苦的大部分人，這是最真實的真實世界。

我認為，在一個（至少在當下）沒有天災和未預見悲劇的自由社會，這樣的世界唾手可得。然而，除非你透過親自行動，在自己的世界裡實現它，否則我不認為這個世界會進你生命的核心。你甚至要等到看見身邊其他人採行信任守則（或者某種與它極為類似的倫理道德準則），並成功地改造自己的世界之後，才有可能完全接納它。

即使到了那個時候，你或許還是會保持戒慎警醒，而你的恐懼多半來自身邊人群的錯誤行為。這一章就是要幫助你因應這件事。

有效的解毒密技

本章要談的，是當你身處的個人小宇宙，充滿著不信任和失調，到處都是與你迥異並抗拒改變的人時，如何實行以信任為基礎的系統化方法。

這個世紀的金融危機和政治動盪（因全球競爭和失去穩定而放大加劇），激發出許多走投無路的人最壞的一面。我們目前的時代，出現歷史性的信任崩跌，所有的組織、政府和文化，都被憤世嫉俗和自我沉溺所毒害。

這個不信任的迴旋仍有出口，但走出去需要勇氣。最穩妥的出逃路線是最簡單的一條路：當別人惡形惡狀時，不要以牙還牙，對別人惡行相向等於以火救火。

以信任立足的領導者會用水救火，並具備更強的力量，可以應付這些層出不窮的猛烈火勢，許多人的生活都被它所吞噬。

如果你用對方展現的負面特質加以回應，那麼你只是按他們的規則在玩遊戲而已。這些所謂的「毒型人物」（toxice people），會對他們挑起的恐懼和憤怒反應火上加油，他們通常比情緒健康的人更擅於玩攻擊／報復的遊戲。

那種遊戲不只浪費時間，還會傷害靈魂，淪落到毀滅和自我毀滅的境地。它甚至不是你會想贏的遊戲，因為想贏就得參加，而一旦你參加了，遊戲就永遠沒有停止的一天。你打擊的每個人很快就會出手打擊你。退出遊戲的唯一出路就是昇華，超越它。

在你的職涯和個人生活裡，你勢必會遇到不擇手段的「毒人」之輩，他們出於恐懼的「有毒行為」，實在太過常見：自戀、無情、自大、對控制的偏執、霸凌、喜怒無常、冥頑、威權、被動攻擊行為。

對於這些似乎喜歡挑起麻煩的人，你唯一無懈可擊的防衛就是忠於信任守則的倫理，讓常禮和常識成為你的盾牌。面對有毒行為而能安然無恙，並能改變有毒行為的方法，是一套包含兩個步驟的程序。

第一步：滅火。

第一個行動最困難。對於那些引人不快的人，你卻必須給他們所需要的。這做起來很困難，因為這些人幾乎都是以恫嚇的方式，脅迫你供應他們的需要、滿足他們的欲望——把場面鬧得更大，把你當成他們遊戲裡的人質。

大部分的毒人都曾尋求單純的原始需求，如自尊以及對自己人生的控制權，但卻受到阻擋，而且通常是在人生很早的階段受挫，從失敗而來的創傷擊潰了他們，或是深深進入他們的心靈，自此停留，不曾離去。

即使他們對待你的方式可能惡毒到駭人，建立理智關係的唯一方法（不管你喜不喜歡）還是完全以對方為重。你必須克制你的自我，屈居於他們的自我之下，了解他們的性格框架，以能打破籓籬的語言與之對話，並小心琢磨你與他們的各種交會。

試著理解他們的終極目標，並幫助他們達成目標。許多舉止惡劣的人其實懷抱著合情合理的目標，只是在試圖實現目標時，採取了不合理、不健康的方法。當你讓「毒人」看到你認同他們的目標，也把他們的目標當成你自己的目標之一時，就能大幅弱化他們發動攻擊的理由。

如果你覺得這樣做很複雜，那就把它想成以人性的仁慈對待傷害別人的人。如果你拒絕讓毒人傷害你的自我價值，你就極不可能把他們的攻擊放在心上，更不會隨之起舞，出現不適當的回應。

信任守則的核心原則（即「完全以他人為重」）所蘊涵的前提就是：我不是重點。運用這項原則，遠離你自身的壓力，增加他們的安全感：用你的行動和言詞（你的言行應該是一致的），讓他們看到真實的世界。若是如此，你會更理解他們，他們也會更理解你。隨著你們對彼此的理解加深，你們對彼此也會更加寬容。

堅守風度，遵守普世認同的禮節標準，也非常有幫助。單單一個「請」或「謝謝」（或各式各樣的同義詞），至少都能夠馴服人可能化身而成的野蠻野獸。

當你堅守以直報怨的簡單哲理，就能在人類最崇高理想的助力下，感受到超乎經驗的昇華。

第二步：從瓦礫堆裡重建。

在「毒人」祭出焦土政策之後，你必須修補因此造成的損害。

一個能防範未來大火的理想做法，是和那些直接與毒人共事的人建立正向且具有生產力的關係。這能為你自己的問題建立起最佳的社會支援系統，因為與歷經同樣問題的人站在同一陣線，會有一種莊嚴的力量感。這項有力之舉也能隔絕無法接受的行為，更加突顯它的危害。

即使只有一個人選擇退出一場病態遊戲，整群人通常就會停止以火救火，有時候甚至逐漸完全停止回應。

當毒人再也無法得到他們想要挑起的反應時，他們的技倆經常就會被摒棄。甚至在那之前，他們就會開始覺得自己的行為變得醒目刺眼，因而逐漸收斂。

如果你的環境範疇有限，例如在家庭裡、一群朋友間或一家小企業裡，要療癒群體文化相對容易。如果你已經拓展你的世界，擴及至整個部門、公司、組織或政府機構，重建工作會更困難，但仍然可能達成。你需要秉持耐心，在同心圈層裡傳播信任守則，推動同心圈層成長到空前的規模，直到（運氣加上努力）信任終於成為主流哲理。

要與工作場所的毒人應對，除了這些自主自發的個人方法，你也可以實施公司本身創建的保護機制。大部分公司現在針對情緒霸凌，都制定了嚴格的規範。有時候，動用規範會引發許多混亂，甚至讓人後悔提出申訴，但長期來說，冒這些險、付出這些努力，多半一定值得。至少，你對自己所傳達的訊息是你值得尊重，你拒絕成為別人不安全感的連帶損害。

許多公司也有定期的訓練課程，讓員工明白，哪些形式的行為不可接受，他們可以如何因應，而如果無法透過直接溝通解決問題，他們又可以採取什麼行動。如果你的公司沒有任何保護自己人的機制，那就想辦法協助公司建立一套機制。

年輕人通常比年長者更難表達公平對待的要求，因為年長者已經為一而再、再而三的霸凌付出代價，而不想再次付出代價。

在這段通常危險重重的旅程裡，以下是一些你會遇到的毒人典型。

擺脫六大人際毒害

實際而言，世界上沒有壞人，只有陷在自己的問題和虛幻中而恐懼的人。如果你批判他們，把他們歸為好／壞、對／錯，你只會把他們更進一步推往他們所在的路上，他們一定會設法綁架你，與他們同行。

雖然要承認是痛苦的，但你可能確實了解這些人，因為我們所有人身上都有他們至少某一小部分的特質。

以下列出「六大常見嫌犯」。請留意，他們的問題，其實全都是由恐懼所驅動而形成。

一、控制狂

回想我的信任大師傑西・索恩的智慧之語，他說「控制狂」這個詞彙是自相矛盾，因為有這種特質的人，顯然已經失控。

他們從來沒有足夠的安全感，連一小部分自己的命運都不能放心交到別人手中。有時候，控制狂唯一達成的事是剝奪他人的創意和動機，迫使有強烈自主感受的人離去。

有個有效的方法可以對付他們，而同樣的泛用方法，也適用於六大常見失調類型的大部分類型。我其實已經總結了那個方法，那就是：堅守信任守則。

其中一項方法，一如我提及的，就是給予他們顯然缺乏的東西：自尊和安全感。用最簡單的話說，這通常只是幫助他們發現自己擁有的不但夠多，也夠好。

例如，你無法藉由剝奪控制權來改正控制狂自取其敗的行為。對於他們，能滅火的「水」，就是讓他們安心感到自己確實握有控制權。如果你給他們控制權，他們反而能放棄控制。

許多執著於控制感的人也有其他的偏執強迫症狀，這些皆因恐懼而起，表現形式從過慮到過度洗手，不一而足。如果你能在他們身上辨識出偏執的明顯特質，你會比較容易明白，他們的問題其實不是你的錯，也能防止你成為他們問題無謂的犧牲品。

二、暴躁者

這個類別包括情緒不穩定的人、高度情緒化的人，以及過度亢進的人。

暴躁行為通常與生化不平衡有關，但也可能是由過度且重覆的創傷所引起。在生理上，暴躁行為反映出做為思考中心的前額葉缺乏控制力，也就是大腦中負責透過所謂的「執行功能」機制以管理衝動的部分。在前額葉的控制力退位後，繼位的是更原始的大腦部位，包括我之前在討論信任的生化作用那章所提到的爬蟲腦，即神經的恐懼中心：杏仁核。

人有時候會因歷經太多創傷，而發展出所謂「活躍的杏仁核」，但這更常是失衡大腦生化作用所造成的結果。對許多人來說，這種生化原因現在更容易處理了。因為有些藥物，包括抗憂鬱劑，都能成功改善這種引發問題的失衡。

這種行為的特徵是，人們一股腦地宣洩情緒，甚至未察覺到自己言行舉止的不當，又或瘋狂地去做一些根本不必要的事。有時候，它的表現形式是戲劇化地突然來個大轉彎，轉而分心去做其他事的傾向。

活躍杏仁核常見的行為療法，就是幫助他們冷靜下來。如果你想要幫助對方感覺變好，小心不要陷入他們一連串無止盡的假危機，也不要以抓狂回應他們的暴怒。通常，他們正是想要你發怒，因為你的怒氣能合理化他們的行為。

在暴怒漩渦裡，你最適當的舉措是展現你的尊嚴，展現同情心，多一點寬容，提醒自己，你個人不是重點，並專心致志於你的終極目標。

三、被動攻擊者

不是每個人都有特權，可以隨心所欲當一個暴躁易怒的混蛋。但即使不具權力的人，通常也有足夠的心機，在不說一個字的情況下，也能讓身邊的每個人過著悲慘的生活。

他們以受傷的外表、輕蔑的咕噥碎語、實為譏諷的假意恭維、冷落別人或皮笑肉不笑、自憐、積壓的怨憎，以及揮之不去的沮喪，做為他們世界的主調。

一般而言，這個特質在中階管理者或基層員工較為常見，因為大部分高階主管都有發脾氣、卻能夠不受制裁的本錢。中階管理階層的工作者，對於在層級組織裡往上或往下傳達他們內在的痛苦，可能同樣精通。

因為這些人專精於偷襲以及暗中破壞，因此務必將大部分你代表他們所做的努力記錄下來，並讓他人知道你在做什麼。你偶爾可能會需要那些證據，用以重新申張真正的實情。

許多被動攻擊型的人都成長於嚴禁表達自由的家庭，他們後來因為不幸的婚姻、沒有權力的工作或巴結逢迎的個性，而把自己鎖進同樣的自我審核囚房。

人類最惡劣的行為，多半來自絕望；這時，怒氣背後的絕望無法明白表達，你必須同理被動攻擊者行為背後潛藏的感受。讓他們宣洩怒氣，允許他們政治不正確，允許他們演繹進退維谷的無窮迴圈，並握住他們的手。

當他們認為你是解答的一部分，而不是問題的一部分時，他們就會對你另眼看待，因為他們確知，你一切以他們為重。

四、自大狂

你不太可能拿這些人怎麼樣，因為他們經常是老闆。大公司或任何沒有人情味的機構，往往會獎勵自戀的自大狂，部分只是因為他們擅長爭功搶賞。他們向來在書面資料上看起來出色卓越，但如果你仔細看，通常會發現歪曲不實的描述。

這些人把自己妝點成非凡自信，但當然他們的真正面目正好與此相反。事實上，如果你真的有自信，你的舉止就會自然流露自信，而不是靠大肆宣傳。

自大狂有根深柢固的不安全感，因此幾乎從來不曾感到滿足；對他們來說，每一項成就，不過是踏出下一步的墊腳石。他們通常渾然不知自己的終極目標是什麼，因為他們不想要任何目標。這會拆穿他們內心那個無底洞的深度。

他們並不缺乏了解自己的智力，他們缺乏的是勇氣，因為他們最內隱的恐懼是怕自己最後會沒有人愛。他們當中有許多人所背負的這種想法，都是在過去人生中最有影響力的人加諸給他們的，最常見的就是原本應該最愛他們的人：雙親。

若這種對自我的厭惡，加上與生俱來的智識、魅力、美貌和進取心，通常會讓一個人頂著光鮮亮麗的外殼，內在卻空空如也。

聽起來或許有違直覺，但請讚美他們。讚美他們做的事，更重要的是他們這個人。他們通常是那種無法接受讚美的人，所以你的讚美要具體、要毫不吝惜，讚美成就背後的那個人，而不是成就本身。你對他們的肯定要真心誠意，否則會起反效果。

當自大狂開始覺得，你是這個世界上能欣賞他們的人，他們就會開始成長。這種真誠的對待會讓你成為領導者，因為自戀者通常會擋住別人的提升之門。如果你是他們偏愛的少數人之一，或是幫助他們成長的人，那就不會發生這種情況。

五、惡霸

這個類型的人通常是一塊集許多負面特質於一身的硬化汞合金：自戀、憤怒、衝動、高度情緒化、偏執和壓抑。黏合這種種不討喜行徑的膠水，一向是恐懼。

幾乎所有惡霸都被自己霸凌。光是這個事實就應該值得你寄予同情；同情是這些人所需，儘管他們通常會抗拒同情。

惡霸者最可怕的是他們是倖存者，因為他們熬過了自我霸凌，終於等到可以角色反轉的那一天。他們對於宰制弱者、順服強者很有一套，他們擅長藉由傷害最好的人讓其他人不知所措，而且完全不會因此而自責。

他們只從短期權力消長的觀點看世界，通常缺乏任何連貫而長期的計畫。他們不只缺乏周詳的計畫，也缺乏完整的自我。

你可以學著真誠地去喜歡一個惡霸的方法，就是打開他們內在的各個隔層，找到最初未受到惡霸行為所破壞的碎片。如果你能找到他們個性裡對謙卑、講理和寬厚有所回應的部分，你就能成為他們人生的正向力量，或至少能讓他們不成為你人生裡的負面力量。

類似於扶持自戀者傷痕累累的自我，當你為惡霸降卑，你的努心可能會被身邊的人誤解。有些人可能會認為你膽怯了。因此，你務必與其他被欺負的人保持溝通管道暢通，讓他們明白，你的勇者作為是代表所有的受苦者，其中也包括霸凌者。

但你也要有所體認，即使你盡了最大的努力，不是每個人都會有所回應，有時候最明智的舉動是完全從那個情況裡抽身。如果可能也可行，這通常才是明智之舉。

六、失調者

這個類型的人，大致可分為兩類：有情緒或精神障礙（mood or mental disorder）的人，以及有物質使用疾患（substance disorder）的人。

有這些問題的人，負面行為表現在許多我已經提及的形式上，從霸凌到暴怒都有，當他們發作時，那些擾人的特質因為被潛在的失調放大，所以通常相當突出。這種表現有時候會讓失調者的問題更容易面對，是所謂的「房間裡的大象」。

引起惡劣行為最常見的情緒和精神失調是憂鬱症、躁鬱症、創傷後壓力症、廣泛性焦慮症、強迫症、過動症、亞斯伯格性格，以及輕微而可控制的情感型精神分裂症，包括有偏執妄想特質的病症。

每個問題都有它的表現形式，係由不健康行為構成的無數種排列組合。最常見的物質使用疾患是酗酒，並伴隨惡化的藥物成癮問題，其中包括興奮劑或麻醉劑。即使是最溫和無害的藥物，如大痲或安眠藥，有時也會擾亂情緒和認知功能。

有人認為，問題纏身多年的人通常會抗拒別人的協助，但這是錯誤的觀念。即使只是主動提議幫忙，即使最後沒有實踐，對方仍然會接受你的關懷。

還有人認為，如果你提起「治療」這個話題，對方會敵意全開，但這也是錯誤的。在這個失調管理已經相當成熟的時代，大部分人都能自在談論他們的藥物治療與輔助治療，例如心理諮商或營養治療法。

這些對話最好的應對方法是謙卑以對，不帶一絲批判。如果你無法在「其實自己問題也不少」的框架下去討論別人的問題，那就省省吧！你會聽起來像在說教，而且雜亂無章。

在和這些人打交道時，我通常會想起我太太小金說的：「我們每個人都有事情尚待努力。」失調症或上癮，就像許多其他問題一樣，可以不用直述句陳述，而是透過提問形式有智慧地提出。例如：「你覺得酗酒開始對你產生問題了嗎，或是還可以穩定控制住？」或是：「你有服用任何憂鬱症藥物嗎？或是你願意試試看嗎？」

如果你想要讓別人繼續跟你聊下去，按言詞的表面意義解讀他們的回答，不要過度引伸，因為修辭華麗的問題並不是問題的重點所在。

尋找互信的新世界

現代世界的亂象是毒害無所不在，這些毒害存在我們愈來愈緊繃的人體生化反應裡，也在我們有瑕疵的體制裡，在前所未有的力量推波助瀾下，讓我們一籌莫展。

走向健全、快樂人際關係的人生之旅裡，激勵他人信任最艱難的測試，將來自恐懼的受害者。這些傷疤在他們的人生早期就已烙下，他們受到求生存的急迫企圖心所驅使，歷經可怕的轉變，成為加害者。

我們面對的挑戰永遠不會改變，也不應該改變，因為它們昭示著社會演化本身的最後一步。能改變的，是你在這趟心靈平靜之旅、繁榮興盛之旅中所扮演的角色，以及如何幫助其他人也得到平靜和榮盛。

要完成這趟旅程，最大的希望是滙聚許多人的力量，而能夠編織串連起眾人的，是愛的絲線，以及愛最有力的社會表徵——信任。

人類這場旅程最偉大的演繹就是奧德賽神話。奧德賽在打完十年的特洛伊戰爭後，歷經史詩般的返家旅程，終於重返妻子身邊，討回他的伊薩卡國王人生。奧德賽歷經了沉重難耐的背叛，有來自敵人和朋友的背叛，也有來自神和命運的背叛，他歷經過像特洛伊木馬那樣大膽的計謀，像獨眼龍那樣凶猛的怪獸，以及迷惑人心的女妖賽蓮那樣深具誘惑的試探。但是他對妻子的信任，以及對人生的理直氣壯，卻不曾動搖。他的妻子在面對與他所面對一樣危險的試煉時，對他的愛以及由愛而生的信任，也不曾動搖。

兩個人的力量來自唯一比他們自己的道德人格還崇高的事物：他們對彼此的信任。創造新世界的就是這股力量，正是尤里西斯回歸重新登基為王的時刻。

數世紀後，丁尼生（Alfred Tennyson）作詩，歌頌尤里西斯的史詩之旅，作品立刻成為經典。他的尤里西斯詩作的結尾寫道：

英雄豪情不減，
形體縱遭時間與命運摧殘，意志依舊堅定，
去奮勇，去探索，去尋覓，永不屈服

年輕的丁尼生寫下這段頌讚人類精神的謳歌，不是為了稱揚自己青春無敵，而是對人生破滅殘燭的回應。在他父親死後，他必須返家，承擔扶助母親和十個兄弟姐妹的責任，他們當中有三個患了精神疾病。他就是在此時，寫下這部作品。

丁尼生不只創造了一個他的家人可以生存的世界，也為他自己、為他人、為數百萬尚未出生的後人，創造了鼓舞人心的可能。

丁尼生的新世界已經存在，只要去看，就能看得到。

你也可以擁有新世界。不管存在什麼障礙，不管為時多晚，永遠不要停止相信那一件簡單的事情。你的內在蘊藏著一股神奇的力量，一股你憑著努力和堅忍才找到的力量，那就是：別人可以信任你。

我會在下一章為我們漫長的探索畫下句點。我要用最後一個故事，囊括信任在我自己的旅程中所扮演的角色；這段旅程橫越了我的童年、海軍學院時期，一路到海軍陸戰隊和FBI，再到接下來的這一章——我人生的奧秘所在。

這個故事，和相隨一生的領導力有關，也和一個翻新的舊世界有關。它也可能是你的人生故事和你的旅程。

第11章 領導力人生

重續舊緣

6月6日，匡提科

我在講一通重要的電話，在電話那一頭的是一名重要官員，在另一所縮寫為三個字母的政府機構工作。但是，我的來電顯示，有一個更重要的人打電話進來，等著接通。於是，我很快結束現在這通電話。另一通電話的來電者，是我的信任族群成員。那些電話優先。

那是蕾拉．庫爾里，我在第5章提過的那名探員，與我合作處理一起中東案件，而在同一期間，她也重新挽回她女兒對她失去的信任。

那段日子，我對她那個任性的女兒，記得的事比案情還多。大腦對於與人相關的記憶，優於對事件的記憶，這幾乎是適用於所有人的定理，也是我們最為敏銳的直覺最有力的護衛機制之一。

「蕾拉！女兒怎麼樣啊？」

「貴死人囉！」

「很好！」這表示艾蜜拉申請的那家知名的設計學院，已經發給她入學許可。艾蜜拉一度以髮型設計師為她的職志，與她那積極進取的A型人母親極為不同。

「我和你感同身受，」我說。那表示，一如蕾拉也知道的，我的女兒得到了她夢寐以求的喬治梅森大學的入學許可。

「羅賓，恭喜！我猜這對你應該還是喜事一樁啦！但對於一個失業的男人，會不會有點太貴啦？」她在拿我即將從ＦＢＩ退休的事開玩笑。我在ＦＢＩ任職了二十一年，外加在海軍學院和海軍陸戰隊的九年。

接著，她切入正題，她講完正事後，我也準備下班回家，在離開之前確認辦公室每個人都很好，沒有意外的訪客要來找我。

世界很小，即使是秘密國際行動，或至少在最高層級的行動中，尤其是間諜任務裡，但除非你必須與不信任你的人打交道，否則你永遠不會知道世界有多小。在這些情境裡，表面上看起來，似乎每個人都認識每個人，卻又不信任任何人。若說有什麼比信任更具感染力，那就是不信任。

不信任的破壞力有多強，我至今仍感震驚。在歷史的這一刻，它已經有如癌細胞般擴散移轉，成為我們面對最嚴重的社會之惡之一，不只是在政府、外交事務、商業和媒體蔓延，甚至在個人生活裡滲入人際之間，包括我們一度不需言明、理所當然信任的人。我們的世界已經縮小成一個站滿敵人、看似四面楚歌的舞台。

我設計的這套建立、傳達信任的系統，不斷為我自己和他人拓展安全的邊界，在我們通往目標的線性路徑之間，當我們在真實世界即時採取行動時，在混亂蔓延氾濫之時，提供一個緩衝。

如果你在一個以信任為本的系統裡運作（它能創造一個生生不息的信任族群），在事情不順利時，你對於事態會有無可限量的影響力，具備更強大的預測力，並擁有一支團隊做為你的後盾。

待我回到家時，已經準備好啟動我的系統，警示我的信任族群，在我退休之前，我們得再解決一個問題。

蕾拉在電話裡告訴我：在二十多年後，我在第1章提到的那個關於前蘇聯集團國家的情資人員，又開始活躍。蕾拉的任務是追蹤他的行動，這些行動都指向對美國私有化國防系統的滲透。

她說，他不平又憤怒。而且，他在找我。

這種事難免。人們總會把事情變成私人恩怨。

很久以前，我重重地打擊了他，阻擋了他的職涯，截斷他從自己國家的國防包商的回扣收入，那是那些包商給他做為從美國企業竊取技術的酬庸。在那之後，他的人生變得慘兮兮。

讓情況更複雜的是：為了在他找到我之前找到他，為了能保持優勢，我需要第2章提到的那位科技鬼才的協助。當初他拒我於千里之外，因為他不信任我。我認為，他對我的反感，比起那名情資人員對我，甚至猶有過之。但至少，情資人員和我是同行。

在我遇到他那位科技鬼才時，他還是個數學研究生，而現在他已經是一家大數據安全公司的執行長，他在更早時就認識那名情資人員。兩人相識時，是資本主義陣營和共產主義陣營壁壘分明的時期。現在，他們又再次碰頭。

在當時，科技鬼才是清白的。他現在可能也仍然是，因為他在FBI有人脈。但誰知道呢？人生如果那麼簡單，我們就不需要間諜，甚至也不需大費周章地建立信任的系統化方法了。

然而，在這麼多年後，我仍然後悔當初那樣待他。我對他自己的目標、背景和溝通風格眼盲耳塞。才見一次面，他就已經把我判出局。我沒有一天不去想起我曾經傷害的那些人。這個世界上如果真的有鬼，那麼他們就是糾纏著我的不散陰魂。

但現在我懷有一個終極目標，這是我最深厚的力量來源。那就是只要擁有健全、快樂的人際關係。

信任族群的新成員

6月7日，洛杉磯

我做了個深呼吸，跟著執行秘書進入豪華的私人專屬辦公室，坐在裡面的人名叫法蘭克・霍爾（Frank Hale），也就是那位科技鬼才，他現在是一家有影響力的大數據安全公司的總裁，專攻國防產業。

我緊張到快吐了，因為我真的需要他幫忙，而我認為他或許會刻意怠慢我，藉此以扳回一城，或是還可能與那名情資人員合作，聯手對付我。

「羅賓・德瑞克！」法蘭克站起來，伸出手，以他那低沉的嗓音呼喚我。「整個紐約市裡唯一一個以為韋恩．格雷茨基是一壘手的人！」

於是，我立刻知道，一切都沒問題了。學習如何被信任最珍貴的益處之一，就是也能辨別他人是否值得信任，有時候幾乎是瞬間就能決斷。

「噢噢噢！」我誇張地做了一個羞愧的表情，但沒有太過頭。

「蕾拉告訴我，你會來找我，」他說，「我幫過她幾件事。她很關注這件事，我想多半是因為你的緣故。她對你的評價很高。」

「彼此彼此。她說你可能有些想法，因為你在他進行第一次布署時就認識他了。」

「那個人對他在做的事非常謹慎保密。但是當他提到你時，他聽起來簡直快氣瘋了。」

「蕾拉認為他在國防產業建構新網絡。她追蹤了他前往華盛頓特區、奧蘭多、聖彼得斯堡、亨茨維爾和科羅拉多泉的行程。」

「這些地方全都是航太業的熱門重鎮。那也是他想要向我請教的領域。」

「你知不知道他是否還在收賄？」

「我想應該沒有。他流放到他國家的西伯利亞太久了。在他遇到你之後。」

「我認為他國家的西伯利亞，就在西伯利亞。」

「不，更冷。」他咯咯地笑了起來。法蘭克變了。我們都變了。

法蘭克說：「我上次和他談話時，他問我和你之間有沒有安全專線，我說沒有。然後他又問起你家的電話或住址，這可能是他一直想得到的資訊。」

聽到這話，我不寒而慄。

「如果要我猜，」法蘭克說，「我會說，他會出席這週稍晚在火箭市（即亨茨維爾）舉行的SMD論壇。」他指的是在阿拉巴馬州亨茨維爾市的「太空與飛彈防禦論壇」(Space and Missile Defense Symposium)；這座城市是美國太空和火箭中心的大本營，曾經是阿波羅登月計畫的一個重要據點。

「我會試著在那裡攔截他，」我說。「法蘭克，非常謝謝你。我一直對我當年那樣對待你感到非常不好意思。事實上，我正在寫一本書，談的是如何待人接物，我會把我和你的會面寫進去，做為禁忌事項的負面範例。不過，你在書裡的身分會被改成哥倫比亞大學的學生。」

「哥—倫—比—亞？你只能做到這樣嗎？不是MIT？甚至不是柏克萊？」

「噢，不，我又得罪你了！」

他咧嘴一笑。

一個陰魂消失了，人生真美好。我的信任族群又更壯大了。這種事每發生一次，你的恐懼就少一分。

即使如此，有時候安全感只是幻象。你永遠無法確定。

不過，通常，真正虛幻的是恐懼。

三個人的午餐

6月8日，華盛頓特區

我拿起放在喬治城餐廳皇家藍色桌布上的手機，查看來電者是誰。

「嗨，蕾拉！」

「羅賓，你有接到保羅的電話嗎？你知道，就是大學生喬。關於我們的目標對象，他有一些資訊。」

「我現在就和他在一起。」

「很好！讓我和他打聲招呼，我就告退。」

我把電話遞給我在海軍陸戰隊時結交的老朋友，那個錢被偷了的小子最好的朋友。我之前提過，他後來創立了一家加密公司，並擔任執行長，這段日子以來，我們每兩週就一起吃午飯。

他和蕾拉在講電話時，我覺得愈來愈自在。一如我這些年來建立了自己的信任族群，我也創造了一套系統化方法，用信任族群凝聚他人。我稱之為「軸輻法」（Hub and Spoke Method）。這個名稱來自飛行技巧，也就是一名飛行員以一個中央儀器（或稱為「軸心」）為焦點，逐一掃視它周邊的儀器。

信任族群裡的每個人永遠是自己族群的軸心，他們信任的人是他們的輪輻，族群裡其他的人可能彼此認識，也可能互不相識。但由於每個人都有輪輻，多個族群因此能相連一氣。一張強而有力、環環相扣的人際網就此形成，網內的人都有一項共同的元素，那就是信任。

當每個軸心為每個輪輻的利益而運用這股力量，而且每個輪輻也都這麼做時，其影響力和資源就會呈指數快速增加。

大學生喬掛了電話，說道：「蕾拉要我講重點。我要告訴你，我們的目標對象已經動身前往亨茨維爾。」

「誰告訴她的？」

「我。我查了一下這個傢伙。所以午餐你要請客。三個人的午餐。」

「三個人？」

「上士會來。」

在我們族群的交會點裡，「上士」只有一個，不作他想。「霍維爾上士？」他點點頭。「自從霍維爾和營長起爭執後，我就沒有看過他了。記得嗎？他為那個錢被偷的小子發起樂捐的事。」

「你指的是我的伙伴、人稱『費盧傑市長』的夏恩．弗林克！」

「沒錯，夏恩！我以為霍維爾還待在CENTCOM。」

「我給了他一個他不能拒絕的職位。」

「他為你工作？」

「他『和』我一起工作。上士是不為任何人工作的。」

在那一刻，充滿了美好回憶與滿心期待的暖流，我忘卻了自身所有的問題。

信任族群最奇妙的特點，是它能在這樣一個不確定的世界裡，創造一種如魔力般的安全感。

不過，那一晚，我感到不安。我還有一件事沒解決：我到底要對目標對象說什麼？但是，我知道要問誰。我在睡前打了個電話，安排了第二天在紐約的一個約會。

如果對方要求合理，就去做

6月9日，華爾街

火車抵達紐約時，我收到我昔日的信任大師傑西．索恩傳來的簡訊：「砲台公園見。」

傑西將在世貿中心舉行一場避險基金經理人的研討會。在大衰退後，他們的客戶要求更高的透明度。他說，避險基金的那些傢伙顯然認為，負責處理間諜的人，能幫助他們說服客戶相信加強保密的必要性，而不是鬆綁。

「他們不懂禪，」他說。「人喜歡秘密，但只有在他們是知道秘密的人時才是如此。但這也表示秘密不再是秘密了。握有秘密的人，別人並不是愛他們，只是怕他們。恐懼無法聚財。」

傑西說他的演說是關於「坦誠以對，勇敢無畏，並順其自然，反正該來的就會來。」

在公園，我老遠就看到傑西坐在鑄鐵長凳，與自由女神像相對望，甚至在我還沒到之前，已經有人拉著他，坐下來與他攀談。這讓我想起，我和他上次來到這裡時，是在二〇〇一年九月十一日之前，而普遍存在於美國之間的信任，那是象徵性的最後一次呼吸。

在911攻擊事件之前的二十年間，對我們國家和重要機構的信任原已式微，在攻擊之後的幾個月間，卻大幅竄升，但接著又直線陡落，自此不曾反彈。

然而，傑西這個正步入衰老的無名小卒，在美國最富有、最犬儒的微宇宙裡（這裡的人以自稱「鯊魚」而自豪），獨自坐在長凳上，吸引了陌生人，彷彿他是在那裡發送百元美鈔。

我們上次在這裡碰面時，他協助我教導六名FBI受訓員激發陌生人信任的技巧。演練方式是，我帶著受訓者到公園，一次一個，要他們接近我指定的「陌生人」（就是傑西），並與他攀談。最後，他會告訴我，他們每個人的表現如何。

在最後一個受訓員結束演練後，我走過去，挨著傑西坐下，打算問他結果如何。但他說，他被搞混了。「我根本分不出哪些人是學生，」他說，「坐下來和我談話的人實在太多了。」

就在那一天，我體認到，有些人就是得天獨厚，擁有一股能吸引別人的無形力量。我把那股力量稱為「燈塔力」，而傑西就是天生的燈塔。

雖然我不是天生好手，但我靠著自學，運用信任的守則和步驟，培養我的燈塔力。你也可以培養這項特質，並接受「領導」這份崇高的重擔。

傑西看到我走來，出聲呼喊道：「工作狂羅賓！你完全不休假的嗎？」

「那你呢？」我對傑西說，「今天這種放假日，你也在工作？」

「我在幫避險基金經理人捍衛美國的安全。不好意思，其實是捍衛美國不受基金經理人的荼毒。你應該像這樣找一天，帶你家的小男孩出來走走。」

「現在不是小男孩了。他才剛贏得全州的工程競賽。」傑西不只是同事，也是家人。信任有無數的形式和階段。

讓我驚訝的是，這時傑西說：「我聽說，過去的麻煩回頭找上了你。」

「誰告訴你的？」

「有三個人。兩個在總部，還有一個是加州柏克萊的菜鳥，自稱能通九十種語言。總之，很多人都很關心你。羅賓・德瑞克，你創造了一個奇妙的新世界！繼續保持謙卑！」

「傑西，我的問題是，我知道這個人對我很不滿。但我不知道他想要什麼，也不知道怎麼樣才能知道。」

他聳聳肩。「問他就好了。如果他想要的事物合理，就去做。」

我等著他繼續說，但他就此打住。我知道他說完了，而他的建議，簡單，卻完美。我自覺像個蠢蛋。

我保持沉著，不露聲色，但傑西可以看透我。他把手放在我的肩膀上。「沒關係。你做得很好，羅賓。你是個有貢獻的人。」

我不知道要說什麼。能獲頒兩次局長獎的人少之又少，傑西是那些極少數的其中一人，而我感覺我剛剛得到了我心目中的局長獎。

就在那一刻，我體認到一點：你永遠不可能完美，但你現在已經夠好了。

傑西・索恩和我握了握手，調整好領帶，回頭往自由塔走去。

化敵為友

6月10日，火箭市：阿拉巴馬州，亨茨維爾市

我的天啊！他看起來蒼老好多。我看著他在旅館餐廳的自助餐檯排隊取餐，我故意在咖啡區拿起空杯，想找個機會在咖啡區攔住他。

數十年的歲月在他臉上刻畫了痕跡，反映出他所身處的環境，遠比我的要殘酷得多；這都要拜他在邁阿密事件之後的駐守任務所賜：那一年，在邁阿密潔白的沙灘上，我對他展開了反制行動。

我要發的第一球，也就是我的開場白，已經蓄勢待發，等著在他看到我的第一秒時發出。我的開場白是：「你一定有很多問題要問我！」

我希望這能引導他說出他想要、而我也能給他的事物。

當然，在第一發砲彈射擊後，各種變數都會出籠，情勢難以預料。但是，莫忘信任守則！它是定心丸。以信任為基本之道的生活，能讓你對情況有強烈的知覺，讓生活中不可避免的衝突，看起來以慢動作上演，意外與驚奇都變得可以掌控。

大約相隔十碼，我們的目光交接，定睛而視，他似乎認出了我。我很訝異，因為他沒有一絲訝異，我所有的大道理以及萬全計畫，都化為枉然，事情再度重演，而且接下來的發展完全超乎我的預料。

他打量了我的名牌：「羅賓・達克」。這正是二十年前，我們在南灘的那個獨木舟出租站相遇時，我所用的那個化名。我彷彿可以聽到他在說：「哈囉！我的老朋友達克，我們又見面了[1]。」

「我記得你。」他平靜地說。

我讓我的身體呈沒有威脅性的四十五度角，偏著頭，保持目光接觸，並露出微笑。我也認真地看了他的名牌，上面的名字不再是「泰倫斯．波尼」，而是一個饒富東歐味的名字。「是在……獨木舟嗎？」我說。「一場航太研討會？很久以前？」

「非常久以前。但我並不是獨木舟愛好者。我從來不是。」他幾乎立刻吐露實情，而那也令我訝異。他的意思是他是外國特務人員，負責尋找機密或開放資訊，而我知道這點，還有他知道我知曉此事。

「你一定有很多問題想問我！」我說。

他聳聳肩。「沒有。」他在他的杯子裡倒了飲料，轉過身，邁步走開。接著，他又停下腳步，轉過頭來看著我。「你是那個閹割我的人。」他的語調平淡，下巴緊繃突出。

「你是說『反制』（neutralized）吧？」這情節完全沒照著劇本走。

「不，我沒用錯詞。是閹割（neutered）。在我們短暫的會面之後，我長期的駐守任務不適合我有妻子。」

他朝著最近的一張桌子點頭示意，我們兩人都坐了下來。

「我很抱歉。」我說。我是出自真心的。

年輕時的傷痛回憶，即使已塵封在時間裡，但在這一刻，剎時變得鮮明清晰。

「也不適合有家庭。」他說著，邊用手轉著餐刀。

「我真的很抱歉。」我無法想像要與我自己的孩子分開是什麼光景。「我希望你們團圓了。」

「有的。我沒有什麼好隱瞞或後悔的。我妻子對我有很強烈的信念。因為她對我的信心，我才有能力去實現那份信念。」

我應該要害怕這個人。他顯然心有不平，而且怪罪於我。我知道，我在這裡的唯一理由，就是因為他想要我出現。

「這聽起來好像我在怪罪你，但我沒有那個意思。」他說，我再度感到震驚，因為他彷若看穿了我，就好像傑西一樣。

或許他和傑西只是發現一些非常明顯的人類本質，而犯了驕傲毛病（我們稱之「有企圖心」）的人卻看不到。

「我確實有個問題要請教你，」他說。「你等一下就會明白，它不是一個適合在等咖啡時問的問題。我的問題是，羅賓．達克……」他在講到化名時停頓了一下，不只是嘲諷這個名字的虛假造作，還有無動於衷的漠視；這個名字（Robin Dark）透露了我曾經相信自己是最高機密、善惡分明的正義一方，為了打擊邪惡，不計任何代價。「你希望懲罰我嗎？」

1　此句取自賽門與葛芬柯的歌，darkness是原歌詞，但這裡因為作者用的化名是「Dark」，所以也是指他自己，彷彿他在替對方OS，或自己的OS（因為他又再次用這個化名）。

「懲罰你？」

「是的。」

「沒有。」

「在我成長的那個比較野蠻的世界，不只要尋求正義，還要施加懲罰，這很常見。你可以稱之為『嚇阻行動』，或是『一點預防措施』。」

「你為什麼懷疑我有那種想法？」

「因為你成功反制我時，」他說，加強了「反制」的語氣，「我相信你從中得到某種程度的滿足感。一種愉悅感。我之所以在意是因為，既然我回到美國，你或許會想要繼續展開行動打擊我。原因你自己最清楚。更正確地說，只有你清楚。」

我呆住了。從來沒有人對我那樣說話。

或許真該要有人對我說這些。不過，隨著時間過去，我已經學會對自己那樣說話，那是一份經過酸楚而得到的救贖恩典。

他保持沉默，我也是。

最後，我開口說道：「我記得當時我為自己維護了國家安全而感到自豪。」

「然後呢？」

「那感覺很好。」

「你的國家，以及國家經濟？」他說。

「沒錯。」

他點點頭，可以說是態度和善的。他的緊繃消除了一些。「我可以理解。我也有過那些感覺，也有一些比較沒有那麼崇高的感覺。我們都來自歷史學家所謂的『血腥世紀』。我們都在努力讓它不那麼血腥。」

「我想，我終於了解我對你做了什麼，」我說。「因此，謝謝你……」他偏著頭，先是一臉狐疑，目光低垂，又抬起頭來看著我。我繼續說：「別這樣，真的，謝謝你讓我知道這點。」

他挺直身體，正襟危坐。「那是我的榮幸。」

「我無力改變過去的事，」我說。「那，現在我能為你做什麼？」

「不要含糊其詞，請明白告訴我，不會再有——就像你們說的——你死我活的爭鬥。沒有暗中的謀算。沒有隱藏的不滿。也沒有根據過去事件而為的特殊待遇。」

「絕對沒有。」我再度回到個人層次：「我承認，過去我對於我對你造成的痛苦沒有感覺。但現在我是真心誠意地想知道，我能為你做些什麼。」

他的臉部表情變柔和了。「發生在我身上的事，大部分是我自己想賺錢而自做自受。我被指控的罪狀是這些，並不是沒有克盡職守。現在我對我的國家效忠，也更加誠實。沒錯，我在這裡是為了探知美國人的知識，但我是透過公開來源的資訊，不耍詭計花招，也沒有任何不法。我們的國家現在是盟友，我的國家也終於要成為自由國家。」

相較於他的國家過去更高壓的統治，他說的是實話。

「你還有多久退休？」我問道。

「明年。」

「我也是。」

他伸手拿起咖啡杯，我們一起舉杯，慶賀我們將各自卸下畢生的責任；那份責任是個根本而普世的目標，可說是人類最平凡、也最不朽的夢想。

「你可以繼續擔任顧問，以報效國家。成為我們的顧問。」

「當間諜嗎？」

「是當顧問。你可以告訴我們，你認為怎麼做對你的國家最有利。就只是這樣。」

讓我最驚訝的是，他看起來並不驚訝。

「在我的一個基地，」他說，「我們晚上幾乎沒有什麼事可做，只能在食堂看電影，大部分是美國電影，其中有許多都是經典片。我從這些影片領悟到一些觀念、原則，這些是我日常在美國的街頭巷井之間看不到的。有些連在美國的美國人自己都看不到的優點。」

我完全知道他在說什麼，在那一刻間，我們成為看似最讓人無法想像的同胞，我們都同屬廣大的美國愛國者族群。

「所以，你會考慮嗎？」我說。

「我這樣說好了：羅賓．德瑞克，這可能是一段美好友誼的開始。」

他微笑了，他的臉發亮，一位老人的傷疤也隨之拋諸腦後。即使是這個世界裡僅只一刻的連結，都能改變一個人。

我向他舉杯。「這是敬你的，好傢伙！」

我們再次碰杯，我的美國間諜生涯也在此接近尾聲。

退休典禮

某個仲夏夜，紐約

一如我在本書開頭所說的，紐約是座險惡的城市：如果你能在那裡學會信任，你在任何地方都可以學會信任。

我要回到我起步的地方——曼哈頓，學習關於信任的最後一課，也是最重要的一課。

紐約客都善良仁慈，但他們不會像發糖果一樣，隨意付出他們的信任，因為這個城市充斥著操縱者：從在人行道上等人打賞的街頭藝術家，到走過他們（還有其他一時時運不濟、尋求幫忙的人）身邊那些身著上萬美元西裝的男士，每個人不管對任何人，都一樣沒放在眼裡。

但是在這個別具意義的夜晚，那些險惡不見蹤影，我和小金漫步在一間令人目眩神迷的宴會廳，通明的水晶吊燈映照出五光十色，與會者身著晚宴服裝，或軍裝，或是來自各種分支機構的執法探員制服。

這是佛恩．史拉德的退休典禮。我之前提過，史拉德是我的英雄、我的絕地大師。他現在是位服務了三十七年的ＦＢＩ老將。就是他告訴我，信任的唯一秘密就是把別人放在第一位。

這個典禮讓我想起我自己即將來到的退休，我感到緊張不安，一方面是因我對我那飛快落幕的ＦＢＩ職涯心有未甘，一方面也是因為前路充滿不確定性。

人年輕時滿懷著對光榮夢想的熱情，為小小的勝利而陶醉，為了每次的挫敗而痛苦。但即使烈火仍然熊熊，我們卻窺見了結束的開始，我們的榮耀深深褪入過去，只剩它們微弱的記憶，化入我們的殘夢裡。

在那樣的時刻，我們會懷疑：這值得嗎？那所有的犧牲，值得嗎？那些年頭裡，每天清晨和深夜的緊繃和戒備，值得嗎？

但是，我環顧四周，這裡的人數遠比我在任何類似典禮上看過的人還要多，顯然，史拉德這個越南退伍軍人、在他那一行業掀起革命的ＦＢＩ犯罪現場攝影師，他的職涯創造了某種宏偉壯闊的事物。

隨著我周遭的喧鬧愈來愈大聲，我也落入舊日回憶的白日夢裡，憶起我唯一一次能夠以我自己的智慧，回報佛恩如高山般的智慧。當時，他在為他最小的女兒擔心；她有發展障礙，她很討人喜歡，但像個長不大的小孩。他擔心她永遠沒有辦法自立。

我全心感到同情，但內心也有一個頓悟。

「我對我自己女兒的愛，從現在到永遠，都不會改變，」我說，「現在這個階段，她還天真無邪，老是等著給我一個擁抱，對我說：『爸爸，我愛你。』但是總有那麼一天，她不會再那麼常抱抱我，或許也不會像現在這麼天真無邪，也或許永遠不會再喊我一聲『爸爸』。」

他的感動如此形之於色，我幾乎可以看到他對女兒的想法，框架正在移轉，而自那時起，一切都不一樣了。他珍惜伴隨著傷痛而來的禮物。

即使那時，我已經對我後來將學到的課題有了最初的銘印。我說過，我不是天生的領導者。我沒說的是（因為聽起來可能過於自負），我天生有顆領導者之心，只是尚未成形、有待完成。

你也是。每個人都是。

我很幸運，可以遇到對的人，幫助我找到領導之心。那就是我的妻子、我的導師、我的同事、我的朋友。沒有他們，我恐怕早已迷失。

如果你在領導的路上跌跌撞撞，請先找到可以帶你追尋你的領導之心的人。而那些人，你多半都認識。

「羅賓！」是小金在叫我，她扯了扯我的手臂。「看看誰來了。」

「佛恩！」我握住他的手。

「羅賓，你是我今晚絕對要見的人！」他把我拉近一點，讓我能聽得清楚。佛恩說：「今天晚上，有好多人都告訴我，事情真的不一樣了，大部分是在你局裡的單位。」

「是啊，因為康梅局長的關係！他教了我們一些東西，和你曾經教過我的一樣。」

「我的意思是因為你，羅賓。」

我頓時語塞。

若說有任何東西可以讓我跳脫低迷情緒，這就是了。

但我仍感到低迷。佛恩拍了拍我的背，往講台走去。

演說開始了，於是我開始放空，想任由官員和他們的客套話一幕幕過去，有如耳邊風。但不可思議的事發生了。每個發言者都妙趣橫生、感性十足、充滿智慧，又真誠懇切。

他們都流露出他們內在的佛恩．史拉德——厭惡裝腔作勢、不願只打安全牌。一個人可以對這麼多人的態度產生啟發，令我震驚。

警長、市長、國會議員，以及來自FBI、司法部、國土安全部和CIA的探員輪流上台發言，但他們甚至沒有提及佛恩顛覆性的創新，而是談他這個人談得津津有味：他如何一接到通知就放下一切，如何總是做對的事，不管面對什麼樣的壓力或牽涉到什麼人。我從來沒聽過這樣的話。

我彎身在小金的耳邊說：「明年，他們也會這樣談我嗎？或只是稱讚我工作表現優良？在我一心只為自己時，我曾傷害太多人了，我甚至不信任那些信賴我的人。那會是留在他們記憶裡的事嗎？」

「不會的！」她盯著我看，彷彿我瘋了。小金總是能用隻字片語傳達比大部分人長篇大論還多的真理。

我環顧四周，看到一個不一樣的世界。這麼多朋友！如此令人驚豔讚嘆的一個夜晚！

佛恩的夫人簡短發言，兩個較大的女兒也說了一點話，她們都是成就非凡的女子，說佛恩是她們最好的朋友。那讓我喉頭一緊，為之哽咽。我想到我自己的孩子。他們正在一個許多孩子會排斥父母的年紀，但他們卻和我很親近。他們是我的英雄。

佛恩最小的女兒站起來，害羞地跨步走向講台。「每當我需要我爸爸時，」她吞吞吐吐地說，瞄著她的小抄，「他總是在那裡守候。每一次都是。我是全世界對他而言最重要的人。現在，他是全世界對我而言最重要的人。」她突然打住，揉掉她的小抄，快步走向佛恩，伸出手臂環抱他說：「爸爸，我愛你。」

佛恩抱著她輕輕搖晃，讓自己保持鎮定，雖然我不知道他怎麼辦到的。他看起來毫不忸怩，他的女兒也是。他們看起來彷若渾然忘我，完全忘卻外界的存在。會場一片寧靜詳和。

我頓時熱淚盈眶。我感到小金緊握了一下我的手，我看著她，看到她那美麗的雙眸也閃爍著淚光。

我已經準備好面對我的退休了。

我已經準備好迎接我的新生活了。

我已經準備好了。

你在這個世界上的所作所為，是一面最好的鏡子，映照出你是一個什麼樣的人，但它仍然不過是鏡中的一個影像。真正定義你的，是你的內在，而這也是你能完全掌握的唯一事物，不受命運的力量以及他人的行為左右。

讓內在的你（你的真我）全神貫注於神聖的價值，那些價值能走遍天下，能讓你的真我成為你夢想中的那個人。

信任守則能賦予你再造自己的力量，超越凡常的現實世界。有了它，你可以進入一個理想境地，那裡只有人性的美好，你最終會感受到，無論與誰為伍，都能無入而不自得。

把別人放在第一位的力量，能讓你處於優雅的狀態，所有的恩賜都能不費吹灰之力，自己降臨，有如大自然面貌的變遷流轉，自然而然、按部就班地到來。

這是佛恩在職最後一天的最後幾個小時裡，我向他學到的一課。他甚至沒有花費任何力氣教我。他只是一如往常地過他的生活。

這也是我給你的最後一課：如果你把別人擺第一位，在你人生裡的某個時點，即使你不刻意表現，你的行動自然會體現真正的你，而每個認識你的人都會信任你。

＊＊＊

現在，你已經上完你的信任課程，你也會成為老師，一如所有努力研習有成的人。你已經學會，在追求最崇高的目標時，沒有容允長期自利自益的餘地，因為自私自利向來只會讓人自我毀滅，走向失落，並感到孤獨。

不管你曾經對於單槍匹馬闖天下抱有何種幻想，那都過去了。信任需要兩個人。而兩個人只是起點。

隨著你的信任族群成長，你會每天自己學會新課題。信任守則是一套哲理，要達到最佳學習效果，就要實地執行，並向唯一能看到全局的那個人學習，那就是你自己。

第12章
鍛鍊「信任肌」的十五道練習

現在你已經學會激發信任的課題，你需要的是付諸行動——在真實生活場域，在當下都即時反覆實行、持之以恆。

要成為能激發信任真正的藝術大師，你需要練習信任的五條守則和四個步驟，而且一旦開始之後，要務必保持彈性。

你可能會發現，即使你已經了解這些守則和步驟，卻仍舊無法加以深度內化，足在知覺動能上感知到它們：一如肌肉記憶，內化程度如此深入，幾乎成為一種本能。

在講授信任守則時，我會等到上課的最後一天，在大多數人都認為自己精通了我的系統之時，請他們做一個簡單的練習。在此，我也建議你做這項練習。就是現在，以此做為你建立信任的第一個練習。

一、寫下你的名字，兩次。

二、換另一手拿筆，寫你的名字，也是兩次。

三、比較前後兩次的字跡。

你慣用的那隻手，寫出來的字當然會比較好看，即使用另一隻手寫的字看起來相去不遠，你也需要較多的時間和努力，才能做到同等程度。這不只是因為你天生慣用右手或左手，也是因為你已經花了一輩子用其中一隻手做練習，而練習的效果足以勝過任何先天基因的預設。例如，由於關節炎、受傷或其他因素，許多人失去了運用慣用手的能力，然而靠著練習，他們的另一隻手也能運用自如，最後習慣成自然。

以下是一則我們在ＦＢＩ經常引用的信條：「面試的演練，絕對不是從敲門開始。」

海軍陸戰隊的火器熟練度練習也是依據同樣的原則來施行。我們必須每三個月通過一次火器測試，這不是因為我們會忘記如何射擊，而是為了維持並繼續鍛練肌肉記憶，以備如果有一天開火戰鬥時，必要的技巧才能自然發揮。

戰場並不是讓人沉思的地方，董事會的會議室也不是，還有銷售拜訪的成交階段，以及深度對話的某個微妙時刻也都不是。

我在帶領行為分析團隊時，會把練習之美灌輸給每個人，我們採用的訓練方式，通常與現在要讓你進行的「鍛鍊信任肌練習」一樣，是雙人互動式的角色扮演。要讓人們可以同時說出與聽到彼此如何在真實生活裡運用言詞，這是唯一的方式，也能更具真實感。那就是為什麼人要大聲練習演說。它也能讓你注意對方的反應，在狀況混亂時，迅速評估可能出現的大量變數。

我增加的另一項元素是角色對調，以提升另一個層次的學習。即使在人為設定的環境裡，角色交換也能讓你對另一方感同身受。

在建立信任的練習裡，扮演接受方的人，其中一個主要課題就是去體會，你對另一方的認知，如何快速簡化為以下兩個關鍵印象之一：真誠，或是機巧。

注意：利他心態和接納心態如果傳達不得法，反而會顯得別具用心。這就是為什麼練習如此重要的另一個原因。如果你的表達不夠清楚，你最崇高純良的善意也會被誤解。

不過，有一顆萬用靈丹可以讓你看起來光明磊落，它也是最容易的練習方法之一。那個靈丹就是信任守則的核心：要激發信任，就要把別人放在第一位。與別人相處時，如果你特別留意把對方的需要放在第一位，幾乎所有人都會喜歡與你往來。

不過，務必謹慎小心。即使你把話說對了，但若私心裡還是緊抓著自己的盤算不放，你在別人眼中會變得超級機巧。

練習1：設定時間限制

幾乎所有對話，設定時間限制都是絕佳的開場白，即使與認識的人會面也一樣。切記：認識某人，並不表示你可以怠慢他們。他們的時間和陌生人的時間一樣寶貴。

練習內容：你可以運用幾則我教過你的萬用語：「你有空嗎？」、「我等一下要去趕公車，不過……」、「能請你迅速簡短地就某件事給我一點意見嗎？」、「我必須先回覆——，不過……」

如果可以，最好的就是直接詢問對方：「你現在有空嗎？」這樣一來，如果對方不是很樂意幫助你，也可以利用「我現在有點忙」做為拒絕的好藉口。當然，或許你不希望他們離開，不過你必須尊重他們，因為世界並不是繞著你轉。

你也可以運用非口語線索，例如：看手錶；把帽子戴上；從座位起身；或站著不就座。

目標：讓他們或多或少能參與對話，最好的狀況是要讓他們覺得自在，願意主動聊下去。若在這個練習達成極高的回應率，就能激勵你繼續做些更困難的練習。

練習2：借題發揮

藉由信手捻來的話題，與素昧平生的陌生人攀談，建立關係。

練習內容：找一個正在做某件事或從事某項活動的人，借用那件事或活動做為話題。例如某家書店裡的一本書，超級市場裡的紅蘿蔔，又或是電視上正在轉播的運動賽事。

借題如果為一般性或中性，而且不是與個人密切相關，會較容易切入。談話的對象，找某個只是在瀏覽或閒逛的人，而不是趕著完成某項工作的人，也會有幫助。

接近你的目標後，引用信手即可捻來的中性事項，像是書本、紅蘿蔔或球隊。徵詢他們對這個中性主題的想法和意見，讓他們可以自由發揮：「你知道這些是基因改造的紅蘿蔔嗎？」或是：「我太太剛讀過這本書，我想要買同一位作者的其他書給她，可以給個建議嗎？」

你可能注意到了，我提到「配偶」，這樣說能清楚表達你不是想要搭訕。陌生人隨興找人攀談，經常是為了搭訕，而這可能會惹人反感，甚至覺得被威脅。

講話不要匆忙。讓你的非口語表達保持開放而友善，像是：挺直站立，頭部自然傾斜，友善的眼神接觸，以及微笑。

在化解陌生氣氛之後，恪遵下列的五大信任守則：放下自我；去除批判；肯定別人；理性至上；樂善好施。

目標：這項練習的終極成功目標，是從中性話題移轉到較個人的話題。而顯示成功的最佳跡象是：你的對象似乎還想繼續聊下去，除非你自己主動暗示想要結束談話。

練習3：用「信任的速度」講話

信任的速度是種相對緩慢、不慌不忙的講話速度。

如果你天生是個講話速度快的人，或是你所在地方的人通常講話很快（例如，可能會出乎意料的是——奧瑞岡。有項研究最近提及該州的人講話速度是最快的），這項練習可能會讓你感到不太自在。（我認識的一個奧瑞岡州人向我保證，這是因為有很多紐約客最近剛搬到那裡，快速占領各地使然。但是，以奧瑞岡人那種說話速度，誰能相信他們啊？）雖然有許多值得信任的人講話都很快，但這樣很容易被認為是不受信任的人，因為有些人想要有所隱瞞或混淆你時，會故意加快講話速度，讓你比較沒有時間去思考他們在說什麼。

你可以找你認識的人做這項練習，但練習對象如果是陌生人，會是更好的挑戰。

練習內容：選一個適合你的聽眾的主題，好讓對話能持續下去。用明顯比平常緩慢的速度說話，但要特別注意聽起來需思慮周密、言之有物，彷彿你正試著傳達重點。不要只是機械化地或任意放慢速度，因為這會讓你聽起來別有企圖。

目標：為了評估你的練習是否成功，請與對方保持眼神接觸。如果他們不感興趣，眼神會透露出訊息。

為了做出對照，你可以用比平常快的講話速度做同樣的練習。你甚至可以在同一場對話裡做比對。這樣做，你應該一定可以看到顯著的效果。

練習4：消弭不同世代性格框架的差異

這項練習的目標是理解與你不同世代的人，並克服不同年齡層間的障礙。練習的最終目標是切實理解他們，讓他們忘記你是屬於另一個世代。

同樣地，你可以找熟人，也可以找陌生人練習。熟人能給你立即而誠實的反饋，但練習會變得較偏離現實世界。與陌生人的交會較為真實，但你必須根據所得到的反應推斷大部分的反饋。

練習內容：找一個與你不同世代、性格框架也與你不同的人，愈能代表他所屬世代的人愈合適。判斷的標準是對方的衣著、言行舉止或身處環境。

一如我在第7章提過的，一項建立關係的最佳策略，就是以對方世代生活中大部分人都重視的各層面做為話引子，包括政治議題、世界或社會上的重要事件、電影、電視劇、書籍、歌曲、科技、運動、桌遊或歷史偉人。其他比較保險的主題是對方的個人生活層面，例如退休（如果你的對象是傳統世代）；或親職（如果你的談話對象是X世代）。最容易上手的題材，是你談話對象印象中最深刻的歲月裡所發生的事，通常是從七歲到十九歲那段時間。

不要假裝你對話題博學多聞，只要專注於他們說什麼就好。此外，根據對方世代的一般態度和哲理和他們說話，這也很重要。

彌補世代鴻溝的關鍵在於，絕對不要批判，只需尋求理解各世代的特質和偏好。一如我之前說過的，肯定不代表認同，只是表示能夠從不同的觀點看事物。

目標：談論對方世代的主題，自然是對談話方的肯定，能為你創造機會，更深入挖掘個人層面的訊息，而不會讓你聽起來像是來自另一個星球。因此，在你的對象覺得被理解（並解除防衛）

後，乘勝追擊，轉進更個人、更跨世代的話題，試著與他們展開「人與人」之間的對話。

這項練習進行到後面階段時，我通常會問對方他們最珍惜的回憶，或他們最好的朋友，又或他們最大的夢想。這些個人化、不具威脅性的討論，往往能顯露一個人的獨特個性。

當我了解一個人的基本人格類型，就能瞄準他們完整的心理動態框架，並運用他們偏好的溝通風格與之應對，而這往往也正是真正的對話開始之時。

關於世代差異的細節，請參閱第7章中「5W」一節的描述。〈詳見第二一四至二二九頁〉

練習5：運用求助技巧

演化心理學有個觀念是說，人天生樂於助人，不只是因為「助人者人恆助之」，也是因為助人能滿足人性內在對利他的渴望。

練習內容：藉由請求對方協助的方式，與一個陌生人（或你認識的人）建立關係。如果練習的對象是陌生人時，這項建立關係練習通常會讓你的感覺會更深刻。但如果練習對象是你已經認識的人，現世的實用價值會較高，因為你比較有可能再看到他們。

這項技巧是少數幾項經過實證有效的方法，不但能與陌生人或普通熟人建立真心聯結，也能真正交到朋友，因為人通常會喜歡他們所幫助的人，一如之前談及的富蘭克林效應。

選擇一個適合你個性和背景的求助主題，接觸目標對象，建立時間限制，慢慢說，並以非口語的方式保持友善，藉由請求協助，讓對方發揮能力。

一如我提及的，如果你接近的人懷疑你是藉機搭訕，那就在言詞裡提及你的另一半，以消除對方的疑慮。

目標：你可能已經做過這項練習很多次了，因為我們有時候都會需要幫助，甚至是陌生人的幫助；這項練習做起來應該很自然，你應該可以順利完成。所以，眼光不要只局限在練習的及格或不及格，而要把注意力放在你深化會面、讓會面變得有意義的能力，例如在他們因應你的需求之後，你們之間能產生更實質的對話，像是鼓勵對方吐露更多關於他們自己的事，或是從良好的交流裡看出，他們因為遇到你而感覺更好。

請求協助時，言詞要簡短有力，直中要點。你的開場白可以簡單有如：「不好意思，如果你有空，請問你知不知道這棟大樓有沒有WiFi，如果有，需要密碼嗎？」

這樣說，很少人會不理你，但同樣也很少人會突然就因此接納你。接下來會如何發展，就取決於你自己。

練習6：賦權他人

這是一個大格局的練習。最佳的賦權方式，就是在與對方共處時，放下你的自我，這樣不只能引發他們最好的一面，也會讓他們想要加入你的信任族群。

雖然我認為從人類的層次來看，幾乎所有人的位階都相同，但現實中，社會通常會根據外部因素，如金錢、美貌和事業成就，以尊卑高下把人分等。因此，這項練習會因為對方對自身地位的認知框架，而引發不同的反應。

如果從社會標準來看，你和練習對象基本上都在同樣的位階，放下你的自我能引發對方大腦愉悅的生化反應，讓他們想要與你為伍。如果依照世俗的位階，你的地位比他們高，他們不但會對你的舉措心存感謝，也會因此敬佩你。

練習內容：找一個陌生人或你已經認識的人，和他們對話，只談他們的需求、欲望、挑戰和意見。保留你自己的想法，不管你有多想發表意見。如果你對於談論的話題有直接相關的有利資訊，先把它們暫放一旁。

謹慎關注對方，他們也會開始同樣關注你。

絕對不要做任何顯示你的位階高於他們的事，因為在以「信任」為基礎的關係架構下，無論你擁有什麼頭銜或地位，對他們都不重要。他們只在意你是否能以不帶批判的肯定、理解、理性和慷慨對待他們。

目標：讓他們能夠自在而愉快地談話，捨不得結束話題。最佳的情況是，他們會表現出想要再和你談話的樣子。如果他們是陌生人，還提供你聯絡的資訊，那你就算是高分過關了。

練習7：不要「擱置爭議，各自表述」

這是最難的練習之一，尤其是對有主見、有見識的人來說。

練習內容：提出一個有爭議的話題，尤其是你認為練習對象的感受與你不同的話題。不管他們說什麼，都不要提出異議。對於他們為什麼會有那樣的感覺，表達你真心的好奇，告訴他們你因為看到他們耐人尋味的觀點而心存感謝，並鼓勵他們進一步闡釋。即使他們說了你認為、甚或確知是錯誤的事情，不要糾正他們，也不要試圖改變他們的想法，或以任何方式「啟發」他們。容允他們有完整的思考自由。

如果你試著從他們的觀點清楚看到這個主題，你就會開始調整自身的某些意見。

目標：讓他們覺得在你面前有安全感，願意對你完全坦誠。

加分題：打從心底願意改變你的意見。若是如此，不要認為這是損失，而要視為是種勝利。想法轉變有個名詞可以形容，那就是：「學習」。

以目前的政治氣候，轉變想法的政治家會遭受譴責，被貼上「髮夾彎」、牆頭草的標籤，而這種政治氛圍通常荒謬無理，經常是不合邏輯的辯論技巧，意在貶損某人的信譽，卻沒有顧及一個人真心改變觀點的意圖。

改變觀點顯示你對新觀念保持開放態度，願意傾聽他人的意見。善於傾聽的人也是出色的學習者，而出色的學習者則是聰慧之輩。

練習8：絕對不要爭辯性格框架

這項練習與前一項練習有些許類似，都和不要駁斥他人的想法有關。不過，前一項練習要求你，即使你再想反駁，都要克制自己；在這項練習裡，你則可以表達異議，只要你保持理性、寬厚和尊重，而且你的異議不是因為不同的性格框架使然。

如果你是洋基迷，對方是紅襪迷，不要想改變這點。這是他們的框架。此外，對方這點也絕對沒有錯。（這是本書第一次開個玩笑：面對波士頓紅襪迷，千萬得小心應對。）那並不表示你不能帶他們去看洋基隊的球賽，只是不要期望他們和你一起為洋基加油。

練習內容：提出一個具爭議性的話題，類似練習7一開始的做法。先徵詢對方的意見，除非他們問你，否則不要發表你的想法。

如果他們真的問你的意見，你可以表達看法，但仍然要尊重他們的感受，告訴對方你想知道他們的想法，但你還沒有時間能通盤思索。在發表你的意見時，不要顯現絲毫批評對方的意味，也不要質疑他們為什麼不能和你站在同一陣線。如此寬厚、理性的行為，能刺激他們大腦產生一連串的正面生化物質，讓他們想要繼續和你說話，並聽你說話。

透過全面了解他們的性格框架來展開這個過程，以我在第6章給你的資訊做為指引，包括辨識他們的溝通風格、人口統計資料特質、世代態度和人格類型。

目標：一如在練習7中，如果你改變了他們的觀點，不必訝異；反過來說，如果他們改變了你的想法，也沒有什麼好大驚小怪的。

在與各種國籍、民族、政治背景和哲學的人共事大約二十年後，我對每個人的想法養成了寬宏的包容度。我發現，當我自己的性格框架變得愈廣大，我就愈難去批判別人。

我們當前文化一個嚴重不足之處，就是缺少文明的相互忍讓，這是數千年來個人和社會智慧能夠拓展的憑藉。

不要以為這是一項簡單的練習。但如果你能精通不批判別人的藝術，人類互動裡就沒有任何你無法掌控的事。

練習9：做好期望管理

不抱任何期望是理想境界，但不一定能實現，有時候甚至並不務實。例如，如果你期待某人在期限之前完成計畫，他們也保證會做到，你相信對方能如期完成，也在情理之中。只是不要那麼篤定，因為世事難料。

讓人無法實踐諾言的阻礙之一是單純的樂觀。這是積極進取的A型人常見的人格特質，它通常有益，但不是百分之百都能有所幫助。

此外，很多人做出不切實際的承諾，只是因為他們害怕讓別人失望，或想避免別人對他們施壓。

練習內容：設想一件你想要達成的事，寫下你對自己表現的期望，以及預計完成的進度。接著，做好你的期望管理，寫下簡短的備用B計畫——還有C計畫、D計畫。

你必須體認，你設定的目標是移動標靶。要知道，夢想光是「想」並不會成真，不管你在電影裡看到多少次與此相反的情節。

接著，進行困難的那個部分，也就是做好你對他人的期望管理。寫下他們可能會無法達成期望的情況，以及你要如何助他們一臂之力，或防止這種情況發生。

目標：這項行動背後的動力是耐心和彈性。如果你感到你的期望高漲，務必保持耐心和彈性，其餘的就交給信任守則。只要對信任的原則抱持適當的關注，你幾乎可以感受到它在運行的壯闊力量。

接下來，以這種較務實的角度，再次檢視你的目標。如此，你將不會再焦慮到無法成眠，也會和別人相處得更融洽。

練習10：安排成功的會晤

你今天可能要和某人見面，即使只是你每天都會碰面的同事，或是在一天結束之時看到另一半。不要像平常一樣毫無準備，在你可以負荷的尺度內，精心設計你們的會面。

練習內容：為互動做準備！想一下你最想會面的環境，無論是你的辦公室、對方的辦公室、午餐區、你家客廳或廚房。如果可能，讓會面的時間最適化。思考一下他們的需求、需要和期望。適當表現自己（所謂「適當」，是從對方的觀點而言）：該穿西裝或毛衣？要搭禮車前往赴約嗎？規畫你的開場白，這是你投出的第一發砲彈，接下來就由信任守則引導。預想對方對開場白各種可能的反應，並擬想如何因應，運用第7章討論的「5W」系統。

目標：檢視互動的發展，再將之與完全沒有經過事先安排的會面做對照。通常，經過你精心策劃的會面，參與各方都會特別滿意。

練習11：以溝通守則做為發言的指導原則

花一整天，或至少在一天的上班時間，裡講話態度完全都遵守信任的溝通守則。

練習內容：溝通守則就像我的系統裡的許多程序面，直接反映信任守則，並由下列的五大特質所組成：一、放下自我；二、放棄批判；三、肯定他人；四、理性至上；五、樂善好施。

在第8章也曾提及，溝通守則採用了三項根本技巧：一、以提問引導對話；二、專注聆聽；

三、解讀非口語溝通訊息。

目標：把你的意見留給自己，也不要把你自己的故事帶進場。你的非口語訊息與口語訊息要保持一致。不要批評，即使附帶告誡也要避免。偶爾穿插鼓勵的評語，覆述對方的話，少用帶有絕對語意的修飾辭，還有，把你的辯論技巧留在高中時代吧！那才是最適合它們的地方。

每當你偏離溝通守則時，試著克制自己，修正路線。別想要達到完美，完美是不可能的事。但我保證，總有那麼一次，當你言所當言，即使未必總是行所當行，都能得到豐厚的報償。

練習12：運用道歉的力量

卓越的領導者比大部分人都更常道歉。這不是因為他們比較常犯錯，而是因為他們謙卑到能夠在道歉時不覺得有損於自己；而且他們知道，最能表彰對他人的關切和尊重的，莫過於一個道歉。這也是因為領導者幾乎經常涉及需要團隊成員犧牲個人需要和目標的情況，而當團隊成員這麼做時，他們應該得到的不只是一句「謝謝」，有時候也值得一句「對不起」。

領導者也知道，道歉不過是為錯誤至少承擔一些責任。那是單純的誠實，點出「沒有人是完美的」這個事實，而誠實是信任守則的重要特質。

練習內容：今天就向某人道歉。不必擔心找不到機會。如果你是領導者，機會就會找上你。例如，你可能得要求某人做出犧牲，這是團隊合作最根本的本質；或是有些計畫可能失敗了，而你也是參與者。

我保證，你需要道歉的時候，經常是你最不願意道歉的時候，那就是產生衝突的時刻；這時，你肩膀上的惡魔會引用班傑明・迪斯雷利（Benjamin Disraeli）的名言：「絕不道歉！絕不解釋！」可是，你另一邊肩膀上的天使會說：「如果迪斯雷利真的那麼聰明，我怎麼會沒聽過這號人物？」

你可能還需要對犯下大錯的人道歉。遇到別人鑄成大錯時，你要體認到，可能是你以某種方式助長了（或未能防範）錯誤的發生。

不管你可能扮演了什麼角色，不管你的角色有多輕微，都要負起應有的責任。要知道，即使你在一個問題裡只是個小角色，你也可能是壓垮駱駝的最後那根稻草。還有，即使是小小的讓步，也能大大提振罪魁禍首的士氣，讓他們能大幅降低防衛心，勇於承擔自己所扮演角色的責任。此外，他們永遠不會忘記，當他們把事情搞砸時，你挺身而出，與他們分擔責難。

目標：如果你的目標是擁有健全的人際關係，和坦誠無欺的溝通，要達成目標，這是最重要、也最困難的行動。如果你能體認到這點，即使是像道歉這種表面上看起來痛苦不堪的事，你做起來也會感覺愉快。

不要去想你道歉的對象會有什麼反應，你要想的是，眼見或耳聞你彌補他人的人，會有何反應。道歉有種良性的雪球效應，不道歉則會引爆爭執不斷。

道歉有許多方式，找出一個適合你的個性的方式。唯一不可違反的原則是，如果你道歉時提到「但是」這個字眼，你就搞砸了。

練習13：為毒人解毒

面對毒人時，唯一能讓你加分的，是明白你的終極目標。長久等待的目的地，能讓艱辛的旅程變得可以忍受。與毒人交手時，記得把你的焦點移轉到那個目標。

唯一最重要的策略是跳脫對方的擾人行為，秉持仁慈和善回應。這很難做到，但會很有用。凡人提油救火，智者以水滅火。

練習內容：請自問，該怎麼做，才能打消對於毒人做出那些令人怒火中燒行為的怨念？不要把對方的攻擊看成故意針對你而為，讓情緒因此被綁架，而落入惡人通常想要的結果，大多時候，他們對理性、同理心和寬厚已經放棄希望，不認為這些能滿足他們的需求，於是退回他們自己那個充斥著心機算計和戰爭遊戲的黑暗世界。

目標：你不要讓他們稱心如意，你要給予他們需要的：肯定、理解、寬厚、理性和包容。這些走遍天下都受歡迎的特質，能填滿幾乎每個人心中的傷口。

不要期待這樣做能立刻見效。但是，要期待它會見效。當它見效時，你的人生會出現這樣一個人：當別人詆毀他時，你能看進他們的內在，找到他隱藏的心。你的信任族群又會多一個新成員，他會為永遠追隨你的領導而感到自豪。

練習14：糾正，但不要積怨

不管你的期望管理做得多好，你總是會碰到某些時候，你得告訴別人，他們必須改變自己的做事方式。

有些領導者相信，他們必須狠狠修理人，才能保持團隊的上進心，但那是以舊式、以恐懼為根據的管理方式，它的效能極其有限。不管你想要威嚇的人是誰，他們都已經有自身的恐懼，不會因焦慮沒來由地升高而有正向反應，而且長期而言，他們也不會不記恨。

事實上，如果你要把部屬變成刺客，在你背後暗算你，最好的方法就是你先從正面捅他們一刀。

練習內容：找出某人面對的挑戰，但不要加以苛責，而是要幫助他們克服挑戰，讓彼此都滿意，你的表達甚至可以不露痕跡，讓對方沒有察覺自己受到糾正。

如果你的目標是讓他們體認到你的性格框架，以你想要的方式去做事，請自問：為什麼他們應該聽你的？正確答案並不是「因為我是老闆」，也不是「因為我最厲害。」合理的原因是因為「你的方法是對的方法」，而不是「對的方法是你的方法」。讓他們明白，從你的框架來看，你認為的成功是什麼。

接著，幫助他們從你的觀點看到問題。運用非指控式的提問，例如：「我從來不曾看過有人這樣做這件事。你為什麼會用這種方法？這樣做的優點是什麼？你會遭遇什麼挑戰？」如果他們不明白你的想法，問他們是否對你觀察到的事覺得好奇。

有時候，你會明白，他們的方法其實才是最好的；而有時候，他們會開始明白，這件事還有更好的做法。但不管是哪一種結果，他們都會解除防衛，如此，資訊自然就能流通！

目標：最重要的是，要解決問題——而不是解決對方。

你不能光是說「你搞砸了，現在修正！」之類的話，還要多說一點。花這樣的時間是值得的。一個人的缺點，如果真的能解決，辦法也是在他們自己手中。如果是你解決他們的問題，他們會重蹈覆轍。如果是他們解決自己的問題，問題一旦解決，就會一勞永逸。

練習15：建立你的信任族群

如我在第11章討論以軸幅法打造信任人脈網時所指出的，信任族群的規模沒有上限。族群裡的每個人不只是你族群裡的輪幅，也是他們自己信任族群的軸心，如此層層交織出一個規模無限、同一陣線的人脈網。

練習內容：為你自己的信任族群繪製簡單的軸幅圖，以你為中心，那些信任你、受你信任的人是輪幅。

用你自己的方式做註記，描述在你的群組裡的那些人所具備的特質。例如，如果某個人是你最信任的伙伴，就把他們的名字寫得大一點，或畫底線；或是在你的軸幅系統裡，把他們放在離你較近的位置。如果某人具備特定的能力，或懷抱某個終極目標，在他們的名字旁邊加上註記。

接著，盡你所能擴大你的軸幅圖，把位於你的軸幅端的每一個人變成另一個輪軸，畫出他們自己的軸幅。隨著你的軸幅圖成長為一張人脈網，它看起來會像是有著重疊圈圈的文氏圖。

最後，做一個列表，或許可以用周邊的空白處，列出那些不只在你的信任族群裡、在你軸幅裡那些人的群組裡也是有價值的成員。

如果有些人看似極其適合成為你的輪幅，把他們放在適當的位置，特別做記號，強化把他們納入你的信任族群的期望。

目標：把這張圖視為你自己的信任宇宙，保留這張圖表，並加以擴增、改進。看看它，讚嘆你所學會的一切；讚嘆你身邊所有活得精采的人；也讚嘆你的人生現在所擁有廣大無垠的可能性。

停下來，為這些可能性歡喜喝采。然後，再次出發。

附錄1 快速掌握本書要點及信任秘訣

〔本書要點〕

一、本書宗旨

本書的目的是教導一套理絡連貫、可複製的系統，讓你成為值得信任的人，並向他人傳達你值得信賴。值得信任的人能自然流露領袖氣質，也能提升與大部分人的關係。

二、本書的核心論述

長期且無可質疑的領導力，絕對有賴於激發你想領導的那些人的信任。以信任為領導力的基礎，幾乎是走遍天下都有效的領導力策略，幾乎適用於所有領導者，以及每一種狀況，也是唯一可長可久的領導力策略。

三、本書主題

教你如何激發信任，以他人為重，把他人放在第一位。

四、本書特點

無論是個人層面或事業層面，要達致成功，信任是唯一最重要的元素。在當前這個號稱「不信任的年代」的時代，各種詭詐欺騙不斷被網路踢爆，傳統媒體急遽成長，社群媒體無所不在。就重要的激勵力量來說，權謀操縱已經被判了死刑。

五、本書方法論

要成為值得信任的人，只要遵循由五條原則組成的信任守則系統。為了激發別人體認到你的值得信任，則要遵循建立信任的四大步驟系統。

六、本書背景

本書的背景設定為ＦＢＩ的反情資行為分析專案（ＢＡＰ），專案範疇觸及全美國和國際。ＢＡＰ隸屬於ＦＢＩ反情資小組，這個小組又隸屬於ＦＢＩ全國安全處，任務是保衛美國，防範恐怖份子和外國情資活動的威脅。

ＢＡＰ團隊成員是專家級的ＦＢＩ反情資特別探員，他們透過自身的訓練、背景和經驗，精通激發信任的言行舉止，他們運用的，通常是本書描述的系統化計畫。

七、本書主述者

羅賓．德瑞克特別探員。他的人生經驗和觀念，構成本書的核心。他是ＦＢＩ前ＢＡＰ主管，畢業自美國海軍學院，是美國海軍陸戰隊退役上校，也是許多企業、大學、執法單位和機構的顧問。

〔信任系統〕

一、激發信任、成為領導者的五大守則〈詳見第六十四至八十六頁〉

- **守則一：放下自我。**

激發信任需要把他人的需求、需要、夢想和欲望都放在自己的前面。如果你以別人為重，他們沒有理由不追隨你。如果你只想到自己，他們為什麼要追隨你？信任最具吸引力的特質，就是謙卑。

- **守則二：放棄批判。**

尊重所有人的意見、態度、構想和觀點，不管它們有多奇特，甚或是與你的對立。尊重不表示認同，而是表示理解。

- **守則三：肯定他人。**

體認到幾乎每個人的內心，都至少有一小方保留著人性的心靈角落，並試著從那個觀點理解他人。就像尊重，肯定不表示贊同，只是表示理解。

- **守則四：理性至上**。

誠實，抗拒從奉承到脅迫等各種形式的操蹤。人唯有仰賴出自誠實的理性，才能夠創造理性、共同自利的基礎，這是所有可長可久的信任之所繫。

- **守則五、樂善好施**。

人不會信任只建立單邊關係的人。自私自利會嚇跑人，寬厚無私能吸引人。

二、開啟信任行動計畫的四大步驟〈詳見第一二〇至二八一頁〉

- **步驟一：整合彼此的目標**。

訂定你自己的終極目標，並與他人的終極目標協調整合，把他們的目標納入你自己的。這麼做能收團結的力量之效。

- **步驟二：尊重對方的性格框架**。

人只信任了解他們的人，因此務必理解對方的特質、欲望、人口統計特質和觀念，這些統稱為他們的「性格框架」。除非你知道對方怎麼看世界，否則無法有效與對方應對。

- **步驟三：安排成功的會晤**。

為了激發信任，會晤的進行必須接近完美，從開場白，到最後的使命連結決策。要得到堪稱完美的會晤，需要對人、他們的主要動機、地點、時間和確切的主題，做策略性的評估。

- **步驟四：建立良好的關係**。

每段關係的建立都是兩個人以「信任的語言」對話的結果。這種語言包含了一套有力的語彙，能激發信任，也能消除幾乎所有人在與他人相遇時，自然而然生出的警戒心。

率先運用信任語言的人，通常是推動會面的那個人，也是確保雙方目標能長久連結的那個人，而目標的連結也唯有信任才能達成。信任的語言最簡潔有力的描述就是：完全以對方為重。

三、**準備開場白的七大要點〈詳見第二〇五至二一三頁〉**

- **要點一：設定時間限制**。

這是尊重的表現，也能縮限防衛心態。

- **要點二：請求對方幫忙**。

人天生就有助人的傾向，而相信我們幫助的人值得幫助，也值得我們關心，這也是人性。

- **要點三：主動給予**。
　要建立良好的人際關係，給予和請求一樣有力。給予能促進互惠互饋，能開啟一連串的互利。
- **要點四：重點放在對方身上**。
　你自己的故事，留給你自己就好，如此，你就會成為別人眼中出色的對話大師。
- **要點五：充分賦權並給予肯定**。
　交朋友不是關乎「你讓別人對你產生什麼感受」，而是「你讓對方對自己的感受如何」。人都渴望得到他人的理解，勝過得到他人的認同。
- **要點六：做好期望管理**。
　你對於你希望從他人得到的事物，心思花得愈多，你就愈不可能得到它。你花在自己能給予什麼的心思愈多，就愈能得到別人的付出。
- **要點七：有技巧地闡釋自己的想法**。
　心在對的地方是不夠的，你的大腦也必須到位。保持理性，慢慢講話，運用正面的語言，並忘掉你學過的所有操縱技倆。

四、溝通風格列表：有效互動的溝通四大類型〈詳見第一五八至一七二頁〉

人的溝通風格大致可以歸納為四種基本類型，分類的依據為個性取向（直接或間接），還有以人導向或以事導向。

直接溝通者說話自由無礙，想到什麼就說什麼，喜歡在言詞上遷就取捨，不希望別人把他們所說的所有話都當成必須履行的承諾。

間接溝通者謹言慎思，在開口前深思熟慮，通常相當理性，喜歡別人認真看待自己說的話。

這兩個類型可以再往下各分成兩種基本典型，一是以人導向，二是以事導向。

以事導向型的人，通常是行家，他們注重工作勝於做這些工作的人，對人可能沒有耐性，通常活潑有趣，也很快就倦怠。

以人導向型的人，通常較平靜、謹慎、有耐心、有強烈的忍耐力，較關注擔任工作的人，而不是工作本身。

這兩種溝通類型，以及這兩類人格類型，可以區畫出下列四大溝通風格類型。

- **類型一：直接、以事導向型。**

他們喜歡說話簡潔，嚴格堅守重點，注重時間表和預算，只保持最低合理限度的幽默。

- **類型二：直接、以人導向型。**

他們屬於邏輯和直線思考，但喜歡用故事表達他們的觀點。他們依靠直覺，和他們說話可以情緒化，但如果你用批判思考取代直覺，而你的情感訴求又沒有道理，就會失去信譽。

- **類型三：間接、以事導向型。**

對他們說話要清楚而理性，對方就會聽進去每一個字。如果你突然態度大轉變，充滿情緒性和懷疑，他們就不會再理會你。

- **類型四：間接、以人導向型。**

他們能容忍溝通時缺乏結構和方向，但那並不表示他們喜歡這樣。不要占這類人同理心的便宜，以為他們可以容忍你天馬行空，不按牌理出牌。

五、DISC系統：人格四大類型〈詳見第一七三至一八五頁〉

- **類型一：支配型。**

這個類型的人喜歡權力、聲望、物質和成就。他們有效率，喜歡挑戰，想要知道所有事情的「為什麼」。若要成功，他們需要強調外部價值，擴大運作範疇，加強人際技巧，以及放慢節奏。

- **類型二：影響型**。
這個類型的人追求人緣、眾人的讚揚、團體活動和同袍情誼。若要成功，有時候需要督促，有人提醒他們細節也很重要。
- **類型三：穩定型**。
這個類型的人擅於維持現狀，擁有快樂而平衡的生活。在有安全感的環境裡，他們最能成功，但有時候做事太過緩慢，也缺乏創意。他們需要安撫，以及被理解的感受。
- **類型四：謹慎型**。
這個類型的人偏好有限的風險、團隊合作與安穩。他們擅於幫助他人，但自己通常也需要協助，尤其是在增強自信心方面。

六、主動傾聽的十二條守則〈詳見第二五八至二七一頁〉

- 聽最重要的事——也就是對講話者而言最重要的事。
- 把你的意見留在心裡。
- 仔細傾聽，並給予真誠的肯定。
- 不要為對話設限。

- 把自己的故事留在門外。
- 批評不要附帶免責聲明。
- 在完全理解後仍繼續傾聽。
- 讓對方確知你在傾聽，並無所存疑。
- 避免有「絕對意味」的用語。
- 不要使用辯論的技巧。
- 不要用指控的方式道歉。
- 放下你的手機。

七、以問題引導對話系統：發揮提問的力量〈詳見第二四四至二五四頁〉

- 有效提問，深入了解對方，並卸除對方心房。
- 根據白金法則提問，完全以對方為重。
- 提問，但不要爭辯。
- 根據對方的性格框架提問，建立關係。
- 提問，但不要指控。
- 以開放式的提問取代是非題的問答。
- 用好問題替代直述句。

附錄2 七十個你必須記住的詞彙解釋

A

【Access Agent】接近目標人員

意指FBI或其他聯邦情資單位召募的美國民間部門公民。對於潛在間諜（也稱為「目標對象」），或任何有威脅美國安全之虞的人，他們能提供相關資訊。接近目標人員會應情資單位的要求，協助提供接近目標對象的管道，以啟動調查，或協助進行中的調查。

【The Age of Distrust】不信任的年代

這個語彙現在通指美國當前廣為瀰漫的不信任。一般認為，它始於那段以越戰以及水門醜聞案為最重要標記的動盪時期。自從那時起，大眾對美國根本體制的信心就日益衰退，包括政府、商業、教育和醫療。

大部分研究和民調都顯示，大眾對這些社會基礎機構的信任，已經跌到歷史新低。

【Air Support Control Officer】空中支援控制官

美國海軍陸戰隊職務。類似空中交通指揮員，只不過是面對戰鬥情境。

【Aligning goals】整合目標

統合兩個或更多人的各種目標，並幫助每個人更出色地達成自己的目標。通常，唯有在相互信任的氣氛下，才能達成目標的整合，而目標的整合能進一步擴大信任。

整合目標通常涉及找出雙方都能受惠的共同利益。只要整合至少兩個人的目標，雙方幾乎一定都能夠達成自己的目標。在打造信任人脈網絡（本書稱之為「信任族群」）時，這是最重要的一項行動，它也能有力地讓至少一名當事人提升至領導人的位置。

【Attache】使館隨員

在駐外使館工作的人。通常具備特定領域的專業，例如，使館武官就具備專精的軍事知識。

B

【Beacon】燈塔人

本書創造的名詞，專門用來稱呼能散發值得信任的氣息的人。

這些人那頂值得信任的冠冕，來自過去的行動、現在的行為、態度（尤其是願意把他人擺在第一位），以及個人口語及非口語溝通的特質。這種值得信任的形象，就像發光的燈塔，自然而然能吸引他人靠近，給予別人一股安全感、方向感與賦能。由這項特質而來的，是普遍為他人信任的能力，有時候甚至包括素昧平生的陌生人。

【Beans, Bullets, and Band-Aids】豆子、子彈和ＯＫ繃

軍事用語，指稱在戰況混亂時的三大類必備救援品。這些救援品在戰前就要做好設計和協調。「豆子」指的是食物。「子彈」指的是備用彈藥，「ＯＫ繃」指的是醫療照護。

本書作者德瑞克將這個語彙應用於非軍事會晤的準備工作，尤其是在會見你想激發信任的對象時。這些與平民的會晤經常涉及混亂與困惑。針對這些會晤，本書設計了各種救援措施（類似「豆子、子彈和ＯＫ繃」），以因應可能發生的多種變數。

【Ben Franklin Effect】富蘭克林效應

描述一個現象的詞語。最早描述這個現象的是富蘭克林（Ben Franklin）。

富蘭克林發現，當一個人請求另一個人幫忙時，求助並得到協助的人，通常能引發向他伸出援手的那個人的好感。這是因為助人者會自然而然覺得，自己必然是喜歡那個求助者，否則他不會幫忙對方。如果助人者不喜歡他幫助的那個人，便會產生一種內在衝突，也就是所謂的認知失調。

富蘭克林效應可以應用於你想要激發信任的對象，做為得到他們的認同、與他們建立關係的方法。這項技巧特別有助於博取陌生人的好感（因為在此之前，他們對於求助者的觀感還處於中性）。求助的事情可以非常簡單而細微，例如請求准許入坐或問路。

【Brain Hijacking】大腦綁架

意指理性能力的混亂和降低，可能發生在壓力或衝突的時刻，通常會導致情況的控制權移轉給引發衝突的人。在這種情況下，情緒通常會壓倒理智，導致負面結果。大腦綁架的成因可能是明顯的威脅或侮辱，甚至是被暗中操縱的感受。這個常見的現象，會嚴重干擾激發信任的行為，也因為這個原因，操縱算計無法有效激發穩健、持久的信任。

有鑑於大腦綁架對信任的破壞作用，五大信任守則的其中一條就是：理性至上。理性能防止一個尋求信任的人從事操縱行為，也能讓你想要尋求他信任的那個人，在覺得被操縱、侮辱或遭受任何形式的侵略或脅迫時，不致於過度反應。大腦綁架的時刻，能有一套專注於理性、合理思維的系統化方法做為引導，極其有助益，而這套系統能成為讓情況保持在控制之中的預設平台。

C

【Caudate Nucleus】基底核

大腦主要的愉悅中心。它是浪漫親密感的主要位置，也與其他形式的人際關係相關，包括信任的建立。它主要受到多巴胺這個獎勵性、刺激性的神經傳導物質所影響。大腦這塊區域的功能受損會大幅減損一個人信任別人的能力。這項生理缺陷，以及它所觸發的缺乏信任，通常出現在有神經和心理失調症的人身上。

這些以憂慮和激動為特徵的失調病症，包括強迫症、創傷後壓力症、神經傳導物質失衡、偏執症以及注意力不足過動症。這些病症即使情節輕微，也經常會對信任能力造成暫時的損害。因此，在激發信任的過程，務必留意這些失調症狀的出現，即使是最輕微的形式。

【CENTCOM】美國中央司令部

「U.S. Central Command」的縮寫。這是美國中央司令部是世界最精銳的軍事單位，它監管美國在中東、北非和中亞的所有軍事活動。

【The chemistry of trust is all about us.】信任的化學就是「你＋我＝我們」

這是本書創造的語彙，指的是在正向的會面裡，激發信任的生化要素和心理要素的結合。雖然生化要素與心理要素相關，兩者之間還是有所區隔，因此兩者的連結通常被稱為「化學作用」。一個人採用信任守則時，這兩項條件會相互連結，激發對方的信任。對方大腦裡獎勵性質的生化反應會因此受到觸動，例如與感覺良好有關的神經傳導物質開始分泌。

這種生化面的變化能擴大信任守則賦予的心理滿足感。由此激發的信任，通常能讓對方感覺十分受用，而將他們的注意力從自己移轉到激勵他們的人身上，促使他們想要展現正向行為。此時，由於隔絕雙方的障礙倒下，雙方都能感受到同等的正向生化和心理反應。

事實上，這就是「你和我」化為「我們」，證明信任的化學是關於「我們」的事。

【Code of Commuication】溝通守則

直接取自信任守則的五條守則，是本書所述「信任的語言」的要點。

溝通守則主要在描述信任的語言所包含的哲理觀念，例如把別人放在第一位，以及給予不帶批判的肯定。

【Coercion】威嚇脅迫

涉及運用強迫或威脅以逼使對方行動的行為。這是最常見的操縱工具之一，傳達方式通常極為隱晦。雖然它能讓人暫時就範，卻會嚴重破壞信任，就像幾乎所有操縱行為一樣。

即使操縱在建立信任的成效如此不彰，仍然是經常為人採用的技倆。

【Communication Style Inventory：CSI】溝通風格列表

這是作者自創的系統，目的是以別人喜歡被對待的方式對待對方，例如以極個人化的方式，或以較正式、不涉及個人的方式。

這套CSI系統，部分取自馬斯頓的DISC系統（參閱「DISC」條目），即第一個廣為採用的人格分類系統。CSI把人分為四大溝通類型：直接、以事導向型；直接、以人導向型；間接、以事導向型；間接、以人導向型。作者在書中論證，以對方偏好的溝通方式與對方應對，是激發信任的重要憑藉。

【Contentment Neurotransmitters】滿足感的神經傳導物質

這些是安定大腦的化學物質，包括血清素和γ-胺基丁酸，承載正向思維和情緒，包括信任的感受。這些神經傳導物質經常有不足或功能遭受干擾的現象，這會嚴重損害一個人的信任能力，即使不信任是不理性的行為。

多巴胺是一種具刺激性、興奮作用的神經傳導物質，它同時是正向情緒的重要元素，也與信任感的傳遞相關。在信任傳導方面具有類似特質的賀爾蒙，包括催產素和內啡肽。

【Context】性格框架

一個人的性格框架是他們一般、整體的背景來歷，包括他們的信念、個人特質、行為和人口統計項目特質。

在此框架裡的每項元素，都強烈影響一個人的想法和目標。激發信任，最重要的是在對方的性格框架裡去理解他，而不是試圖去改變部分或全部的個性框架，或是把你自己的性格框架強加在他們身上。激發信任有一條原則就是「尊重對方的性格框架」。以別人的本相與對方相處，而不是你希望他們應該有的樣子。

【Counterintelligence Division】反情報單位

這是FBI國家安全處的重要單位，工作重點是打擊由外國而來對美國的威脅。它最活躍的工作領域是調查、揭發、反制外國間諜，並召募美國公民，協助蒐集美國所遭受威脅的相關資訊。

【Craft your encounters】安排成功的會晤

這個詞彙取自建立信任四大步驟裡的一則標題。它指的是為與某人的會晤進行詳盡、全面的準備，尤其是會晤的目標是激發對方的信任時。這對所有的會見都是重要事項，但對於第一次會見最為重要。

人為了防止自己被剝削和操縱，自然會築起高牆，而安排成功的會晤通常是克服這些障礙的基本重要工作。

【The Crucible】煉獄大考驗

美國海軍陸戰隊新兵訓練最後的艱辛階段。

D

【Drill Instructor；DI】新兵教官；教育班長

負責訓練新兵的教官。

新兵教官的責任是改變新兵的態度和哲學，擺脫自利心態，養成追求無私無我、團隊合作和同袍情誼的精神。在新兵間建立對彼此的信任是促成這種轉向的重點經營項目。

【Director's Award】（FBI）局長獎

FBI探員的最高榮譽獎項。它的名稱指的當然是FBI局長。它所表揚的通常是無私、以團體為主的成就，勝於個人英雄行為。

【DISC】DISC人格分類系統

第一個知名的人格和行為分類系統。在一九二八年由馬斯頓（William Moulton Marston）所創，至今仍為應用。

它啟發了幾代類似的版本，包括作者在本書所描述的自創系統。名稱的縮寫字母代表行為的四種基本類型：支配型（Dominance）、誘導型（Inducement）、屈從型（Submission）與遵從型（Compliance）。

馬斯頓也發明了現代的測謊機，並創造了「神力女超人」這個漫畫人物。

E

【Encryption】加密技術

運用秘密、專屬的編碼以傳送訊息。

情資單位經常將此技術用於機密資訊的傳輸。敵對國的消息人士則經常企圖破解密碼，並召募、吸收具備取得編碼專業的人士。

【Erewhon】無名地

一個轉化詞，即「nowhere」（無處）的反拼字。FBI和其他情資單位內部以此做為某個國家的代稱，避免披露它真正的名字。一個類似的代稱是「中土」（Centralia）。

【Evolutionary Psychology】演化心理學

心理學的一支，把特定人類行為歸因為由自然淘汰過程所主宰的調適反應。

由於信任是經後天學習而得的反應，會受到環境變動所影響，因此信任的各種面向可以有效地從演化心理學觀點來評量。

【*FBI Bulletin*】《ＦＢＩ公報》

ＦＢＩ的刊物，可以在公開網路上取得，報導執法和國家安全的最新策略。

這本刊物一個一再重現的主題，是培養並維護信任的系統化方法的研究。作者也曾在這本刊物裡發表過數篇文章，討論信任的激發和其他議題。

【Feed-Forward reponse】前饋反應

這是身體為特定行動做準備的一種無意識行為，由對該特定行動的預期所激發。例如，預期衝突來臨時，可能在衝突真正發生之前，就先引起心跳加速。

前饋反應也會讓想法或情緒持續存在，即使在那些想法或情緒被證明為不實之後。例如，因為恐懼而來的心跳加速，可能會創造更多恐懼的念頭，即使當中有許多已經不符合理性。由於這種生理反應可以讓身體不聽使喚，因此是信任常見的障礙。即使在抗拒信任不再符合理性，人們通常還是會保持抗拒，而這種抗拒純粹是壓力反應因素使然，例如血壓升高、心跳加速、血管收縮，以及呼吸急促。

為了恢復一個人敞開心胸的信任能力，這些生理因素通常必須優先處理。例如，情緒激動的人有時可以做個深呼吸，以干擾壓力反應。在生理的壓力反應停止之前，任何的說服和安撫，效果都微不足道。

【5 Ws of Crafting an Encounter】安排成功的會晤的5W系統

5W系統屬於建立信任的四個步驟中「經營會晤的布局」的範疇。運用得當，能擴增激發信任的機會。

5W分別代表一個人的某個面向，對於與對方相處最有效的方式有決定性的影響力。5W包括理解：一、Who，從個人層面和人口統計層面，了解對方這個人的細節；二、What；對方的外在屬性，包括職業、偏好的衣著風格和對話風格；三、When；他們什麼時候最可能降低防衛；四、Where；可以讓他們降低防衛的理想地點；五、Why，與你見面、與你整合彼此的目標，為什麼能符合他們的最佳利益。

【Forebrain】前腦

人腦的三個主要部分當中，唯一能遠遠超越不理性的動物本能的部分。它位於前額的正後方。在演化的過程，它是大腦三個主要部分裡最後發展的，也是人類胚胎裡最後發育的部分。

前腦的外層（最為人知的「前額葉」），是人類理性能力的中心，也是信任存在的生理部位。由於前腦主要與邏輯、推理和記憶有關，建立信任必須從理性思考過程著手。想要建立持久、深厚的信任，完全透過情感面路徑，通常是無效策略。

【Fourth Class Company Commander】新兵連連長

美國海軍學院學生的階等。職責是指派工作給其他新生。階等通常代表該學生在同儕間激發信任的能力。因此，這項職務是美國軍隊教導激發信任的標準建制。

H

【Hindbrain】後腦

又稱為「爬蟲腦」，大腦的後側部位，接近脊柱。這是大腦在演化過程最早發展的部位，也是人類胚胎最早發育的部位。

它控制基本生理功能，但無法產生情感連繫或進行高階思考。它司職危險的偵測，受到否決信任的外顯行動所觸動，包括具威脅性的肢體語言，或威嚇脅迫的訊息。它的力量一旦介入，即使邏輯和正向情緒也難以化解。

【Hub and Spoke Method】軸輻法

作者所採用的方式，以助於建立由相互信任而連結的群體。

這套方法取名自飛行技巧，也就是飛行員會以一個中央儀器為焦點（軸心），然後掃視周圍的儀器，這些就是「輪輻」。在信任族群裡，你的每一支輪輻本身也是對方信任族群的軸心，如此創造出由相互信任所連結、相互重疊的部落網。

【Human Sources of Intelligence：HUMINT】人力情資

美國情資單位用的縮寫。人力情資的來源是了解國家安全相關事務實情的人，或是可以協助確認實情的人。一般認為，這是最可靠的情資來源。

I

【Intelligence Advanced Research Proj ects Activity：IARPA】情資高等研究計畫

一個政府單位曾對信任進行的廣泛研究計畫，作者曾參與合作。

【Imagery Intelligence：IMINT】圖像情資

美國情資單位用的縮寫。這些圖像揭露與情資調查相關的事實，透過不同的攝像技巧而得，包括間諜衛星。

【Isopraxis】擬態

一種行為技巧，藉由採取與對方相同的口語和非口語溝通風格，以博取對方的接納和親近。若用得高明，這項技巧有其效果，但若是用得拙劣、誇張，反而適得其反。

【It's all about them】一切以對方為重

這句話反映的是把對方擺在第一位。以激發信任的方法來說，這是個極其重要的觀念。它需要發自情感面關注別人的最佳利益，把注意力從自己轉移到別人身上。

對於習慣透過自我推銷尋求晉升、只著眼於自身利益的人，這件事一開始可能有難度。

L

【Language of Trust】信任的語言

本書所創的概念，指的是能激發信任的說話方式。

這種方式是根據謙卑、尊重和設想周到等理念的實踐，與自我、不理性、偏見和自私形成對比。有各種語彙能構成、豐富信任的語言，也有些語彙會扼殺它。想要追尋以信任立足的領導力，就必須精通信任的語言。

M

【Mnipulation】操縱

這是一項常見的心理技巧，意在以威迫、欺瞞或不理性的技倆，改變別人的行為或認知。

儘管它與以信任為基礎的模式遙遙相對立，還是經常有人利用它，做為建立真實信任感的技巧。由操縱建立的信任幾乎沒有不是淺薄而短暫的。在許多情況下，只要顯露一絲操縱的痕跡，就會減損激發信任的可能。即使是可以輕易自整合彼此目標中受惠的人也一樣。

【Maslow's Hierarchy of Needs】馬斯洛的需求階層理論

由馬斯洛（Abraham Maslow）於一九四三年提出的心理學理論，把人類的需求總結為幾類，其中包括：生理健康；安全；愛與歸屬感；自尊；自我實現；以及自我超越。

這個心理學架構，以及其他相關或由此衍生出的架構，都有助於人決定自己的終極目標。知道一個人的終極目標，就能建立使命，讓人們願意犧牲小處和眼前利益，以追求他們的終極目標。

【Midbrain】中腦

又稱為「哺乳動物腦」，它是人類大腦的中間部分。在人類大腦的三個部分中，它是演化上第二個發展的部分，也是人類胚胎發展的第二個部分。

中腦司職情緒，以及各種生理功能，但能力有限，無法觸及全部的智識能力（主要由前腦掌管）。

N

【Neurobiology】神經生物學

關於神經系統的一門科學，包括神經系統的生理面、有形構造，以及無形、心理面的思維和情感。

就像許多複雜的行為特質，信任也受到有形與無形因素組合的影響，在神經生物學的架構下最容易理解。

【Nonjudgemental】不批判

對於激發信任極具導引力的整體態度。不批判的態度應該是激發信任最重要的條件，因為它能讓對方坦誠自己的為人和欲望，不必害怕被拒絕。

不批判的人通常是超越自我的人，向來能創造一種優質氛圍，而批判的態度通常會破壞這種氛圍。

【Nonverbal Communication】非口語溝通

溝通的一項元素，通常稱為肢體語言。

一如肢體語言大師喬·納瓦羅的闡釋，非口語溝通必須與口語溝通嚴格一致，否則會讓信任立刻中止。同樣地，非口語溝通必須表現自然，不能機械化，才能避免引發不信任感。

一般來說，對於激發信任，最重要的非口語線索莫過於從臉部表情所傳遞的訊息。

【Operative】線民

意指主動為政府服務，從事情資工作的人，無論是民間部門公民，或是專業情資人員。

公民身分的線民，動機通常是想要為保衛國家安全盡一分心力。公民身分的線民各色各樣，但通常涉及提供間諜嫌疑人的相關資訊。

O

【Open-Source Intelligence，OSINT】公開來源情資

美國情資單位用的字母縮寫，意指由公開紀錄和其他非機密資訊來源組成的情資來源，包括學術與商業資訊。

許多外國情資工作者主要從事取得公開來源情資的工作。雖然取得這類資訊屬合法，這些資訊通常會用於幫助外國企業或政府，讓他們得以違反專利，非法使用專屬資訊。

P

【Platinum Rule】白金法則

黃金法則「你們願意人怎樣待你們，你們也要怎樣待人」的延伸。白金法則主張，你不見得要以你希望別人如何待己的方式去對待他人，而是以他人希望的方式對待他人，即使他們希望的方式有違你的偏好。

白金法則為東尼・亞列山大（Tony Alessandra）博士所創，是亞列山大博士與麥可・歐康諾（Michael O'Connor）博士一九九六年的著作《白金法則》（*The Platinum Rule*）的主題。作者採納了白金法則的哲理，做為激發信任行為的重要條件。

【Principles of Digital Interaction】數位互動原則

有效運用數位通訊裝置以激發信任的五項原則。這五項原則與信任守則密切相關，它們正是信任守則的複本：放下自我；去除批判；肯定他人；理性至上；樂善好施。

這些原則是針對數位通訊的細微層次、優點和限制而設立，也考慮到數位時代的新禮儀。這些原則進一步點出，信任守則是根本且普世的正向人際互動架構。一如它適用於口語溝通，它也適用於數位世界裡的關係經營，只是需要一些調整。

【Proprietary Information】專屬資訊

不欲公開傳播、也無法合法取得的資訊，如交易機密。得到取得非公開來源資訊的管道，是國外情資工作者的主要活動。取得方式通常是透過賄賂、威迫、欺騙和偷竊。這些活動會對美國科技業和製造業造成傷害，估計大約造成美國企業每年超過五十億美元的損失。這些惡行不但會傷害美國經濟，也會危害美國國家安全，ＦＢＩ的一項重點工作就是阻止這些惡行。

【Props】道具

建立形象或印象的各種物品，包括ＦＢＩ和其他情資單位為了幫助激發信任而採用。

道具包括衣物、飾品配件和其他裝備，用於創造一種親切感和親近感，以提升溝通效益。無論是想給對方留下好印象，或是讓對方感到自在、安全感和信任感。

這些道具適用於各種情境，一個簡單的例子就是根據你自己的品味，採用與會面對方大約相同風格的衣著。

Q

【Quantico】匡堤科

位於維吉尼亞州的郊區，ＦＢＩ學院在此，行為分析小組的總部也在此。行為分析小組有時會與學院合作。

ＦＢＩ學院是所有ＦＢＩ探員以及許多美國執法單位的訓練基地。匡堤科也是規模龐大的海軍陸戰隊基地，人稱「海軍陸戰隊的十字路口」。

R

【Recruiting】召募／吸收

情資圈用語，意指尋找願意協助專業美國情資人員的民間部門公民。成功召募到的公民稱之為線民、消息人士或合作者。

召募（或吸收）線民是行為分析專案的主要功能。擔任召募工作的探員必須善於建立信任，而且通常幾乎是在頃刻之間。

【Recruit Training】新兵訓練

海軍陸戰隊訓練期間，所謂的「新兵營」。訓練的目標是改變新兵的思維，從關注自己到關注他人，這是個建立團隊實力的過程，也是灌輸新科海軍陸戰隊員信任的開始。

S

【See the hill, take the hill】看到山頭，攻下山頭

海軍陸戰隊的用語，意指達成目標的大膽冒進行動，有時候沒有謹慎的規畫。

以短期、積極的任務來說，這種作風可能還算適當，但無法有效因應以人為基本、層次細膩的任務，例如激發長遠的信任。長期信任關係的建立是個敏感、真誠、細緻的過程，通常需要遵守一套成效經過驗證、效果可以重製的系統化方法。

【Semper Gumby!】永遠保持彈性

海軍陸戰隊以這句俏皮話表達彈性的重要。

「Gumby」是以前的電視卡通人物，一個柔軟有彈性的黏土人。要激發信任，就要堅持保持彈性，因為在建立信任的過程，人員和情況必然會有所變化，要根據變化調適因應。這些變化通常無法預期，看似衝突矛盾，可能是漸漸演變，也可能驟然劇變。

【Shields Down, Information in!】解除防衛，資訊自然流通！

這句話意指，人在不覺得受到攻擊時，會降低防衛心態。如果感受到攻擊，他們會反射性地舉起防衛的盾牌，通常也拒絕接受資訊，尤其是負面資訊，不管那些資訊有多真實或明顯。

一般來說，不讓一個人防衛全開的最好方法，其實就是不要批評或批判。開放、接納的態度，極其有助於鼓勵人們接受資訊，即使內容不是他們想聽的。不批判的態度不但是激發資訊自由流通的上上策，也是激發信任的絕佳選擇。

【SMEAC】

廣為運用的軍用縮寫術語，用以描述軍隊交戰的基本要件，各項要件都需要紮實的準備。這些要件包括：情境（Situation）；任務（Mission）；執行（Execution）；管理和後勤（Administration and Logistics）；協調（Coordination）。

作者把這套準備系統，應用於激發信任的第三個步驟：安排成功的會晤。非軍事會見裡也有同樣的基本要件，各項要件應該在會晤開始之前就準備穩妥。在系統化準備階段，仍然有時間謹慎處理各項要件，並審視備案。

【Somatic】身心

解剖學和心理學用語，指的是生理上的主體，不過這個主體可能可以透過非生理的思考或情感而表現。有許多思考和情感的元素，包括信任的精神和情感層面，都有強烈的身心成分。

【Soviet bloc】蘇聯集團

曾經由前蘇聯主宰的國家的總稱。

蘇聯集團涵蓋大部分的東歐，這裡之前是攻擊美國的間諜活動的大本營，也是ＦＢＩ行為分析專案的重點區域。蘇聯集團隨著一九八九年柏林圍牆的倒塌而開始分崩離析，但即使它在瓦解後，許多過去親蘇聯的國家仍然持續針對美國進行間諜活動，專門竊取軍事和工業機密。

【Special Agent in Charge；SAC】特別探員主任

ＦＢＩ的高層職務，通常指的是ＦＢＩ區域分局的主管。這個職位高於特別探員，通常要具備多年的卓越表現，才能升任到這個位階。這個職位比特別探員助理主任（Assistant Special Agent in Charge；ASAC）高一階。

【Subject】目標對象

在間諜領域裡，目標對象指的是有重大不法行為嫌疑的人，包括從事間諜活動。

T

【Term of Art】藝術項目

所謂「藝術項目」，在不同領域或專業，各有特定意義。在ＦＢＩ行為分析單位裡，「安排成功的會晤」（craft the encounter）就屬於一種「藝術項目」。

「安排成功的會晤」指的是審慎分析與某人即將來臨的會見，盡可能確保會見順利圓滿。一般人對於會見準備的態度往往相對隨便，鬆散的準備工作通常是會晤失敗的保證。

【Think Tank】智庫

創造智慧財產的企業或組織。它們提供研究成果、原始資料和建議，通常與各種政府機構簽約，包括ＦＢＩ。

【To inspire trust, put others first】要激發信任，把別人放在第一位

本書所主張的激發信任的重要原則。它也是本書所陳述的主題。

【Tribe of trust】信任族群

本書創造的名詞，指的是一個非正式群體，圍繞著一個受信任的人而凝聚，而且延伸那份信任，進而信任彼此。這群人裡的每一個人，往往也有以他為中心而圍繞的一群人，由此形成重疊交扣的群體。

幾乎所有卓越的領導者，都有信任族群的支持，也經常有許多緊密相交的信任族群做為後盾。

【Trust】信任

信任最廣為接受的正式定義為：對某人或某事物的真實、效用、能力或力量，懷抱強烈信念。信任能鼓舞信心，觸發行動，為激發信任的人或事物增益。

U

【Ultimate goal】終極目標

意指一個人的長期、最重視的雄心壯志或夢想。人若是找到、擁抱個人的終極目標，就更能犧牲由短暫愉悅、次要目標而來的短期滿足感。他們因而能夠把別人放在第一位，這麼做或許會減緩他們眼前的進展，卻能加速長期的進程。

把別人放第一位，能吸引許多信任他們的人，通常能把他們提升到領導者的位子。在領導者的高位，有許多人支持，要達成他們的終極目標，就會變得更加實際而可行。

V

【Validation】肯定他人

理解對方的信念，不見得要贊同他們。「肯定」通常會被誤以為贊同、接受，甚至讚賞，但其實有很大的差異。肯定他人能激發他們的信任，因為大部分人所需要的，不過就是肯定或理解。人本來就知道，不會每個人都認同自己，但他們通常只要得到單純的理解，就會覺得開心，並因此展露信任。

W

【When the first shot goes downrange, all hell breaks loose】第一發砲彈射擊後，場面就亂成一團

常見軍事用語，描述混亂場面在戰事裡是預料中之事，有時候稱之為「戰火迷霧」，幾乎在開戰後立刻出現。這種混亂場面必然會干擾已經預備好的計畫，因此必須有系統化的備援計畫和彈性。

作者把這個詞彙用於非軍事事件的會晤，尤其是以激發信任為目標的困難工作。在那些會見裡，一個人的開場白相當於「第一發砲彈射擊」。在開場白之後，幾乎任何事都有可能發生，因此必須備好一套可靠的系統化方法，策略也要有彈性。通往信任的四個步驟，與信任守則聯合運用，足以提供大部分必要的支援。至於其他，則要靠恪守以下信條：永遠保持彈性！

DHH 0289

如何讓人信任你：

FBI頂尖行為分析專家傳授最強交心術，讓你在職場、人際及生活中擁有人人信服的深度領導力

作　者—羅賓・德瑞克、卡麥隆・史陶斯
譯　者—周宜芳
主　編—李宜芬
責任編輯—郭香君
責任企劃—張瑋之
封面設計—陳文德
董事長—趙政岷
出版者—時報文化出版企業股份有限公司
108019台北市和平西路三段二四〇號四樓
發行專線—（〇二）二三〇六—六八四二
讀者服務專線—〇八〇〇—二三一—七〇五
（〇二）二三〇四—七一〇三
讀者服務傳真—（〇二）二三〇四—六八五八
郵撥—一九三四四七二四時報文化出版公司
信箱—10899臺北華江橋郵局第九九信箱
時報悅讀網—http://www.readingtimes.com.tw
法律顧問—理律法律事務所　陳長文律師、李念祖律師
印　刷—勁達印刷有限公司
初版一刷—二〇一八年六月二十九日
初版十刷—二〇二四年六月十九日
定　價—新台幣四二〇元

時報文化出版公司成立於一九七五年，
並於一九九九年股票上櫃公開發行，於二〇〇八年脫離中時集團非屬旺中，
以「尊重智慧與創意的文化事業」為信念。

如何讓人信任你：FBI頂尖行為分析專家傳授最強交心術，讓你在職場、人際及生活中擁有人人信服的深度領導力 / 羅賓・德瑞克(Robin Dreeke), 卡麥隆・史陶斯(Cameron Stauth)作；周宜芳譯. -- 初版. -- 臺北市：時報文化, 2018.06
面；　公分
譯自：The code of trust : an American counterintelligence expert's five rules to lead and succeed
ISBN 978-957-13-7434-5 (平裝)

1. 企業領導 2. 人際傳播 3. 組織行為 4. 組織文化

494.2　　107008531

ISBN 978-957-13-7434-5
Printed in Taiwan